机械CAD
软件开发实战

蔡洪涛　陈汉新　编著

化学工业出版社
·北京·

本书共 13 章，分为上下两篇。上篇介绍计算机辅助机械设计计算的基本技术，结合大型设计软件——过程设备强度计算软件 SW6 的开发需要，介绍了设计资料数组处理方法、文件处理方法及工程数据的数据库处理方法，并以 SW6 中承压圆筒模块的筒体计算与校核功能开发为例，揭示了 SW6 的开发过程，讲解了带传动设计计算软件开发过程。下篇前 3 章介绍计算机辅助设计绘图的基本技术，结合电子图板 CAXA 系统的开发需要，介绍了图形显示与生成原理、交互技术和图形数据结构等，并以一个模拟的 CAXA 系统为例，揭示了平面交互式绘图软件的开发过程；后 4 章介绍了 CAXA 二次开发技术。

本书的开发工具为 Visual C++，涉及 MFC 编程中众多热点及难点，如对话框技术、图层技术、线型技术、调色板技术、数据库技术、计算结果的 Word 文档生成技术等。

本书配套学习资源包括涉及的实例程序代码及其运行后产生的文件。

本书适合相关专业设计人员使用，可作为高等学校工科类专业相关课程的教材，也可作为一般 MFC 编程爱好者的参考书。

图书在版编目（CIP）数据

机械 CAD 软件开发实战/蔡洪涛，陈汉新编著. —北京：
化学工业出版社，2017.5
ISBN 978-7-122-29226-1

Ⅰ.①机…　Ⅱ.①蔡…　②陈…　Ⅲ.①机械设计-计算机
辅助设计-AutoCAD 软件　Ⅳ.①TH122

中国版本图书馆 CIP 数据核字（2017）第 043803 号

责任编辑：高　钰　　　　　　　　　　　文字编辑：陈　喆
责任校对：王素芹　　　　　　　　　　　装帧设计：刘丽华

出版发行：化学工业出版社（北京市东城区青年湖南街 13 号　邮政编码 100011）
印　　刷：北京虎彩文化传播有限公司
装　　订：北京虎彩文化传播有限公司
787mm×1092mm　1/16　印张 22¼　字数 550 千字　　2017 年 7 月北京第 1 版第 1 次印刷

购书咨询：010-64518888（传真：010-64519686）　售后服务：010-64518899
网　　址：http://www.cip.com.cn
凡购买本书，如有缺损质量问题，本社销售中心负责调换。

定　　价：86.00 元

让读者掌握一定的 CAD 软件开发技能,使其能够在自己的专业设计领域开发一些微小型的 CAD 软件或在流行商业 CAD 软件基础上针对专业设计需要进行一些二次开发,是本书的编写目的。

机械设计包括两个方面的内容:一个是设计计算;另一个是设计绘图。计算机辅助机械设计自然包括这两个方面。所以本书分上下两篇,共 13 章。上篇为计算机辅助机械设计计算,包括 CAD 技术概论、机械 CAD 设计软件功能、机械 CAD 中工程数据的处理、承压圆筒强度计算软件开发过程详解、带传动设计软件开发详解、用户材料数据库管理模块开发等共 6 章;下篇为计算机辅助机械设计绘图,包括 CAXA 简介、计算机绘图技术基础、CAXA 模拟系统开发、CAXA 二次开发环境及编程基础、CAXA 应用程序接口(API)函数详解、压力容器支座参数化绘图软件的开发、压力容器法兰的参数化绘图等共 7 章。

本书从 CAD 软件开发的角度,结合 CAD 软件开发过程来介绍 CAD 的基础技术,实例丰富,内容完整,便于读者学习。本书以机械行业为应用背景,在内容组织、应用举例、技术实现等方面体现了机械 CAD 的特点,更贴近机械类行业或专业的读者。

本书有如下的特点:

① 注重基础。读者并不需要较好的计算机图形学的知识基础,也不需要掌握软件工程的基础知识,只需要有一定的 VC++语言基础即可。

② 注重实用。以流行 CAD 软件主界面为开发模板,详细讲解主界面中各个菜单的开发过程,包括菜单的生成及其功能的实现。全书的内容组织以计算机辅助设计软件开发编程需要为准则,以实例说明 CAD 技术,不求大而全。

③ 注重热点与难点。详解讲解了交互式绘图软件 AUTOCAD、CAXA 所用到的绘图技术,如对话框技术、图层技术、线型技术、调色板技术、图形数据文件的保存和打开技术等,详细讲解了辅助设计计算软件中计算结果的记事本文档、word 文档生成技术等。

④ 跟我学特性。详细讲解编程过程,读者很容易照着书中步骤实施各章各节的开发例子,从而掌握 CAD 软件开发的基本技术,打下良好的软件开发基础。

并以此目的为依据精心安排本书内容，凡是读者容易得到的资料，本书一律从简，绝不铺陈蔓延。如书中涉及的众多 MFC 控件，本书并不全面讲解各个控件的所有属性与方法，而是用到什么就介绍什么，以免读者分心或增加读者学习负担。

⑤配套学习资料。本书提供的编程代码都能在 Windows 系统和 Visual C++6.0 环境下编译通过，且能得到期望的运行结果。书中涉及的实例程序代码及其运行后产生的文件见网址：http://download.cip.com.cn/html/20170502/372140319.html，读者在阅读本书时，同时上机编程，参考该资源的程序代码，可更好地掌握书中讲解的编程技巧与方法，节省时间，提高学习效率。

本书面向各行各业的专业设计科技人员，也可作为机械类本科生、研究生相关课程的教材，还可作为 MFC 编程爱好者的参考书。

由于编著者水平有限，书中难免有不足之处，敬请读者批评指正。

编著者

目录
CONTENTS

上篇 计算机辅助机械设计计算

上篇

计算机辅助机械设计计算

第1章
CAD 技术概论

1.1 CAD 技术简介

1.1.1 CAD 的基本概念

计算机辅助设计即 Computer Aided Design，简称 CAD，是在产品设计、工程设计中广泛应用的一种设计方法。这种方法依靠计算机强大的计算功能和高效的图形处理能力完成各种设计活动。它是综合了计算机科学与工程设计方法的最新发展成果而形成的一门交叉学科。计算机辅助设计技术与计算机软硬件技术、工程设计技术密不可分，二者相辅相成。计算机辅助设计技术在工程设计部门中广泛应用，已使传统的设计方法与工作模式发生了根本性变化，而且直接影响到工程实施、产品制造等全过程。由于 CAD 技术代表了现代最先进的设计技术，它的发展水平实际上已成为衡量一个国家工业技术水平的重要标志。

工程设计过程中，一般要完成大量的计算、数据查询和工程制图工作。由此可见 CAD 技术应包含设计计算技术、工程数据库技术及计算机绘图技术三个部分。具体地说 CAD 涉及以下基础技术。

① 图形处理技术。如二维交互图形技术、三维几何建模及其他图形输入输出技术。

② 工程分析技术。如有限元分析、优化设计方法、仿真等。

③ 数据管理与数据交换技术。如数据库管理、不同 CAD 系统间的数据交换和接口等。

④ 文档处理技术。如文档制作、编辑及文字处理等。

目前 CAD 技术广泛应用于机械、电子、航空、航天、汽车、船舶、纺织、轻工及建筑等各个领域，对加速工程和产品的开发、缩短设计制造周期、提高质量、降低成本、增强企业创新能力发挥着重要作用。

1.1.2 CAD 的发展简史

计算机辅助设计的工作内容不仅对计算机本身提出了较高的要求，而且对计算机外围设备特别是高速高性能的图形输入、输出设备提出需求，这促进了计算机及其外围设备的发展，事实上，CAD 的理论与技术和计算机几乎是同步发展的，因为"自动计算"是 CAD 的有机组成部分。区分 CAD 系统与计算机系统主要依据是关于图形图像的处理理论与技术，据此，人们将 CAD 的发展历程大致划分了五个阶段。

（1）准备、酝酿、诞生阶段（1950～1960 年）

1950 年美国麻省理工学院（MIT）研制出"旋风 1 号"图形显示设备，其结构类似于示波器，只能显示简单图形；1958 年美国 Calcomp 公司研制出滚筒式绘图机；Gerber 公司研制出平板绘图仪。这一阶段计算机由电子管组成，软件开发局限于机器语言，没有图形输入设备，因此 CAD 技术的探讨主要是科学计算的深入，图形处理还不现实。

（2）蓬勃发展和初级应用阶段（1960～1970 年）

1962 年美国麻省理工学院（MIT）林肯实验室在一篇论文中首次提出计算机图形学、交互技术、分层存储符号的数据结构等新思想，为计算机辅助设计技术的发展应用打下了理论基础。20 世纪 60 年代中期，商品化的 CAD 设备出现了，美国 IBM 公司的计算机绘图设备，通用汽车公司的多路分时图形控制台，已实际运用于汽车产品的设计。至 20 世纪 60 年代末，美国已安装了几百台 CAD 工作站。

在这一阶段，计算机图形学也有很大进展。孔斯（Stave Coons）提出的孔斯曲面与贝塞尔（Pierre Bezier）提出的贝塞尔曲面为 CAD 技术的三维应用打开了局面，孔斯和贝塞尔被称为 CAD 技术的奠基人。

（3）广泛应用阶段（1970～1980 年）

1970 年前后，集成电路由小规模发展为中等规模，广泛应用于计算机系统，使计算机系统的性能有了很大的提高，与此相关的计算机外围设备也有了很快的发展，图形输入设备新品层出不穷，如图形显示器、图形数字化仪，笔式及击打式绘图仪相继推出，性能越来越好。与此同时，绘图软件及其他 CAD 支持软件也日趋完善，市场上出现了面向中小型企业的商品化的 CAD 系统，主要运行在 CAD 工作站和小型计算机上。此时，美国的工作站数量已达数千套，使用者超过两万人。我国也在部分科研院所引进了一些图形工作站。

（4）突飞猛进阶段（1980～1990 年）

这一阶段大规模和超大规模集成电路使计算机硬件平台性能飞速提高，计算机向着"巨"和"微"两个方向迅速发展，微型计算机产品的面市，标志着计算机普及时代的到来。1980 年美国阿波罗公司生产出第一台以超级微型计算机为平台的图形工作站，接着 Sun、DEC、HP、IBM 等众多的计算机厂商都推出了自己的工作站产品，所有这些产品以性能优良、价格低廉、便于开发和应用 CAD 系统得到科技界和工业界的认可，并获得丰厚的市场回报。此时的软件技术也更加成熟，二维、三维图形处理技术、真实感图形处理技术、结构分析与计算技术、模拟仿真、动态景观、科学计算可视化等各方面都已进入实用阶段。在美国，1981 年 CAD 系统拥有量为 5000 套，1983 年超过 12000 套，1988 年猛增为 63000 套，可见这一阶段的 CAD 技术与应用获得极大的发展。

（5）日趋成熟阶段（1990 年至今）

这一阶段微型计算机系统性能已令人瞩目，基于微机的 CAD 系统越来越多，由于它们价格低廉，所以得到迅速普及，这使得 CAD 技术有了更为广泛的应用，同时也使人们更加关注 CAD 技术的标准化及完善化，在这方面主要有以下几个表现。

① 标准化体系进一步扩充，新标准不断完善。

由于图形输入/输出设备不断更新换代，软件技术越来越复杂，使得开发通用型的 CAD 系统变得非常困难，主要问题是应用软件可移植性差，即 CAD 系统应用软件在不同的操作系统平台上不能通用，这对软硬件资源都是极大的浪费。为此必须制定一套图形软件标准来解决可移植性问题。1985 年 8 月，德国国家标准化组织制定的二维 GKS（Graphics Kernel System）被国际标准化组织接受为国际标准，以后经过不断扩充被广泛应用。为处理三维图形软件的可移植性，德国标准化组织又与国际标准化组织合作制定了三维图形软件标准 GKS-3D。面向程序员的程序员级层次结构图形系统 PHIGS（Programmers Hierarchical Interactive Graphics System），面向数据文件交换的基本图形交换规范 IGES（Initial Graphics Exchange Specification）和产品模型数据交换的 STEP（Standard For Exchange of Product Model Data）等国际标准相继制定，它们对整个 CAD 体系的发展有重大的意义。

② 智能化研究成为热门课题。

人工智能和专家系统本身是计算机软件科学的高层次应用研究，CAD 技术本身的目标为实现设计的"自动化"，两者极为自然地结合产生了 AICAD（人工智能 CAD）新学科，它把专家系统、专家知识、专家经验与用户管理系统等融为一体形成智能 CAD 系统，这种系统在数据采集、模型自动生成、方案优选、仿真模拟技术和多媒体技术等方面都使 CAD 应用系统锦上添花。

③ 集成化研究主导发展趋势。

产品设计与生产过程的"自动化"需求启示人们必须将计算机辅助设计（CAD）与计算机辅助制造（CAM）有机地结为一体，形成计算机集成制造系统（CIMS）。通过长期研究探索，人们发现，产品设计生产过程归根到底是信息提取、交换、传递、处理的过程。所谓集成，就是实现 CAD/CAM 之间信息的实时交换、传递和共享。当前，虽然出现了一些商品化的集成系统，但在实际使用中仍有许多限制，建立理想的集成系统，彻底实现 CAD/CAM 支持的 CIMS 系统仍是人们追求的目标。

1.2 CAD 系统的硬件组成

CAD 系统是一种专用的计算机应用系统，该系统的硬件部分由计算机系统与图形输入/输出设备组成。

1.2.1 图形输入设备

图形输入设备主要用来将图形信息数字化。键盘和鼠标是计算机系统的标准输入设备，虽然也常用来输入图形，但比专用的图形输入设备在输入图纸的效率和效果上要差一些。常用的图形输入设备有如下几种。

（1）数字化仪

形似一块图板，分为 A4、A3、A2、A1、A0、A00 几种规格，其分辨率为 1250 线/in 或 2500 线/in 两种。接口常为串行口、USB 口和 SCSI 口。数字化仪板下布满了半导体感应元件，自带鼠标器在板上任何位置的单击都将按软件设定的状态通过接口输入计算机中一条命令或一个点坐标值（X, Y）。通常此板上划分为命令区和图形区两块，分别完成命令和图形的输入。与键盘和鼠标输入方法的区别是：用数字化仪输入命令是"单级"的，即不管多么复杂的命令，在数字化仪上均可"一点通"。键盘和鼠标往往需要多级选择，输入方式是"多级"的。此外用数字化仪输入图形，常可按 1∶1 进行，这符合人们过去的绘图习惯。数字化仪只适合输入"二值图"，对光栅图形无能为力。

（2）扫描仪

光学扫描仪在结构上分为平台式和滚筒式两种，一般 A4、A3 为平台式，A3 以上为滚筒式。分辨率通常为 400 线/in（1in=0.0254m）、600 线/in、1200 线/in、2400 线/in 或 6000 线/in 几种。接口有 SCSI 口、并口、USB 口几种，其中以 SCSI 口、USB 口居多。利用扫描仪输入图形的优势是"自动"输入，光栅图、二值图均可扫描。缺点是光学扫描"面面俱到"，图形数据臃肿，对二值图来说，必须要对数据进行"矢量化"处理，这种处理过程是相当耗时的。

（3）数码相机

外观与普通相机无异，其原理是在镜头的后面采用半导体感应元件记录光强及色彩，并由存储器存储相关数据，需要时通过接口电缆输入计算机中，由软件接收数据并处理。其摄像精度与感应元件密度有关。数码相机的优点是小巧方便，可近距离摄影，成像精度高，但使用技术比较复杂，需经专业培训方能较好地完成图形采制任务。

1.2.2　图形输出设备

（1）显示器

显示器通常也被称为监视器，是图形系统中必备的输出设备。常见的有阴极射线管显示器、液晶显示器和等离子显示器。常用显示器的规格为 14in、15in、17in、20in、21in。分辨率是显示器的一个重要指标，用作 CAD 系统的显示器最低分辨率应在 1024×768 像素，普通分辨率为 1280×1024 像素或 1280×1280 像素。点距与分辨率相关，有 0.39mm、0.28mm、0.22mm 几种，点距越小，分辨率越高，配上合适的适配器，图形真实感最佳。

作为 CAD 系统的显示适配器为图形加速卡，与普通显卡的区别较大，它是专为处理三维图形的密集应用而设计的，这种应用的主要特点是数据运算量大，对图形显示系统要求高。图形加速卡运用了专门的渲染芯片、显示芯片、缓存芯片、存储器数模转换芯片（RAMDAC）等。

（2）绘图机

绘图机分为平板式与滚筒式两类结构。其原理均为电脉冲控制 X-Y 向步进电机带动纸笔或喷头做相对位移而产生图形。步进电机的单位移动量称为步距，步距越小，绘图精度就越高。因此步距是衡量绘图机性能的一个重要指标。通常的绘图机步距在 0.0625～0.1mm 之间，高精度绘图机可达 0.001mm。实际应用中，0.05mm 的步距已使人感觉不到图形的阶梯状波动，所以 0.0625mm 的步距可满足一般精度要求。一般说来，平板式绘图机比滚筒式绘图机结构复杂，精度较高，寿命较长，价格较贵，但绘图幅面大受限制。滚筒式绘图机结构简单，精度适中，价格低廉，绘图幅面较大，很受欢迎。

目前喷墨绘图机应用很广泛。它通过把墨水浸在喷头上的喷嘴以极高的频率喷射到介质上，形成单色或彩色图形。严格地控制纸质与喷洒速度，可产生渲染效果的真实感彩图，这是笔式绘图机不能比拟的。这种绘图机具有机械结构相对简单、制造成本低、绘图速度快、精度高、质量好、噪声小等优点，其缺点是绘图成本较高，需专用墨水和专用纸张。

（3）打印机

除了图形显示器、绘图机作为专业图形输出设备外，常用于图形输出的设备还有点阵式打印机、激光打印机、喷墨打印机、热升华打印机、静电绘图仪、摄像机、扫描打印机等。

1.3 CAD 系统的软件组成

CAD 软件系统最显著的特征有两个：一是专业化；二是集成化。所谓专业化，是指任何一个 CAD 软件系统都对某一行业有强烈的针对性，即通用的 CAD 软件是不好用的。所谓集成化，是指任何一个 CAD 软件系统都是多个功能软件的组合体。设计计算、图形处理、数据管理是 CAD 软件系统的三大基本功能。

1.3.1 系统软件

系统软件主要包括操作系统、编程语言系统和网络通信及其管理软件等。系统软件是使用、控制、管理、维护计算机运行的程序集合，通常由计算机制造商或软件公司开发，有两个显著特点：一是通用性，不同应用领域的用户都需要使用系统软件；二是基础性，即支撑软件和应用软件都需要在系统软件的支持下运行。系统软件首先是为用户使用计算机提供一个清晰、简洁、易于使用的友好界面；其次是尽可能使计算机系统中的各种资源得到充分而合理的应用。

操作系统控制和指挥计算机的软件和硬件资源。其主要功能是硬件资源管理、任务队列管理、硬件驱动程序、定时分时系统、基本数学计算、日常事务管理、错误诊断与纠正、用户界面管理和作业管理等。操作系统依赖于计算机系统的硬件，任何程序需经过操作系统分配必要的资源后才能执行。目前流行的操作系统有 Windows、UNIX、Linux 等。

编程语言系统的作用是：将用高级语言编写的程序编译成计算机能够直接执行的机器指令，主要完成源程序编辑、库函数管理、语法检查、代码编译、程序连接与执行。按照程序设计方法的不同，可分为结构化编程语言和面向对象的编程语言；按照编程时对计算机硬件依赖程度的不同，可分为低级语言和高级语言。目前广泛使用面向对象的编程语言，如 Visual C++、Visual Basic、Java 等。

网络通信及其管理软件主要包括网络协议、网络资源管理、网络任务管理、网络安全管理、通信浏览工具等内容。目前 CAD/CAM 系统中流行的主要网络协议包括 TCP/IP 协议、MAP 协议、TOP 协议等。

1.3.2 支撑软件

CAD 支撑软件从功能上分为三类：第一类解决工程分析与计算问题；第二类解决图形设计问题；第三类解决文档的生成问题。

（1）交互式绘图软件

这类软件主要以交互方法完成二维工程图样的生成和绘制，具有图形的编辑、变换、存储、显示控制、尺寸标注等功能；具有尺寸驱动参数化绘图功能；有较完备的机械标准件参数化图库等。这类软件绘图功能很强、操作方便、价格便宜。在微机上采用的典型产品是 AutoCAD 以及国内自主开发的 CAXA 电子图板、PICAD、开目 CAD 等。

（2）三维几何建模软件

这类软件主要解决零部件的结构设计问题，为用户提供了完整准确地描述和显示三维几何形状的方法和工具，具有消隐、着色、浓淡处理、实体参数计算、质量特性计算、参数化特征造型及装配和干涉检验等功能，具有简单曲面建模功能，价格适中，易于学习掌握。目前这类软件在国内的应用以 Inventor、SolidWorks 和 ProEngineer 为主。

（3）工程分析与计算软件

这类软件的功能主要包括计算方法、有限元分析、优化算法、机构分析、动态分析及仿真与模拟等，有限元分析是核心工具。目前比较著名的商品化有限元分析软件有 SAP、ADINA、ANSYS、NASTRAN 等，仿真软件有 ADAMS 等。

（4）数控编程软件

这类软件带有一定的建模能力，也可以将三维 CAD 软件建立的模型通过通用接口传入，一般具有刀具定义、工艺参数的设定、刀具轨迹的自动生成、后置处理及切削加工模拟等功能。应用较多的有 MasterCAM、EdgeCAM 及 CAXA 制造工程师等。

（5）数据库管理系统

工程数据库是 CAD/CAM 集成系统的重要组成部分，工程数据库管理系统能够有效地存储、管理和使用工程数据，支持各子系统间的数据传递与共享。工程数据库管理系统的开发可在通用数据库管理系统的基础上，根据工程特点进行修改或补充。目前比较流行的数据库管理系统有 Oracle、Sybase、FoxPro、Foxbase 等。

1.3.3　应用软件

应用软件是在系统软件和支撑软件的基础上，针对专门应用领域的需要而研制的软件。如机械零件设计软件、机床夹具 CAD 软件、冷冲压模具 CAD/CAM 软件等。这类软件通常由用户结合当前设计工作需要自行开发或委托软件开发商进行开发。能否充分发挥 CAD/CAM 系统的效益，应用软件的技术开发是关键，也是 CAD/CAM 工作者的主要任务。应用软件的开发一般有两种途径，即基于支撑软件平台进行二次开发或采用常用的程序设计工具进行开发。目前常见的支撑软件均提供了二次开发工具，如 AutoCAD 内置的 VisualLisp、CAXA 的 ebas 等。为保证应用技术的先进性和开发的高效性，应充分利用已有 CAD/CAM 支撑软件的技术和二次开发工具。需要说明的是，应用软件和支撑软件之间并没有本质的区别，当某一行业的应用软件逐步商品化形成通用软件产品时，也可以称为支撑软件。

1.3.4　软件特点

CAD 系统在软件构成上与其他系统不尽相同，由于 CAD 系统的应用领域技术密集，其对软件技术的要求也是较高的。

由于 CAD 系统是一个大型的、综合型的、集成了许多技术的应用软件系统，所以系统的开发集中反映了软件技术的应用水平，系统不仅要求软件技术的成熟性，用以保证在应用中可靠运行，而且还要求其先进性，用以保证系统性能高度优良。

第一：数值计算技术在 CAD 系统中发挥得淋漓尽致。结构有限元分析计算、工程优化设计中数学方程的求解、图形处理中的几何变换组合技术、曲线曲面数值拟合技术、三维实体造型运算技术等均包含了先进的数值计算技术。

第二：图形处理技术在 CAD 系统中得到最好的应用。众所周知，计算机图形学在 CAD 系统的需求下有了很全面的发展，从点、线、面的计算机表示到三维实体的光照渲染、真实感处理、可视化及虚拟现实等高级图形处理技术在 CAD 系统中应有尽有。

第三：并行技术及软件集成化技术在 CAD 系统中广泛采用。一个产品的诞生，以单机串行方式一步接一步做下去的方法已不能适应当今高速发展的环境要求。在网络条件下，各种技术人员同时协调工作的并行设计技术代表了 CAD 技术发展的必然趋势。CAD 实现了产品生产的第一步：产品设计；CAPP（Computer Aided Process Planning）实现了产品生产的第二步：产品工艺设计；CAM（Computer Aided Manufacturing）实现了产品生产的最后一步：产品制造。将这些步骤有机地结合为一体，构成计算机集成制造系统（CIMS），实现了 CAD/CAM 的一体化。软件集成技术可方便、快捷地大幅度增强软件功能，在 CAD 系统中得到了很好的运用。

第四：人机界面技术在 CAD 系统中大显神威。交互方式是 CAD 工作中的一个特点，CAD 系统在图形用户界面和多媒体界面以及窗口、菜单、图标、鼠标、动画等方面广泛采用先进技术，充分体现了人机交互技术的友好、易操作、反应快等功能。

第五：面向对象的程序设计方法在 CAD 系统中越来越受到重视。面向对象的程序设计方法可有效提高程序开发效率，而 CAD 系统开发中效率是非常关键的，因为它的代码重复率很高、很长，非常适合面向对象程序的开发思想。

第2章
机械 CAD 设计软件功能
——承压圆筒强度设计软件简介

2.1　承压圆筒体的强度设计理论基础

　　一个圆柱形的筒体，内径为 D，内部气体压力为 p，如果筒体的材料为 Q235，工作温度为 50℃，请设计该筒体的厚度。

　　这是一个典型的强度设计，与之相关的一个强度校核问题是这样的：知道圆筒的直径与厚度，以及工作压力，问圆筒是否安全。要解决这两个问题，就必须知道一定压力、一定直径、一定厚度的圆筒壁上的应力分布规律。由材料力学可知，该规律计算式为：

$$\sigma_1 = \frac{pD}{4\delta} \qquad \sigma_2 = \frac{pD}{2\delta} \tag{2-1}$$

式中　δ——筒壁的厚度；

　　　　D——筒体的平均直径。

　　此时，较大的应力 σ_2 起控制作用。

　　强度表达式为：

$$\sigma_2 \leqslant [\sigma]^t \tag{2-2}$$

式中　$[\sigma]^t$——筒体材料在一定温度下的许用应力。

　　因为筒体是用钢板卷制的，至少有一条纵向焊缝，而焊缝区材料的许用应力要小于或等于钢板的许用应力。

　　考虑这个因素，式（2-2）改为下式：

$$\sigma_2 \leqslant [\sigma]^t \phi \tag{2-3}$$

式中　ϕ——筒体纵向焊接接头系数。

　　将式（2-1）代入式（2-3），可得到筒体的厚度计算公式：

$$\delta = \frac{pD_i}{2[\sigma]^t \phi - p} + C_1 + C_2 \tag{2-4}$$

式中　p——筒体的设计压力，由工作压力决定；

　　　D_i——筒体内径；

　　　C_1——腐蚀余量，考虑介质对筒体壁的均匀腐蚀而附加的量；

　　　C_2——钢板厚度负偏差，考虑钢板厚度公差而附加的量。

由式（2-4）得到的厚度一般是带小数的数值，将这个厚度向上圆整到钢板的厚度规格值，就得到圆筒最终的设计值 δ_n，即名义厚度，该厚度也就是设计图纸上标注的厚度。

对于校核问题，则按下式进行：

$$\sigma = \frac{p(D_i + \delta_e)}{2\delta_e} \leqslant [\sigma]^t \phi \tag{2-5}$$

式中　$\delta_e = \delta_n - C_1 - C_2$，称为有效厚度。

如果不等式成立，则筒体是安全的，否则筒体强度不够，不安全。

一般来说，筒体制造完毕后，需要进行以水为介质的承压试验，以检验筒体的强度和焊缝的致密性能。这个试验称为水压试验。试验压力的大小按下式计算：

$$p_T = 1.25p \frac{[\sigma]}{[\sigma]^t} \tag{2-6}$$

式中　p_T——水压试验压力。

压力试验前，应进行筒体强度的校核，满足下式才能说压力试验合格。

$$\sigma_T = \frac{p_T(D_i + \delta_e)}{2\delta_e} \leqslant [\sigma]\phi \tag{2-7}$$

从上述设计过程可以看出，机械设计过程涉及设计参数的取值（参数的输入）、代入公式计算、设计结果输出及打印四个步骤。设计参数的取值一般要查询工程手册，这就要将手册中的数据进行适当的处理，通过设计软件的界面呈现给设计者，以便设计者选取。另外，软件设计要解决设计数据的保存问题，通常将设计者输入的参数保存下来形成一个数据文件，以便设计修改、审核用，也就要解决数据文件的打开、新建问题。笔者开发了上述筒体的强度设计软件"sw6woshi.exe"，其主界面如图 2-1 所示。

2.2　圆筒设计软件 SW6WOSHI 的主菜单

图 2-1 是圆筒设计软件启动后的界面。可以知道窗口的主标题是"卧式容器设计"，主菜单由"文件操作""数据输入""计算""形成计算书"和"帮助"组成。它们都是下拉菜单。文件操作菜单与一般 Windows 应用程序类似，可以新建、打开或保存文件。当单击"文件操作\新建"时，其他几个主菜单由灰变亮，即被激活，如图 2-2 所示。

各个下拉菜单具体的组成见图 2-3。在主菜单栏下是工具栏，从左至右分别是新建、打开与保存文件的工具按钮。文件操作主菜单的菜单项有"新建""打开""保存""另存为"等命令。

图 2-2 是单击"文件操作\新建"后的界面。发现程序自动将新建的文件命名为 sw6.htk。单击"文件\退出"，或者窗口右上角的"关闭"按钮后，系统弹出提示保存文件的消息，在做出肯定答复后弹出保存文件对话框，如图 2-4 所示。

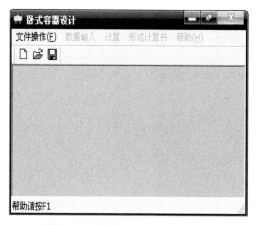

图 2-1　卧式容器设计模块主界面

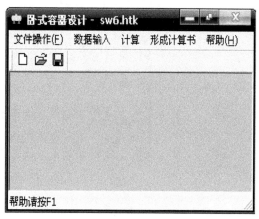

图 2-2　卧式容器设计模块单击"新建"
命令后的主界面

（a）文件操作主菜单

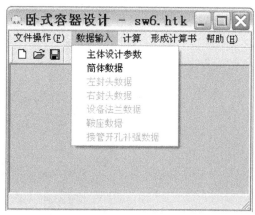

（b）数据输入主菜单

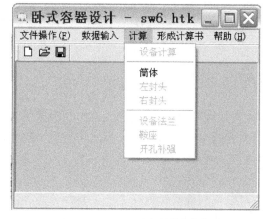

（c）计算主菜单

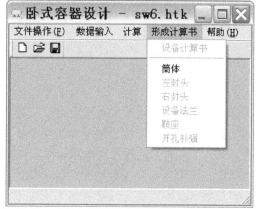

（d）形成计算书主菜单

图 2-3　主界面各个菜单的菜单项

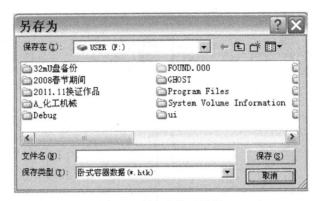

图 2-4　保存文件对话框

2.3　圆筒设计软件 SW6WOSHI 的数据输入功能

对话框是 Windows 程序最常见的一种交互界面。本软件主要通过对话框的窗口界面输入计算过程中用到的参数。单击"数据输入\主体设计参数"、"筒体数据",则分别弹出图 2-5、图 2-6 所示的对话框界面。用户根据压力容器相关标准与专业知识填入各种参数,就可完成数据输入。

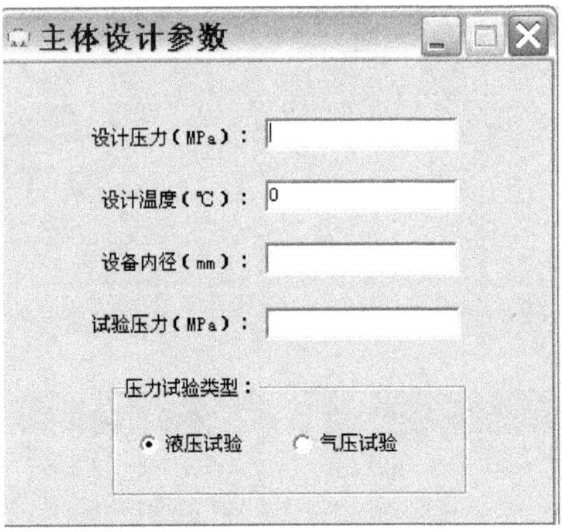

图 2-5　主体设计参数输入界面

因为钢板的许用应力与设计温度、板厚相关,所以设计时,先完成图 2-5 的数据输入,再输入图 2-6 左侧的数据,接着单击图 2-6 材料列表框中向下箭头,可弹出常见材料的名称列表,选中一种材料,软件自动填写"设计温度下许用应力""常温下许用应力"及"常温下屈服点"三个数据,完成数据的自动查询。

对筒体名义厚度值,设计者可以不输入,也可以根据经验输入一个值,软件分两种情况进行计算,最后可得到一致的结果。如果设计者给了值,则按式(2-5)进行应力校核计算;如果没有给出值,则按式(2-4)进行设计计算。无论哪种情况,软件都会给出一个建议的设计厚度值,供用户参考。

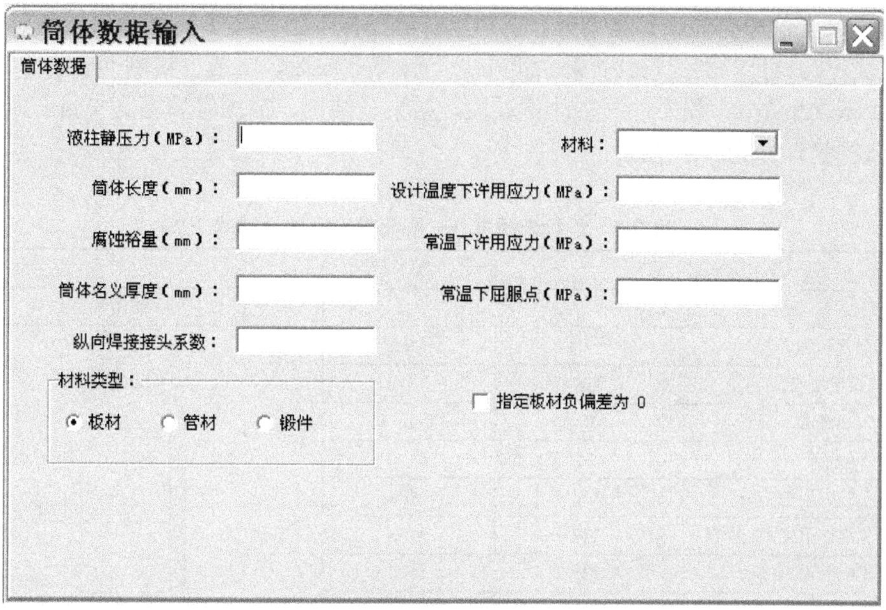

图 2-6　筒体数据输入界面

2.4　圆筒设计软件 SW6WOSHI 的计算结果输出功能

计算完成后，将计算简明结果输出到界面，供设计者参考，如图 2-7 所示。界面无光标，表明用户不能编辑修改这个结果。打印菜单由打印机设置、打印、打印浏览及退出等子菜单项组成。

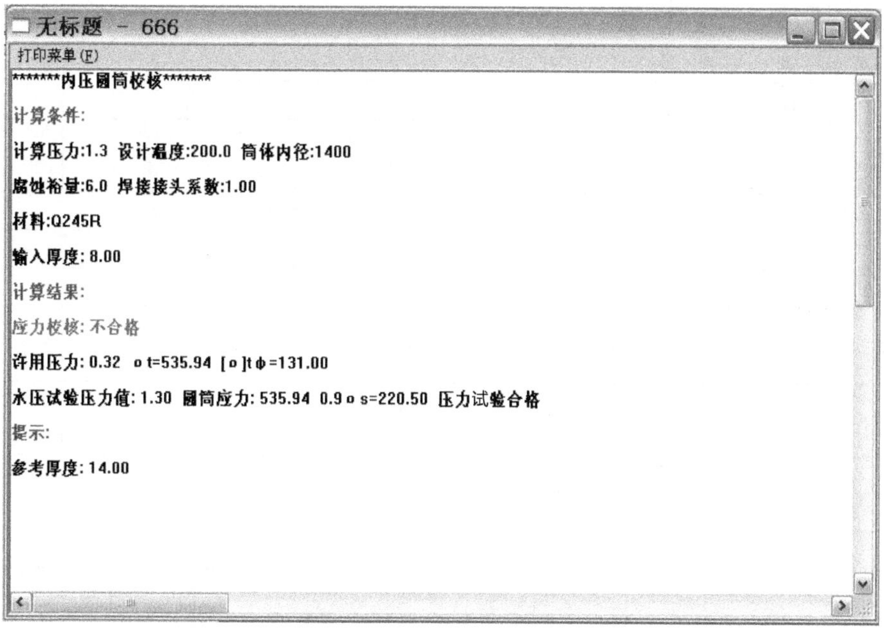

图 2-7　计算简明结果

本软件除了输出简明计算结果外，还可将计算结果形成 Word 文档输出，并形成图文结合、格式美观、一目了然的设计计算说明书。当计算完成后，单击主菜单"形成计算书"，系统调出 Microsoft Word 程序，并将计算过程、结果、结论、插图等填写到 Word 文档，形成设备设计说明书，如表 2-1 所示。

表 2-1 设计说明书——圆筒强度设计说明书

内压圆筒设计	计算单位		
计算条件			筒体简图
计算压力 p_c	1.4	MPa	
设计温度 t	100.0	℃	
内径 D_i	1000	mm	
材料	Q245R		
试验温度许用应力 $[\sigma]$	148.0	MPa	
设计温度许用应力 $[\sigma]^t$	147.0	MPa	
试验温度下屈服点 σ_x	245.0	MPa	
钢板负偏差 C_1	0.3	mm	
腐蚀裕量 C_2	2.0	mm	
焊接接头系数 ϕ	0.85		
厚度及质量计算			
计算厚度	$\delta = \dfrac{P_c D_i}{2[\sigma]^t \phi - P_c} = 5.63$		mm
有效厚度	$\delta_c = \delta_n - C_1 - C_2 = 5.70$		mm
名义厚度	$\delta_n = 8.00$		mm
质量			kg
压力试验时应力校核			
压力试验类型	液压试验		
试验压力值	$p_T = 1.50$		MPa
压力试验允许通过的应力水平 $[\sigma]_T$	$[\sigma]_T \leqslant 220.50$		MPa
试验压力下圆筒的应力	$\sigma_T = \dfrac{p_T(D_i + \delta_n)}{2\delta_n \phi} = 132.33$		MPa
校核条件	$\sigma \leqslant [\sigma]_T$		
校核结果	合格		
压力及应力计算			
最大允许工作压力	$[p] = \dfrac{2\delta_n [\sigma]^t \phi}{(D_i + \delta_n)} = 1.42$		MPa
设计温度下计算应力	$\sigma^t = \dfrac{p_c(D_i + \delta_e)}{2\delta_e} = 123.51$		MPa
$[\sigma]^t \phi$	124.95		MPa
校核条件	$[\sigma]^t \phi \geqslant \sigma^t$		
结论	合格		

第3章
机械 CAD 中工程数据的处理

3.1 数据表格的数组处理

3.1.1 数据表格的规范化及数组初始化

承压筒体一般用钢板卷制，小直径的可用无缝钢管代替，厚壁的筒体也有用锻件制造的，因此筒体的材料分成板材、管材与锻件三类。这三种材料的许用应力由 GB 150.2—2011《压力容器 第2部分材料》规定，以表格形式给出了碳素钢、低合金钢钢板和高合金钢钢板许用应力，分别如图 3-1 和图 3-2 所示。用户可以根据材料、厚度和设计温度查询许用应力，因此这是一个三维查表问题。

三维表格的数据可用三维数组处理，将许用应力记录在一个三维数组中，例如 gangbanyingli[x][y][z]，其中[x]代表材料，[y]代表材料的厚度，[z]代表温度。x 的最大值是材料种类数，y 的最大值是材料的厚度规格数，z 的最大值是温度区间数。图 3-1 和图 3-2 不规范，不同材料允许使用的最高温度不一样，而且材料的厚度分割区间数、厚度值也不一样。如果每种材料的许用应力都用一个数组表示，则数组查询的程序代码显得重复冗余。事实上可以一个数组表示这两个图的所有数据。x 值为图 3-1 和图 3-2 的材料种数之和 16，y 按 Q345R 的厚度分割数量取值为 6，z 按图 3-2 高合金钢板的温度分割数量取值为 22。因为图 3-1 的温度分割有 425℃、475℃，因此在图 3-2 中也按线性插值得到每种材料在 425℃、475℃时对应的许用应力值；考虑材料常温时的屈服极限，z 取值取为 25。规范化处理后的部分表格如图 3-3 所示。

为简便，取图 3-1 中前 5 种材料和图 3-2 中前 3 种材料，可定义数组 gangbanyingli[8][6][25]。数组初始化如下：

```
double gangbanyingli[8][6][25]={{{245,148,147,140,131,117,108,98,91,85,61,41},
    {235,148,140,133,124,111,102,93,86,84,61,41},
    {225,148,133,127,119,107,98,89,82,80,61,41},
    {205,137,123,117,109,98,90,82,75,73,61,41},
    {185,123,112,107,100,90,80,73,70,67,61,41}},
```

碳素钢和低合金钢钢板许用应力

编号	钢板标准	使用状态	厚度/mm	室温强度指标		在下列温度（℃）下的许用应力/MPa																注
				R_m/MPa	R_{eL}/MPa	≤20	100	150	200	250	300	350	400	425	450	475	500	525	550	575	600	
Q245R	GB 713	热轧、控轧、正火	3~16	400	245	148	147	140	131	117	108	98	91	85	61	41						
			>16~36	400	235	148	140	133	124	111	102	93	86	84	61	41						
			>36~60	400	225	148	133	127	119	107	98	89	82	80	61	41						
			>60~100	390	205	137	123	117	109	98	90	82	75	73	61	41						
			>100~150	380	185	123	112	107	100	90	80	73	70	67	61	41						
Q345R	GB 713	热轧、控轧、正火	3~16	510	345	189	189	189	183	167	153	143	125	93	66	43						
			>16~36	500	325	185	185	183	170	157	143	133	125	93	66	43						
			>36~60	490	315	181	181	173	160	147	133	123	117	93	66	43						
			>60~100	490	305	181	181	167	150	137	123	117	110	93	66	43						
			>100~150	480	285	178	173	160	147	133	120	113	107	93	66	43						
			>150~200	470	265	174	163	153	143	130	117	110	103	93	66	43						
Q370R	GB 713	正火	10~16	530	370	196	196	196	196	190	180	170										
			>16~36	530	360	196	196	196	193	183	173	163										
			>36~60	520	340	193	193	193	180	170	160	150										
18MnMoNbR	GB 713	正火加回火	30~60	570	400	211	211	211	211	211	211	211	207	195	177	117						
			>60~100	570	390	211	211	211	211	211	211	211	203	192	177	117						
13MnNiMoR	GB 713	正火加回火	30~100	570	390	211	211	211	211	211	211	211	203									
			>100~150	570	380	211	211	211	211	211	211	211	200									

图 3-1　GB 150.2—2011 中表 2 碳素钢和低合金钢钢板许用应力

高合金钢钢板许用应力

在下列温度（℃）下的许用应力/MPa

钢号	钢板标准	厚度/mm	≤20	100	150	200	250	300	350	400	450	500	525	550	575	600	625	650	675	700	725	750	775	800	注
S11306	GB 24511	1.5~25	137	126	123	120	119	117	112	109															
S11348	GB 24511	1.5~25	113	104	101	100	99	97	95	90															
S11972	GB 24511	1.5~8	154	154	149	142	136	131	125																
S21953	GB 24511	1.5~80	233	233	223	217	210	203																	
S22253	GB 24511	1.5~80	230	230	230	230	223	217																	
S22053	GB 24511	1.5~80	230	230	230	230	223	217																	
S30408	GB 24511	1.5~80	137	137	137	130	122	114	111	107	103	100	98	91	79	64	52	42	32	27					1
			137	114	103.	96	90	85	82	79	76	74	73	71	67	62	52	42	32	27					
S30403	GB 24511	1.5~80	120	120	118	110	103	98	94	94	88														1
			120	98	87	81	76	73	69	67	65														
S30409	GB 24511	1.5~80	137	137	137	130	122	111	111	107	103	100	98	91	79	64	52	42	32	27					1
			137	114	103	96	90	85	82	79	76	74	73	71	67	62	52	42	32	27					
S31008	GB 24511	1.5~80	137	137	137	134	134	130	125	122	119	115	113	105	84	61	43	31	23	19	15	12	10	8	1
			137	121	111	105	99	96	93	90	88	85	84	83	81	61	43	31	23	19	15	12	10	8	
S31608	GB 24511	1.5~80	137	137	137	134	125	118	113	111	109	107	106	105	96	81	65	50	38	30					1
			137	117	107	99	93	87	84	82	81	79	78	78	76	73	65	50	38	30					

图 3-2　GB 150.2—2011 中表 5 高合金钢钢板许用应用

钢号	标准	使用状态	厚度	室温屈服极限	≤20	100	150	200	250	300	350	400	425	450	475	500	525	550	575	600	625	650	675	700	725	750	775	800
Q245R	GB713	热轧控轧正火	3~16	245	148	147	140	131	117	108	98	91	85	61	41	0	0	0	0	0	0	0	0	0	0	0	0	0
			16~36	235	148	140	133	124	111	102	93	86	84	61	41	0	0	0	0	0	0	0	0	0	0	0	0	0
			36~60	225	148	133	127	119	107	98	89	82	80	61	41	0	0	0	0	0	0	0	0	0	0	0	0	0
			60~100	205	137	123	117	109	98	90	82	75	73	61	41	0	0	0	0	0	0	0	0	0	0	0	0	0
			100~150	185	123	112	107	100	90	80	73	70	67	61	41	0	0	0	0	0	0	0	0	0	0	0	0	0
			150~200	0	0	0	0	0	0	0	0	0	0	0	0	0	0	0	0	0	0	0	0	0	0	0	0	0
......																												
S11306	GB24511		1.5~25	205	137	126	123	120	119	117	112	109	0	0	0	0	0	0	0	0	0	0	0	0	0	0	0	0
				0	0	0	0	0	0	0	0	0	0	0	0	0	0	0	0	0	0	0	0	0	0	0	0	0
				0	0	0	0	0	0	0	0	0	0	0	0	0	0	0	0	0	0	0	0	0	0	0	0	0
				0	0	0	0	0	0	0	0	0	0	0	0	0	0	0	0	0	0	0	0	0	0	0	0	0
				0	0	0	0	0	0	0	0	0	0	0	0	0	0	0	0	0	0	0	0	0	0	0	0	0
				0	0	0	0	0	0	0	0	0	0	0	0	0	0	0	0	0	0	0	0	0	0	0	0	0

图 3-3 规范化处理后的许用应力表

//注意此处为双括号。此 5 行为 Q245R 的许用应力，分别对应于 gangbanyingli[0][0][0]~
yingli[0][6][24]，不够的数据自动补 0，从 gangbanyingli[0][6][0]~yingli[0][6][24]
的值全为 0

{{345,189,189,189,183,167,153,143,125,93,66,43},

{325,185,185,183,170,157,143,133,125,93,66,43},

{315,181,181,173,160,147,133,123,117,93,66,43},

{305,181,181,167,150,137,123,117,110,93,66,43},

{285,178,173,160,147,133,120,113,107,93,66,43},

{265,174,163,153,143,130,117,110,103,93,66,43}},

//此六行为 Q345R 的许用应力，分别对应于 gangbanyingli[1][0][0]~ yingli[1][6][25]

{{370,196,196,196,196,190,180,170},

{360,196,196,196,193,183,173,163},

{340,193,193,193,180,170,160,150}},

//此三行为 Q370R 的许用应力

{{400,211,211,211,211,211,211,211,207,195,177,117},

{390,211,211,211,211,211,211,211,203,192,177,117}},

//此二行为 18MnMoNbR 的许用应力

{{315,181,181,180,167,153,140,130},

{295,174,174,167,157,143,130,120},

{285,170,170,160,150,137,123,117},

{275,167,167,157,147,133,120,113},

{265,163,163,153,143,130,117,110}},

//此五行为 16MnDR 的许用应力

{{205,137,126,123,120,119,117,112,109}},　//此行为 SS11306 的许用应力

{{170,113,104,101,100,99,97,95,90}},//此行为 SS11348 的许用应力

{{205,137,137,137,130,122,114,111,107,105,103,101.5,100,98,91,79,64,52,42,32,27}}};

//此行为 SS11972 的许用应力，105,101.5 为对应于温度 425℃、475℃的应力值

3.1.2　数组的查询

由用户的输入的材料牌号、温度及厚度来确定数组各维的下标。材料为 Q245R，则数组的 gangbanyingli[x][y][z]中 x 的值为 0，若材料为 Q345R，则 x 的值为 1，其余以此类推；由厚度值所在区间得到 y 值；根据设计温度的值判断 z 值，得到 gangbanyingli[x][y][z] 和 gangbanyingli[x][y][z-1]，用线性插值的方法计算许用应力值。

具体代码为（见前言中提到的配套学习资料中的文件 C3-1）：

```
#include <iostream>
#include <string>
#include<stdio.h>
main()
{
    using namespace std;
    int i,j,k,t,t1,t2,kk; //i, j, k 是数组下标；kk 为板材厚度，即筒体的厚度；t 即设计温度；
t1,t2 是图 3-3 中一个温度区间上下限值，输入温度（即设计温度）要落入其间
    string piaohao; //材料牌号
    double xuying; //查得的材料许用应力值
    double gangbanyingli[8][6][25]={……};// 同上
    cout<<"shuru the cailiao piaohao:";
    cin>>piaohao;
    cout<<"shuruhoudu:";
    cin>>kk;
    cout<<"wendu:";
    cin>>t;
    if( piaohao=="Q245R")
    {
```

```
        i=0;
            if(3<kk)
                if(kk<=16) j=0;
            else if(16<kk)
                if(kk>=36) j=1;
            else if(36<kk)
                if(kk<=60) j=2;
            else if(60<kk)
                if(kk<=100) j=3;
            else if(100<kk)
                if(kk<=150) j=4;
    }


    if( piaohao=="Q345R")
    {   i=1;
    if(3<kk&&kk<=16)
        {if (t<=475) j=0; // Q345R 材料, 当厚度为 3~16mm 时, 最高使用温度为 475℃
    else
      {
        printf("温度过高, 材料不能用! ");
        return 0;
      }
    }
            if(16<kk&&kk<=36) j=1;
            if(36<kk&&kk<=60) j=2;
            if(60<kk&&kk<=100) j=3;
            if(100<kk&&kk<=150) j=4;
            if(150<kk&&kk<=200) j=5;
    }

if(piaohao!="Q345R"&&piaohao!="Q245R")
    return 0; //以这两种材料为例

            if(t<=20) k=1;
            if(20<t&&t<=100)
            {   k=2; t1=20; t2=100;
            }

            if(100<t&&t<=150)
            {   k=3; t1=100; t2=150;
```

```
    }
    if(150<t&&k<=200)
    {   k=4; t1=150; t2=200;
    }
    if(200<t&&t<=250)
    {   k=5; t1=200;t2=250;
    }
    if(250<t&&t<=300)
    {   k=6;t1=250; t2=300;
    }
    if(300<t&&t<=350)
    {   k=7; t1=300; t2=350;
    }
    if(350<t&&t<=400)
    {   k=8; t1=350;t2=400;
    }
    if(400<t&&t<=425)
    {
        k=9;t1=400;t2=425;
    }
    if(425<t&&t<=450)
    {   k=10;t1=425;t2=450;
    }
    if(450<t&&t<=475)
    {   k=11;t1=450;t2=475;
    }
        if(475<t&&t<=500)
    {   k=12;t1=475;t2=500;
    }
    if(500<t&&t<=525)
    {   k=13;t1=500;t2=525;
    }
    if(525<t&&t<=550)
    {   k=14;t1=525;t2=550;
    }
    if(550<t&&t<=575)
    {   k=15;t1=550;t2=575;
    }
    if(575<t&&t<=600)
```

```
          {    k=16;t1=575;t2=600;
          }
      if(600<t&&t<=625)
          {    k=17;t1=600;t2=625;
          }
      if(625<t&&t<=650)
          {    k=18;t1=625;t2=650;
          }
      if(650<t&&t<=675)
          {    k=19;t1=650;t2=675;
          }
      if(675<t&&t<=700)
          {    k=20;t1=675; t2=700;
          }
      if(700<t&&t<=725)
          {    k=21;t1=700;t2=725;
          }
      if(725<t&&t<=750)
          {    k=22;  t1=725;t2=750;
          }
      if(750<t&&t<=775)
          {    k=23;t1=750;t2=775;
          }
      if(775<t&&t<=800)
          {    k=24;  t1=775;t2=800;
          }


  xuying=yingli[i][j][k-1]+(yingli[i][j][k]-yingli[i][j][k-1])*(t-t1)/(t2-t1);
//线性插值方程。
  printf("i=%3d\n", i);
  printf("j=%3d\n", j);
  printf("k=%3d\n", k);
  printf("xuying=%3.1f\n", xuying);
  return 0;
  }
```

　　编译运行，按要求输入 Q345R, 24, 220，得到许用应力 164.8MPa，结果如图 3-4 所示，表明程序正确。图 3-5 为材料温度过高时的出错处理。

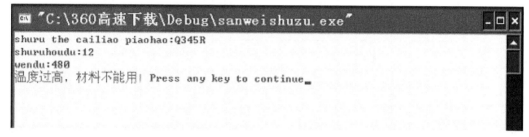

图 3-4　查询一定温度和一定厚度下 Q345R 钢板的许用应力

图 3-5　材料温度过高时的出错处理

上述代码只考虑了材料是板材的情况。事实上，材料为管材和锻件的许用应力查询的编程可以类似处理，只需对上述代码进行简单修改即可。图 3-6 和图 3-7 给出了管材与锻件的许用应力。由图可知，管材和锻件温度分割及温度范围与钢板一致，因此上述确定数组的下表 k 的代码及 t1、t2 是可以公用的。图 3-6 和图 3-7 共计有 27 种管材，图 3-6 中 15CrMo 有三种壁厚分割，是管材壁厚中最大的分割数，因此管材许用应力数组定义为 gangguanyingli[52][3][25]。同理可定义锻件许用应力数组 duanjianyingli[20][3][25]。采用同样的交互式输入方法，得到材料牌号、壁厚及温度，确定应力数组的 i,j,k 下表。为了插值时不同材料采用不同的数组，加一个变量 caileibie 进行判断。修改后的程序如下：

```cpp
#include <iostream>
#include <string>
#include<stdio.h>
main()
{
    using namespace std;
    int i,j,k,t,t1,t2,kk,caileibie;
string piaohao;
double xuying;
double gangbanyingli[8][6][25]={……};
double gangguanyingli[52][3][]25={……};
double duanjianyingli[20][3][25]={……};
```

碳素钢和低合金钢钢管许用应力

编号	钢管标准	使用状态	壁厚/mm	室温强度指标 Rm/MPa	ReL/MPa	在下列温度（℃）下的许用应力/MPa ≤20	100	150	200	250	300	350	400	425	450	475	500	525	550	575	600	注
10	GB/T 8163	热轧	≤10	335	205	124	121	115	108	98	89	82	75	70	61	41						
20	GB/T 8163	热轧	≤10	410	245	152	147	140	131	117	108	98	88	83	61	41						
Q345D	GB/T 8163	正火	≤10	470	345	174	174	174	174	167	153	143	125	93	66	43						
10	GB 9948	正火	≤16	335	205	124	121	115	108	98	89	82	75	70	61	41						
10	GB 9948	正火	>16~30	335	195	124	117	111	105	95	85	79	73	67	61	41						
20	GB 9948	正火	≤16	410	245	152	147	140	131	117	108	98	88	83	61	41						
20	GB 9948	正火	>16~30	410	235	152	140	133	124	111	102	93	83	78	61	41						
20	GB 6479	正火	≤16	410	235	152	147	140	131	117	108	98	88	83	61	41						
20	GB 6479	正火	>16~40	410	235	152	149	133	124	111	102	93	83	78	61	41						
16Mn	GB 6479	正火	≤16	490	320	181	181	180	167	153	140	130	123	93	66	43						
16Mn	GB 6479	正火	>16~40	490	310	181	181	173	160	147	133	123	117	93	66	43						
12CrMo	GB 9948	正火加回火	≤16	418	295	137	121	119	108	101	95	88	82	80	79	77	74	50				
12CrMo	GB 9948	正火加回火	>16~30	418	195	130	117	111	105	98	91	85	79	77	75	74	72	50				
15CrMo	GB 9948	正火加回火	≤16	440	235	157	140	131	121	117	108	101	95	93	91	90	88	58	37			
15CrMo	GB 9948	正火加回火	>16~30	410	225	150	133	124	117	111	103	97	91	89	87	86	85	58	37			
15CrMo	GB 9948	正火加回火	>30~50	440	215	135	127	117	111	105	97	92	87	85	84	83	81	58	37			
12C2Mo1	—	正火加回火	≤30	450	280	167	167	163	157	153	150	147	143	140	137	119	89	61	46	37		1
1Cr5Mo	GB 9948	退火	≤16	390	195	130	117	111	108	105	101	98	95	93	91	83	62	46	35	26	18	
1Cr5Mo	GB 9948	退火	>16~30	390	185	123	111	105	101	98	95	91	88	86	85	82	62	46	35	26	18	
12Cr1MoVG	GB 5310	正火加回火	≤30	470	255	170	153	113	133	127	117	111	105	103	100	98	95	82	59	41		
09MnD	—	正火	≤8	420	270	156	156	150	143	130	120	110										1
09MnNiD	—	正火	≤8	440	280	163	163	157	150	143	137	127										1
08Cr2AlMo	—	正火加回火	≤8	400	250	148	148	140	130	123	117											1
09CrCuSb	—	正火	≤8	390	245	144	144	137	127													1

图3-6 GB 150.2—2011 中表6 碳素钢和低合金钢钢管许用应力

高合金钢钢管许用应力

钢号	钢管标准	壁厚/mm	在下列温度（℃）下的许用应力/MPa																						注
			≤20	100	150	200	250	300	350	400	450	500	525	550	575	600	625	650	675	700	725	750	775	800	
0Cr18Ni9 (S30408)	GB 13296	≤14	137	137	137	130	122	114	111	107	103	100	98	91	79	64	52	42	32	27					1
			137	114	103	96	90	85	82	79	76	74	73	71	67	62	52	42	32	27					
0Cr18Ni9 (S30408)	GB/T 14976	≤28	137	137	137	130	122	114	111	107	103	100	98	91	79	64	52	42	32	27					1
			137	114	103	96	90	85	82	79	76	74	73	71	67	62	52	42	32	27					
00Cr19Ni10 (S30403)	GB 13296	≤14	117	117	117	110	103	98	94	91	88														1
			117	97	87	81	76	73	69	67	65														
00Cr19Ni10 (S30403)	GB/T 14976	≤28	117	117	117	110	103	98	94	91	88														1
			117	97	87	81	76	73	69	67	65														
0Cr18Ni10Ti (S32168)	GB 13296	≤14	137	137	137	130	122	114	111	108	105	103	101	83	58	44	33	25	18	13					1
			137	114	103	96	90	85	82	80	78	76	75	74	58	44	33	25	18	13					
0Cr18Ni10Ti (S32168)	GB/T 14976	≤28	137	137	137	130	122	114	111	108	105	103	101	83	58	44	33	25	18	13					1
			137	114	103	96	90	85	82	80	78	76	75	74	58	44	33	25	18	13					
0Cr17Ni12Mo2 (S31608)	GB 13296	≤14	137	137	137	134	125	118	113	111	109	107	106	105	96	81	65	50	38	30					1
			137	117	107	99	93	87	84	82	81	79	78	78	76	73	65	50	38	30					
0Cr17Ni12Mo2 (S31608)	GB/T 14976	≤28	137	137	137	134	125	118	113	111	109	107	106	106	96	81	65	50	38	30					1
			137	117	107	99	93	87	84	82	81	79	78	78	76	73	65	50	38	30					
00Cr17Ni14Mo2 (S31603)	GB/T 13296	≤14	117	117	117	108	100	95	90	86	84														
			117	97	87	80	74	70	67	64	62														
00Cr17Ni14Mo2 (S31603)	GB/T 14976	≤28	117	117	117	108	100	95	90	86	84														1
			117	97	87	80	74	70	67	64	62														
0Cr18Ni12Mo2Ti (S31668)	GB 13296	≤14	137	137	137	134	125	118	113	111	109	107													1
			137	117	107	99	93	87	84	82	81	79													

图 3-7　GB 150.2—2011 中表 8 高合金钢钢管许用应力

```
cout<<"shuru the cailiao piaohao:";
cin>>piaohao;
cout<<"shuruhoudu:";
cin>>kk;
cout<<"wendu:";
cin>>t;
if( piaohao=="Q245R")
    {   caileibie=0;  //，caileibie 取值为 0、1、2，分别对应钢板、管材和锻件
        i=0;
            if(3<kk)
                if(kk<=16)  j=0;
            else if(16<kk)
                if(kk>=36)  j=1;
            else if(36<kk)
                if(kk<=60)  j=2;
            else if(60<kk)
                if(kk<=100)  j=3;
            else if(100<kk)
                if(kk<=150)  j=4;
    }
    ......// 根据材料及板厚确定 i，j
    ......// k 的确定代码同上
if(caileibie==0)
    xuying=gangbanyingli[i][j][k-1]+(gangbanyingli[i][j][k]-gangbanyingli[i][j]
    [k-1])*(t-t1)/(t2-t1);
if(caileibie==1)
    xuying=gangguanyingli[i][j][k-1]+(gangguanyingli[i][j][k]-gangguanyingli[i]
    [j][k-1])*(t-t1)/(t2-t1);
if(caileibie==2)
    xuying=duanjianyingli[i][j][k-1]+(duanjianyingli[i][j][k]-duanjianyingli[i]
    [j][k-1])*(t-t1)/(t2-t1);
printf("i=%3d\n", i);
printf("j=%3d\n", j);
printf("k=%3d\n", k);
 printf("xuying=%3.1f\n", xuying);
return 0;
    }
```

3.1.3　数据表格的降维处理

一般来说，三维数组可以降为二维数组。考虑上述钢板许用应力表，可将材料牌号对应的维去掉，将不同材料的厚度分割个数叠加，这样就成了一个二维表格。钢板许用应力数组可定义为 gangbanyingli[67][25]。确定数组下标 i 即表格行数的代码如下：

```
if( piaohao=="Q245R")
{
        if(3<k)
                if(k<=16) i=0;
        else if(16<k)
                if(k>=36) i=1;
        else if(36<k)
                if(k<=60) i=2;
        else if(60<k)
                if(k<=100) i=3;
        else if(100<k)
                if(k<=150) i=4;
}
if( piaohao=="Q345R")
{
    if(3<k&&k<=16) i=5; //三维数组时，i=0
    if(16<k&&k<=36) i=6;
    if(36<k&&k<=60) i=7;
    if(60<k&&k<=100) i=8;
    if(100<k&&k<=150) i=9;
    if(150<k&&k<=200) i=10;
......
}
```

3.2　数据表格的记事本处理

3.1 节中表格处理方法理论可行，但是因为数据量太大，数组初始化很困难，且占用大量内存。可以将数据放入一个文件中，当程序刚开始运行时打开数据文件，将数据读入三位数组或二维数组。这种数据文件一般采用记事本录入形成。本例钢板许用应力数组 gangbanyingli[8][6][25]的数据按如下格式，用记事本录入，形成 xuyongyingli.txt 数据文件。

```
245 148 147 140 131 117 108 98 91 85 61 41 0
235 148 140 133 124 111 102 93 86 84 61 41 0
225 148 133 127 119 107 98 89 82 80 61 41 0
205 137 123 117 109 98 90 82 75 73 61 41 0
185 123 112 107 100 90 80 73 70 67 61 41 0
1

345 189 189 189 183 167 153 143 125 93 66 43 0
325 185 185 183 170 157 143 133 125 93 66 43 0
315 181 181 173 160 147 133 123 117 93 66 43 0
305 181 181 167 150 137 123 117 110 93 66 43 0
285 178 173 160 147 133 120 113 107 93 66 43 0
265 174 163 153 143 130 117 110 103 93 66 43 0

370 196 196 196 196 190 180 170 0
360 196 196 196 193 183 173 163 0
340 193 193 193 180 170 160 150 0
1
1
1

400 211 211 211 211 211 211 211 207 195 177 117 0
390 211 211 211 211 211 211 211 203 192 177 117 0
1
1
1
1

315 181 181 180 167 153 140 130 0
295 174 174 167 157 143 130 120 0
285 170 170 160 150 137 123 117 0
275 167 167 157 147 133 120 113 0
265 163 163 153 143 130 117 110 0
1

205 137 126 123 120 119 117 112 109 0
1
1
1
```

```
1
1

170 113 104 101 100 99 97 95 90 0
1
1
1
1
1

205 137 137 137 130 122 114 111 107 105 103 101.5 100 98 91 79 64 52 42 32 27 0
1
1
1
1
1
```

每行数据末尾的 0 以及数 1 单独占一行，是为了编程的需要添加的。将上述文件的数据读入数组的代码如下（见前言中提到的配套学习资料中的文件 C3-2）。

```cpp
#include <iostream>
#include <string>
#include<stdio.h>
#include <fstream>
main()
{
    using namespace std;
    int i,j,k,t,t1,t2,kk;
    int u,v,w;
    string piaohao;
    double xuying;
    double yingli[8][6][25]={0}; //数组数据全部置 0
    double s;
    ifstream ifs;
    ifs.open("xuyongyingli.txt",ios::in); //以读的方式打开文件 xuyongyingli.txt
    if(!ifs)
    {
        cout<<"cannot open file.\n";
```

```
                abort();
            }


    for(i=0;i<8;i++)
    {
        for(j=0;j<6;j++)
        {
            for(k=0;k<25;k++)
                {
                        ifs>>s; 将数据从文件读入变量 s 中
                        if(s= =0||s= =1) //读到每行末尾, 则表明数组值为 0, 不必再读,
                        应读下一行, 此时 j 应加 1; s= =1 表明 j 应加 1
                        break;
                        if(s!=1&&s!=0)
                        yingli[i][j][k]=s; //将许用应力值从变量 s 读入数组
                    }
            }
    }
    ifs.close(); //关闭文件
    for(i=0;i<8;i++)
    {
    for(j=0;j<6;j++)
        {
    for(k=0;k<25;k++)
            {
            printf("%3.1f",yingli[i][j][k]);
            printf(" ");
            }
        printf("\n");
        }
    printf("\n");
    }
        getchar0;
    return 0;
        }
```

编译运行结果如图 3-8 所示。注意图中的数据 0 不是从文件中来的, 而是数组初始化得到的, 非零的数字是从文件中得到的, 对数组元素进行了更新。可以看出图 3-8 与图 3-1 和图 3-2 一致。

```
█F:\左面文档\过程设备CAD实用教程\jishibenchuli\jihib...  _ 回
245.0 148.0 147.0 140.0 131.0 117.0 108.0 98.0 91.0 85.0 61.0 41.0 0.0 0.0 0.0 0
.0 0.0 0.0 0.0 0.0 0.0 0.0 0.0 0.0 0.0 0.0
235.0 148.0 140.0 133.0 124.0 111.0 102.0 93.0 86.0 84.0 61.0 41.0 0.0 0.0 0.0 0
.0 0.0 0.0 0.0 0.0 0.0 0.0 0.0 0.0 0.0 0.0
225.0 148.0 133.0 127.0 119.0 107.0 98.0 89.0 82.0 80.0 61.0 41.0 0.0 0.0 0.0 0.
0 0.0 0.0 0.0 0.0 0.0 0.0 0.0 0.0 0.0 0.0
205.0 137.0 123.0 117.0 109.0 98.0 90.0 82.0 75.0 73.0 61.0 41.0 0.0 0.0 0.0 0.0
 0.0 0.0 0.0 0.0 0.0 0.0 0.0 0.0 0.0 0.0
185.0 123.0 112.0 107.0 100.0 90.0 80.0 73.0 70.0 67.0 61.0 41.0 0.0 0.0 0.0 0.0
 0.0 0.0 0.0 0.0 0.0 0.0 0.0 0.0 0.0 0.0
0.0 0.0 0.0 0.0 0.0 0.0 0.0 0.0 0.0 0.0 0.0 0.0 0.0 0.0 0.0 0.0 0.0 0.0 0.0 0.0
0.0 0.0 0.0 0.0 0.0 0.0

345.0 189.0 189.0 189.0 183.0 167.0 153.0 143.0 125.0 93.0 66.0 43.0 0.0 0.0 0.0
 0.0 0.0 0.0 0.0 0.0 0.0 0.0 0.0 0.0 0.0 0.0
325.0 185.0 185.0 183.0 170.0 157.0 143.0 133.0 125.0 93.0 66.0 43.0 0.0 0.0 0.0
 0.0 0.0 0.0 0.0 0.0 0.0 0.0 0.0 0.0 0.0 0.0
315.0 181.0 181.0 173.0 160.0 147.0 133.0 123.0 117.0 93.0 66.0 43.0 0.0 0.0 0.0
 0.0 0.0 0.0 0.0 0.0 0.0 0.0 0.0 0.0 0.0 0.0
305.0 181.0 181.0 167.0 150.0 137.0 123.0 117.0 110.0 93.0 66.0 43.0 0.0 0.0 0.0
 0.0 0.0 0.0 0.0 0.0 0.0 0.0 0.0 0.0 0.0 0.0
285.0 178.0 173.0 160.0 147.0 133.0 120.0 113.0 107.0 93.0 66.0 43.0 0.0 0.0 0.0
 0.0 0.0 0.0 0.0 0.0 0.0 0.0 0.0 0.0 0.0 0.0
265.0 174.0 163.0 153.0 143.0 130.0 117.0 110.0 103.0 93.0 66.0 43.0 0.0 0.0 0.0
 0.0 0.0 0.0 0.0 0.0 0.0 0.0 0.0 0.0 0.0 0.0

370.0 196.0 196.0 196.0 196.0 190.0 180.0 170.0 0.0 0.0 0.0 0.0 0.0 0.0 0.0 0.0
0.0 0.0 0.0 0.0 0.0 0.0 0.0 0.0 0.0 0.0
360.0 196.0 196.0 196.0 193.0 183.0 173.0 163.0 0.0 0.0 0.0 0.0 0.0 0.0 0.0 0.0
0.0 0.0 0.0 0.0 0.0 0.0 0.0 0.0 0.0 0.0
340.0 193.0 193.0 193.0 180.0 170.0 160.0 150.0 0.0 0.0 0.0 0.0 0.0 0.0 0.0 0.0
0.0 0.0 0.0 0.0 0.0 0.0 0.0 0.0 0.0 0.0
0.0 0.0 0.0 0.0 0.0 0.0 0.0 0.0 0.0 0.0 0.0 0.0 0.0 0.0 0.0 0.0 0.0 0.0 0.0 0.0
0.0 0.0 0.0 0.0 0.0 0.0
0.0 0.0 0.0 0.0 0.0 0.0 0.0 0.0 0.0 0.0 0.0 0.0 0.0 0.0 0.0 0.0 0.0 0.0 0.0 0.0
0.0 0.0 0.0 0.0 0.0 0.0
0.0 0.0 0.0 0.0 0.0 0.0 0.0 0.0 0.0 0.0 0.0 0.0 0.0 0.0 0.0 0.0 0.0 0.0 0.0 0.0
0.0 0.0 0.0 0.0 0.0 0.0
400.0 211.0 211.0 211.0 211.0 211.0 211.0 211.0 207.0 195.0 177.0 117.0 0.0 0.0
0.0 0.0 0.0 0.0 0.0 0.0 0.0 0.0 0.0 0.0 0.0 0.0
390.0 211.0 211.0 211.0 211.0 211.0 211.0 211.0 203.0 192.0 177.0 117.0 0.0 0.0
0.0 0.0 0.0 0.0 0.0 0.0 0.0 0.0 0.0 0.0 0.0 0.0
0.0 0.0 0.0 0.0 0.0 0.0 0.0 0.0 0.0 0.0 0.0 0.0 0.0 0.0 0.0 0.0 0.0 0.0 0.0 0.0
0.0 0.0 0.0 0.0 0.0 0.0
0.0 0.0 0.0 0.0 0.0 0.0 0.0 0.0 0.0 0.0 0.0 0.0 0.0 0.0 0.0 0.0 0.0 0.0 0.0 0.0
0.0 0.0 0.0 0.0 0.0 0.0
0.0 0.0 0.0 0.0 0.0 0.0 0.0 0.0 0.0 0.0 0.0 0.0 0.0 0.0 0.0 0.0 0.0 0.0 0.0 0.0
0.0 0.0 0.0 0.0 0.0 0.0

315.0 181.0 181.0 180.0 167.0 153.0 140.0 130.0 0.0 0.0 0.0 0.0 0.0 0.0 0.0 0.0
0.0 0.0 0.0 0.0 0.0 0.0 0.0 0.0 0.0 0.0
295.0 174.0 174.0 167.0 157.0 143.0 130.0 120.0 0.0 0.0 0.0 0.0 0.0 0.0 0.0 0.0
0.0 0.0 0.0 0.0 0.0 0.0 0.0 0.0 0.0 0.0
285.0 170.0 170.0 160.0 150.0 137.0 123.0 117.0 0.0 0.0 0.0 0.0 0.0 0.0 0.0 0.0
0.0 0.0 0.0 0.0 0.0 0.0 0.0 0.0 0.0 0.0
275.0 167.0 167.0 157.0 147.0 133.0 120.0 113.0 0.0 0.0 0.0 0.0 0.0 0.0 0.0 0.0
0.0 0.0 0.0 0.0 0.0 0.0 0.0 0.0 0.0 0.0
265.0 163.0 163.0 153.0 143.0 130.0 117.0 110.0 0.0 0.0 0.0 0.0 0.0 0.0 0.0 0.0
0.0 0.0 0.0 0.0 0.0 0.0 0.0 0.0 0.0 0.0
0.0 0.0 0.0 0.0 0.0 0.0 0.0 0.0 0.0 0.0 0.0 0.0 0.0 0.0 0.0 0.0 0.0 0.0 0.0 0.0
0.0 0.0 0.0 0.0 0.0 0.0
```

图 3-8

```
205.0 137.0 126.0 123.0 120.0 119.0 117.0 112.0 109.0 0.0 0.0 0.0 0.0 0.0 0.0 0.
0 0.0 0.0 0.0 0.0 0.0 0.0 0.0 0.0 0.0
0.0 0.0 0.0 0.0 0.0 0.0 0.0 0.0 0.0 0.0 0.0 0.0 0.0 0.0 0.0 0.0 0.0 0.0 0.0 0.0
0.0 0.0 0.0 0.0 0.0 0.0
0.0 0.0 0.0 0.0 0.0 0.0 0.0 0.0 0.0 0.0 0.0 0.0 0.0 0.0 0.0 0.0 0.0 0.0 0.0 0.0
0.0 0.0 0.0 0.0 0.0 0.0
0.0 0.0 0.0 0.0 0.0 0.0 0.0 0.0 0.0 0.0 0.0 0.0 0.0 0.0 0.0 0.0 0.0 0.0 0.0 0.0
0.0 0.0 0.0 0.0 0.0 0.0
0.0 0.0 0.0 0.0 0.0 0.0 0.0 0.0 0.0 0.0 0.0 0.0 0.0 0.0 0.0 0.0 0.0 0.0 0.0 0.0
0.0 0.0 0.0 0.0 0.0 0.0
0.0 0.0 0.0 0.0 0.0 0.0 0.0 0.0 0.0 0.0 0.0 0.0 0.0 0.0 0.0 0.0 0.0 0.0 0.0 0.0
0.0 0.0 0.0 0.0 0.0 0.0
170.0 113.0 104.0 101.0 100.0 99.0 97.0 95.0 90.0 0.0 0.0 0.0 0.0 0.0 0.0 0.
0 0.0 0.0 0.0 0.0 0.0 0.0 0.0 0.0 0.0
0.0 0.0 0.0 0.0 0.0 0.0 0.0 0.0 0.0 0.0 0.0 0.0 0.0 0.0 0.0 0.0 0.0 0.0 0.0 0.0
0.0 0.0 0.0 0.0 0.0 0.0
0.0 0.0 0.0 0.0 0.0 0.0 0.0 0.0 0.0 0.0 0.0 0.0 0.0 0.0 0.0 0.0 0.0 0.0 0.0 0.0
0.0 0.0 0.0 0.0 0.0 0.0
0.0 0.0 0.0 0.0 0.0 0.0 0.0 0.0 0.0 0.0 0.0 0.0 0.0 0.0 0.0 0.0 0.0 0.0 0.0 0.0
0.0 0.0 0.0 0.0 0.0 0.0
0.0 0.0 0.0 0.0 0.0 0.0 0.0 0.0 0.0 0.0 0.0 0.0 0.0 0.0 0.0 0.0 0.0 0.0 0.0 0.0
0.0 0.0 0.0 0.0 0.0 0.0
205.0 137.0 137.0 137.0 130.0 122.0 114.0 111.0 107.0 105.0 103.0 101.5 100.0 98
.0 91.0 79.0 64.0 52.0 42.0 32.0 27.0 0.0 0.0 0.0 0.0 0.0
0.0 0.0 0.0 0.0 0.0 0.0 0.0 0.0 0.0 0.0 0.0 0.0 0.0 0.0 0.0 0.0 0.0 0.0 0.0 0.0
0.0 0.0 0.0 0.0 0.0 0.0
0.0 0.0 0.0 0.0 0.0 0.0 0.0 0.0 0.0 0.0 0.0 0.0 0.0 0.0 0.0 0.0 0.0 0.0 0.0 0.0
0.0 0.0 0.0 0.0 0.0 0.0
0.0 0.0 0.0 0.0 0.0 0.0 0.0 0.0 0.0 0.0 0.0 0.0 0.0 0.0 0.0 0.0 0.0 0.0 0.0 0.0
0.0 0.0 0.0 0.0 0.0 0.0
0.0 0.0 0.0 0.0 0.0 0.0 0.0 0.0 0.0 0.0 0.0 0.0 0.0 0.0 0.0 0.0 0.0 0.0 0.0 0.0
0.0 0.0 0.0 0.0 0.0 0.0
请按任意键继续...
```

图 3-8　文件数据读入数组后数组的值

3.3　数据表格的文件化

这种用记事本形成的数据文件的方法虽然方便，但是文件中数据的格式是自然形成的，对各个数据项无定义，对数据的查询还是通过数组的方式实现的。这种方法对工程设计手册中的数据处理是适合的，因为这些数据不需要频繁的增删。下面介绍通过数据库的方式形成数据文件并查询数据的方法。有两种最常见的数据库系统 Visual Foxpro 6.0 和 Microsoft Access 可实现此目的。这里以 Visual Foxpro 6.0 为例加以说明。

3.3.1　创建数据库 gangbanxuyong.dbc

启动 Visual Foxpro 6.0，创建新的项目文件，名为 gangbanxuyong.prx。并在其中创建新的数据库，名为 gangbanxuyong.dbc。再创建表，名为"钢板应力.dbf"，此时出现"表设计器"

对话框,在该对话框中设计表的结构,如图 3-9 所示。在"Fields(字段)"选项卡中单击"Insert(插入)"按钮可以在表中添加新的字段,定义相应的字段名、类型、宽度等,每个字段还可以附加标题和字段注释等内容,使表中各个字段的含义清楚明白。

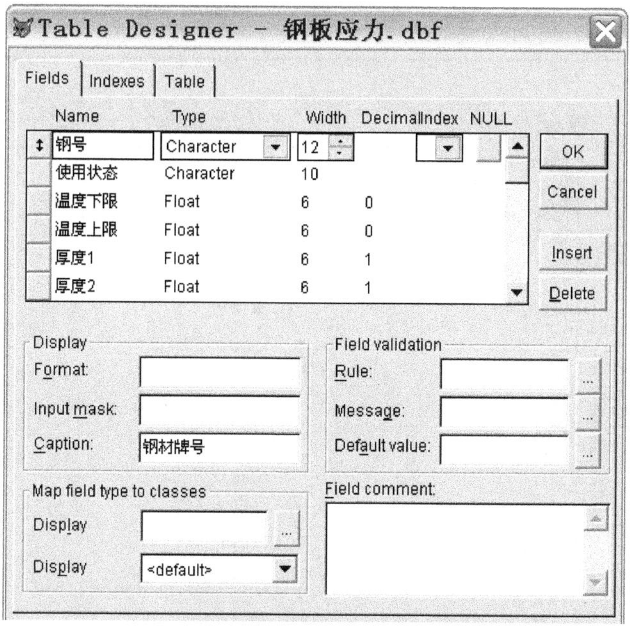

图 3-9 "表设计器"对话框

按表 3-1 定义"钢板应力"表中的各个字段,结果如图 3-9 所示,温度 1 和温度 2 分别代表材料允许使用的温度上限与下限。表 3-1 中"温度×"代表"温度 3"到"温度 23",即为了节省篇幅,省略了 23 行。温度上限即材料允许使用的最高温度,图 3-1 中对应温度下应力值空缺的就是该材料的温度上限;温度下限数据在图 3-1 及图 3-2 中没有给出,要根据 GB 150.2—2011 中的要求给定。虽然温度上下限不直接参与设计计算,但是程序应该有容错处理功能,提示用户选择材料与设计温度相匹配。在各字段定义完毕后,单击图 3-9 的"OK(确定)"按钮关闭"表设计器",在弹出的对话框中,若单击"否",则暂时不向表中输入数据记录;若单击"是",则弹出输入界面,将图 3-1 中前 5 种材料和图 3-2 中前 3 种材料的数据输入,如图 3-10 所示。

表 3-1 "钢板应力"表的各个字段定义

字段名	类型	宽度	小数位数
钢号	字符型	12	
使用状态	字符型	10	
温度下限	浮动型	6	0
温度上限	浮动型	6	0
厚度 1	浮动型	6	1
厚度 2	浮动型	6	1
屈服极限	浮动型	6	1
温度 1	浮动型	6	1

续表

字段名	类型	宽度	小数位数
温度 2	浮动型	6	1
温度×	浮动型	6	1
温度 24	浮动型	6	1

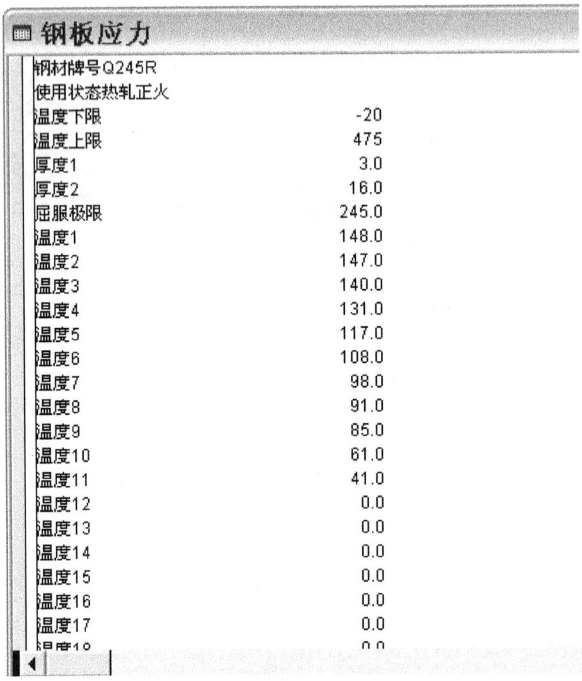

图 3-10　钢板应力数据的输入

3.3.2 从数据库 gangbanxuyong.dbc 中导出数据文件

Visual Foxpro 可通过两种具有固定格式的数据文件与其他高级语言进行数据通信。一种是系统数据格式文件(System Data Format，SDF)。它由 ASCII 码组成，每个记录中的字段从左至右存放，同一字段的数据长度相同，不足处补空格。字段数据之间无分隔符，每一行就是一个记录，长度相等，都以回车换行结尾。文件扩展名为.sdf。另一种是通用格式文件(Delimited Text)。它也由 ASCII 码组成，每个记录中的字段也是从左至右存放，每个字段的数据长度不相同，左边空格被删去。字段数据之间用逗号或空格隔开，字符型数据用双引号括起来。每一行就是一个记录，长度不相等，都以回车换行结尾。文件扩展名为.txt。

打开文件 gangbanxuyong.prx，在项目管理器中选择要导出的表"钢板应力.dbf"，单击 File\Export，弹出"Export（导出）"对话框，如图 3-11 所示。在对话框中选择文件类型，如 System Data Format（SDF），在"To（到）"文本框中，确定要形成的数据文件的名称及存放路径，文件名为"钢板应力"，在"Fro（来源于）"文本框中确保数据来源是刚才创建的表。单击"OK"按钮后，生成"钢板应力.sdf"文件。该文件可以用记事本打开，面貌如图 3-12 所示。

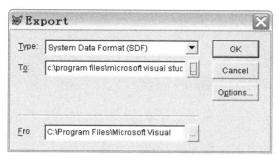

图 3-11　“导出”对话框

钢板应力. sdf - 记事本

文件(F)　编辑(E)　格式(O)　查看(V)　帮助(H)

```
Q245R      热轧正火   -20  475   3.0  16.0 245.0 148.0 147.0 140.0 131.0 117.0 108.0  98.0  91.0  85.0  61.0  41.0  0.0  0.0
Q245R      热轧正火     0  475  16.0  36.0 235.0 148.0 140.0 133.0 124.0 111.0 102.0  93.0  86.0  84.0  61.0  41.0  0.0  0.0
Q245R      热轧正火     0  475  36.0  60.0 225.0 148.0 133.0 127.0 119.0 107.0  98.0  89.0  82.0  80.0  61.0  41.0  0.0  0.0
Q245R      热轧正火     0  475  60.0 100.0 205.0 137.0 123.0 117.0 109.0  98.0  90.0  82.0  75.0  73.0  61.0  41.0  0.0  0.0
Q245R      热轧正火     0  475 100.0 150.0 185.0 123.0 112.0 107.0 100.0  90.0  80.0  73.0  70.0  67.0  61.0  41.0  0.0  0.0
Q345R      热轧正火   -20  475   3.0  16.0 345.0 189.0 189.0 189.0 183.0 167.0 153.0 143.0 125.0  93.0  66.0  43.0  0.0  0
Q345R      热轧正火   -20  475  16.0  36.0 325.0 185.0 185.0 183.0 170.0 157.0 143.0 133.0 125.0  93.0  66.0  43.0  0.0
Q345R      热轧正火   -20  475  36.0  60.0 315.0 181.0 181.0 173.0 160.0 147.0 133.0 123.0 117.0  93.0  66.0  43.0  0.0
Q345R      热轧正火   -20  475  60.0 100.0  30.5 181.0 181.0 167.0 150.0 137.0 123.0 117.0 110.0  93.0  66.0  43.0  0.0
Q345R      热轧正火   -20  475 100.0 150.0 285.0 178.0 173.0 160.0 147.0 133.0 120.0  11.0 107.0  93.0  66.0  43.0  0.0
Q345R      热轧正火   -20  475 150.0 200.0 265.0 174.0 163.0 153.0 143.0 130.0 117.0 110.0 103.0  93.0  66.0  43.0  0.0
Q370R      正火     -20  350  10.0  16.0 370.0 196.0 196.0 196.0 196.0 190.0 180.0 170.0  0.0  0.0  0.0  0.0  0.0  0.0  0
Q370R      正火     -20  350  16.0  36.0 360.0 196.0 196.0 196.0 193.0 183.0 173.0 163.0  0.0  0.0  0.0  0.0  0.0  0.0  0
Q370R      正火     -20  350  36.0  60.0 340.0 193.0 193.0 193.0 180.0 170.0 160.0 150.0  0.0  0.0  0.0  0.0  0.0  0.0  0
18MnMoNbR  正火加回火  -10  475  30.0  60.0 400.0 211.0 211.0 211.0 211.0 211.0 211.0 211.0 207.0 195.0 177.0 117.0
18MnMoNbR  正火加回火  -10  475  60.0 100.0 390.0 211.0 211.0 211.0 211.0 211.0 211.0 211.0 203.0 192.0 177.0 117.0
16MnDR      正火     -40  350   6.0  16.0 315.0 181.0 181.0 180.0 167.0 153.0 140.0 130.0  0.0  0.0  0.0  0.0  0.0  0.0
16MnDR      正火     -40  350  16.0  36.0 295.0 174.0 174.0 167.0 157.0 143.0 130.0 120.0  0.0  0.0  0.0  0.0  0.0  0.0
16MnDR      正火     -40  350  36.0  60.0 285.0 170.0 170.0 160.0 150.0 137.0 123.0 117.0  0.0  0.0  0.0  0.0  0.0  0.0
16MnDR      正火     -30  350  60.0 100.0 275.0 167.0 167.0 157.0 147.0 133.0 120.0 113.0  0.0  0.0  0.0  0.0  0.0  0.0
16MnDR      正火     -30  350 100.0 120.0 265.0 163.0 163.0 153.0 143.0 130.0 117.0 110.0  0.0  0.0  0.0  0.0  0.0  0.0
06Cr13     冷轧       0  400   1.5  25.0 206.0 137.0 126.0 123.0 120.0 119.0 117.0 112.0 109.0  0.0  0.0  0.0  0.0  0.0  0
06Cr13Al   冷轧       0  400   1.5  25.0 170.0 113.0 104.0 101.0 100.0  99.0  97.0  95.0  90.0  0.0  0.0  0.0  0.0  0.0
06Cr19Ni10 冷轧    -253  700   1.5  80.0 170.0 137.0 137.0 137.0 130.0 122.0 114.0 111.0 107.0 105.0 103.0 101.5 100
```

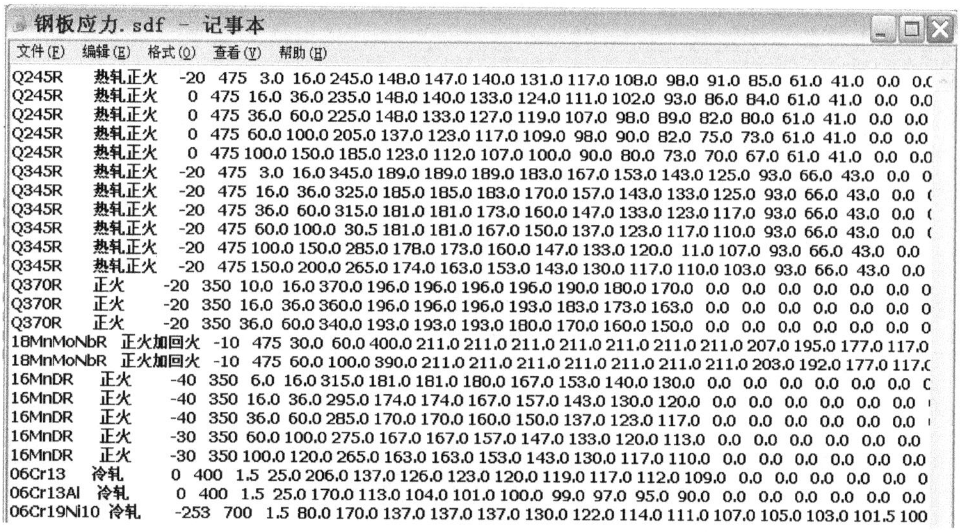

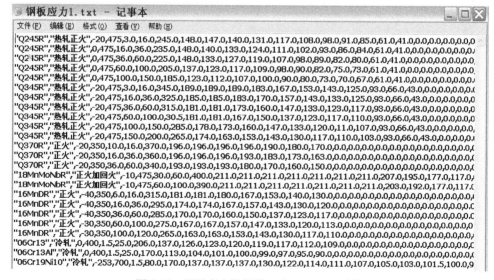

图 3-12　钢板应力数据的 SDF 文件

若导出格式为 Delimited Text，则生成“钢板应力 1.txt”文件，面貌如图 3-13 所示。

钢板应力1. txt - 记事本

文件(F)　编辑(E)　格式(O)　查看(V)　帮助(H)

```
"Q245R","热轧正火",-20,475,3.0,16.0,245.0,148.0,147.0,140.0,131.0,117.0,108.0,98.0,91.0,85.0,61.0,41.0,0.0,0.0,0.0,0.0,0
"Q245R","热轧正火",0,475,16.0,36.0,235.0,148.0,140.0,133.0,124.0,111.0,102.0,93.0,86.0,84.0,61.0,41.0,0.0,0.0,0.0,0.0,0.
"Q245R","热轧正火",0,475,36.0,60.0,225.0,148.0,133.0,127.0,119.0,107.0,98.0,89.0,82.0,80.0,61.0,41.0,0.0,0.0,0.0,0.0,0.0
"Q245R","热轧正火",0,475,60.0,100.0,205.0,137.0,123.0,117.0,109.0,98.0,90.0,82.0,75.0,73.0,61.0,41.0,0.0,0.0,0.0,0.0,0.0
"Q245R","热轧正火",0,475,100.0,150.0,185.0,123.0,112.0,107.0,100.0,90.0,80.0,73.0,70.0,67.0,61.0,41.0,0.0,0.0,0.0,0.0,0.
"Q345R","热轧正火",-20,475,3.0,16.0,345.0,189.0,189.0,189.0,183.0,167.0,153.0,143.0,125.0,93.0,66.0,43.0,0.0,0.0,0.0,0.0,0.
"Q345R","热轧正火",-20,475,16.0,36.0,325.0,185.0,185.0,183.0,170.0,157.0,143.0,133.0,125.0,93.0,66.0,43.0,0.0,0.0,0.0,0.0
"Q345R","热轧正火",-20,475,36.0,60.0,315.0,181.0,181.0,173.0,160.0,147.0,133.0,123.0,117.0,93.0,66.0,43.0,0.0,0.0,0.0,0.0
"Q345R","热轧正火",-20,475,60.0,100.0,30.5,181.0,181.0,167.0,150.0,137.0,123.0,117.0,110.0,93.0,66.0,43.0,0.0,0.0,0.0,0.0
"Q345R","热轧正火",-20,475,100.0,150.0,285.0,178.0,173.0,160.0,147.0,133.0,120.0,11.0,107.0,93.0,66.0,43.0,0.0,0.0,0.0,0.0,
"Q345R","热轧正火",-20,475,150.0,200.0,265.0,174.0,163.0,153.0,143.0,130.0,117.0,110.0,103.0,93.0,66.0,43.0,0.0,0.0,0.0,0.
"Q370R","正火",-20,350,10.0,16.0,370.0,196.0,196.0,196.0,196.0,190.0,180.0,170.0,0.0,0.0,0.0,0.0,0.0,0.0,0.0,0.0,0.0,0.0,0.
"Q370R","正火",-20,350,16.0,36.0,360.0,196.0,196.0,196.0,193.0,183.0,173.0,163.0,0.0,0.0,0.0,0.0,0.0,0.0,0.0,0.0,0.0,0.0,0.
"Q370R","正火",-20,350,36.0,60.0,340.0,193.0,193.0,193.0,180.0,170.0,160.0,150.0,0.0,0.0,0.0,0.0,0.0,0.0,0.0,0.0,0.0,0.0,0.
"18MnMoNbR","正火加回火",-10,475,30.0,60.0,400.0,211.0,211.0,211.0,211.0,211.0,211.0,211.0,207.0,195.0,177.0,117.0,
"18MnMoNbR","正火加回火",-10,475,60.0,100.0,390.0,211.0,211.0,211.0,211.0,211.0,211.0,211.0,203.0,192.0,177.0,117.0
"16MnDR","正火",-40,350,6.0,16.0,315.0,181.0,181.0,180.0,167.0,153.0,140.0,130.0,0.0,0.0,0.0,0.0,0.0,0.0,0.0,0.0,0.0,0.0,
"16MnDR","正火",-40,350,16.0,36.0,295.0,174.0,174.0,167.0,157.0,143.0,130.0,120.0,0.0,0.0,0.0,0.0,0.0,0.0,0.0,0.0,0.0,0.0
"16MnDR","正火",-40,350,36.0,60.0,285.0,170.0,170.0,160.0,150.0,137.0,123.0,117.0,0.0,0.0,0.0,0.0,0.0,0.0,0.0,0.0,0.0,0.0
"16MnDR","正火",-30,350,60.0,100.0,275.0,167.0,167.0,157.0,147.0,133.0,120.0,113.0,0.0,0.0,0.0,0.0,0.0,0.0,0.0,0.0,0.0,0
"16MnDR","正火",-30,350,100.0,120.0,265.0,163.0,163.0,153.0,143.0,130.0,117.0,110.0,0.0,0.0,0.0,0.0,0.0,0.0,0.0,0.0,0.0,
"06Cr13","冷轧",0,400,1.5,25.0,206.0,137.0,126.0,123.0,120.0,119.0,117.0,112.0,109.0,0.0,0.0,0.0,0.0,0.0,0.0,0.0,0.0,0.0
"06Cr13Al","冷轧",0,400,1.5,25.0,170.0,113.0,104.0,101.0,100.0,99.0,97.0,95.0,90.0,0.0,0.0,0.0,0.0,0.0,0.0,0.0,0.0,0.0,0.
"06Cr19Ni10","冷轧",-253,700,1.5,80.0,170.0,137.0,137.0,137.0,130.0,122.0,114.0,111.0,107.0,105.0,103.0,101.5,100.0,9
```

图 3-13　钢板应力数据的 Delimited Text 文件

3.3.3 顺序文件的查询处理

上述两种文件都是顺序文件，下面介绍 SDF 文件的数据查询处理，图 3-14 为程序的流程图。程序代码如下（见前言中提到的配套学习资料中的文件 C3-3）：

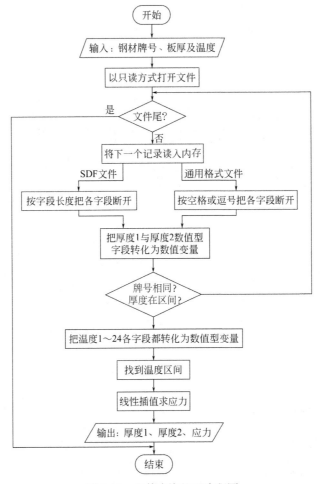

图 3-14 文件查询处理流程图

```cpp
#include <iostream>
#include <string>
#include<stdio.h>
#include <fstream>
#include<math.h>
main()
{
    using namespace std;
    int i,j,t,kk,n; //文件中的记录号
```

```
int houdushu1,houdushu2; //钢板厚度区间
string  paihao;
char str[12];
char wenxia[6]; //温度下限字符
char wenshang[6]; //温度上限字符
char houdu1[6]; //厚度下限字符
char houdu2[6]; //厚度上限字符
int wendushu[25],wenxiashu,wenshangshu; //各温度下的应力值，温度下限、温度上限
double xuying; //查询的结果
char wendu[25][6]; //各温度下应力字符
ifstream ifs;
ifs.open("钢板应力.sdf ",ios::in);
if(!ifs)
  {
  cout<<"cannot open file.\n";
  abort();
  }
  char s[197]; //一个记录的长度是 196 个字符（各字段长度总和），存放在 s 中
  cout<<"shuru the cailiao piaohao:";
  cin>>paihao; //接受用户输入的材料牌号
  cout<<"shuruhoudu:";
  cin>>kk; //接受用户输入的厚度
  cout<<"wendu:";
  cin>>t; //接受用户输入的温度
  for(n=0;n<24;n++)
  {
  for(i=0;i<12;i++)  //s 首先读到的字符是钢牌号，该字段长度为 12
  str[i]='\0'; //每次循环前将其清空，以确保得到本次读入的牌号，不受上次影响
  ifs.getline(s,197);
  for(i=0;i<12;i++)
  {
    if(s[i]==' ')  SDF 文件中字符型字段空格在后面，遇到空格，表明第一个字段读完，结束循环
    break;
    else str[i]=s[i]; // 读完牌号字段
  }
  for(i=0;i<6;i++)  //厚度字段长度为 6
  houdu1[i]=' '; //每次循环前将其清空，以确保得到本次读入的厚度，不受上次影响
  for(i=34;i<40;i++)
  {
  if(s[i]==' ')
```

```
continue;
else houdu1[i-34]=s[i];
}
for(i=0;i<6;i++)
houdu2[i]=' ';
for(i=40;i<46;i++)
{
if(s[i]==' ')
continue;
else houdu2[i-40]=s[i];
}
houdushu1=atoi(houdu1);
houdushu2=atoi(houdu2);
if(str==paihao)
if(kk>=houdushu1&&kk<houdushu2)
break;
else
continue;
}
ifs.close();
if(n<24) //在24个记录中匹配了牌号与厚度
{
for(i=0;i<25;i++)
{
for(j=0;j<6;j++)
{
wendu[i][j]=s[46+6*i+j];
}
wendushu[i]   =atoi(wendu[i]);
}

for(i=0;i<6;i++)
{
if(s[22+i]=='\0')
continue;
else wenxia[i]=s[22+i];
}
wenxiashu=atoi( wenxia);

for(i=0;i<6;i++)
```

```
        {
            if(s[28+i]=='\0')
            continue;
            else  wenshang[i]=s[28+i];
        }
    wenshangshu=atoi( wenshang);
    if(t>wenshangshu||t<wenxiashu)
    printf("error!cailiaowendubudui\n"); // 材料设计温度不对
    for(i=0;i<25;i++)
    {
        printf("%d ",wendushu[i]);
    }
        printf("\n");
        printf("%d,%d",houdushu1,houdushu2);
        printf("\n");
        printf("%d ",wenxiashu);
        printf("\n");
        printf("%d ",wenshangshu);
        printf("\n");
        if(t<wenshangshu&&t>wenxiashu)  //排除温度超限
        {
            if(t<=400)  //温度 400℃以下的查询
            {
            if(t<20)
                xuying=wendushu[1];
            else
            {
            i=floor(t/50);
            xuying=wendushu[i]-(wendushu[i]-wendushu[i+1])*(t-50.0*i)/50.0;
            }
        }
        else  //温度 400℃以上的查询
        {
            i=floor((t-400)/25)+8;
            xuying=wendushu[i]-(wendushu[i]-wendushu[i+1])*(t-(i-8)*25-400)/25.0;
        }
    printf("%3.2f", xuying);
    }
else
    printf("error!cailiaowendubudui\n");
```

```
    }
    else
    printf("cailiaocuowu OR houdubudui! ");
    return 0;
}
```

编译运行，检验运行结果如图3-15～图3-19所示，表明程序达到设计要求。

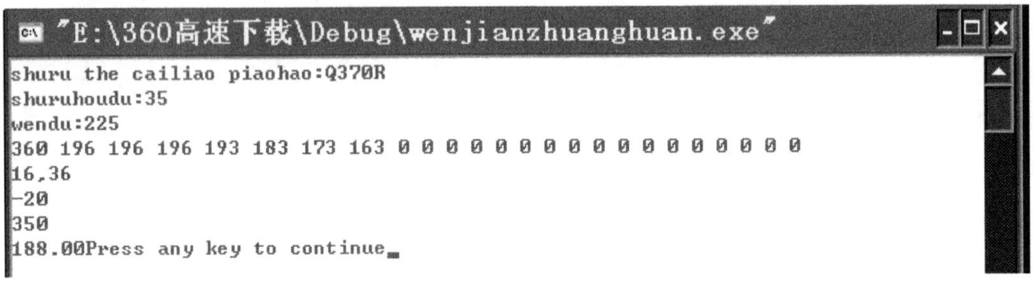

图 3-15 Q370R 壁厚为 35mm，温度为 225℃时的应力

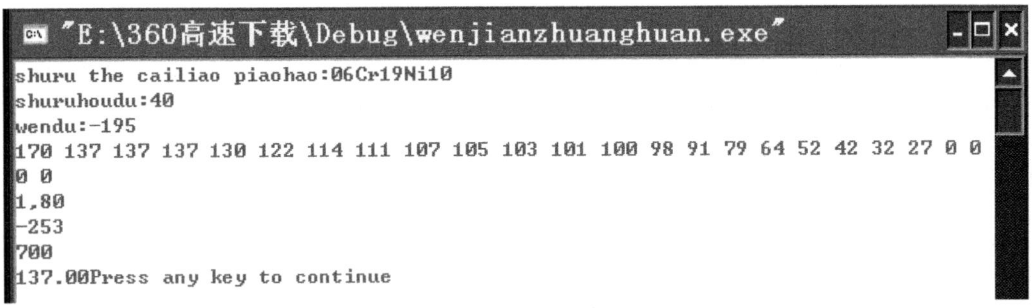

图 3-16 06Cr19Ni10 壁厚为 40mm，温度为−195℃时的应力

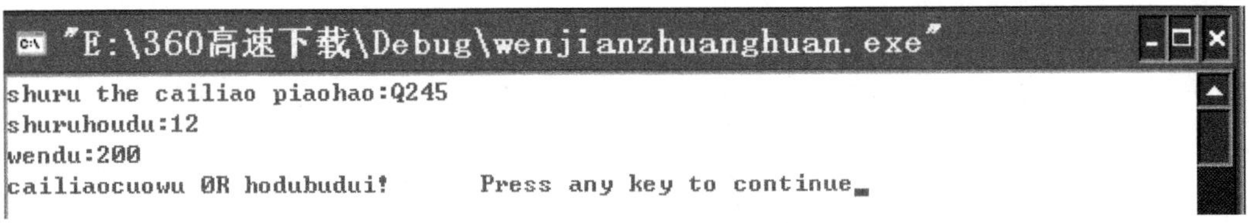

图 3-17 材料牌号不正确时报错

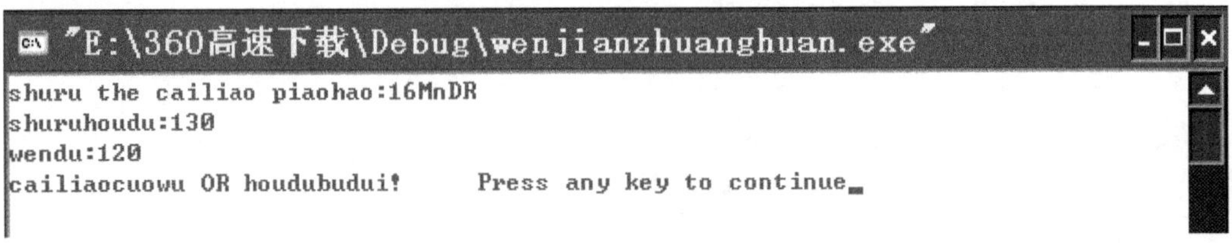

图 3-18 材料厚度过大报错

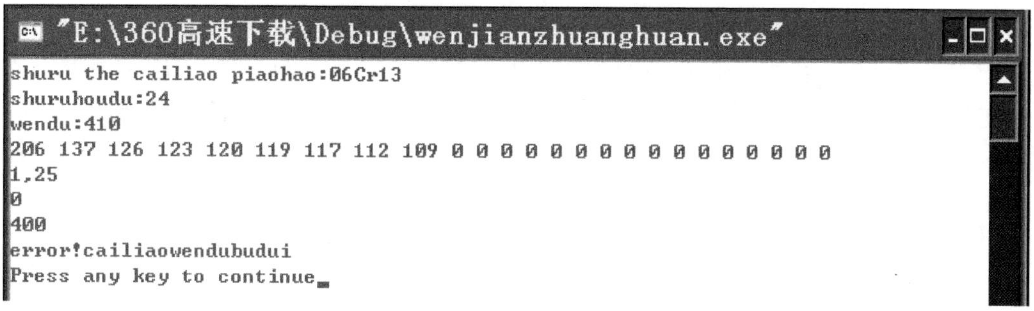

图 3-19　温度过高报错

3.4　数据表格的 MFC ODBC 处理

3.4.1　MFC ODBC 连接数据库

MFC 提供了两种独立面向用户的数据库访问系统：一种是 ODBC（Open DataBase Connectivity，开放数据库连接）；另一种是 DAO（Data Access Objects，数据访问对象）。ODBC 是微软公司支持开放数据库服务体系的重要组成部分，它定义了一组规范，提供了一组对数据库访问的标准 API，这些 API 是建立在标准化版本 SQL（Structed　Query　Language，结构化查询语言）基础上的。ODBC 位于应用程序和具体的 DBMS 之间，目的是能够使应用程序端不依赖于任何 DBMS，与不同数据库的操作由对应的 DBMS 的 ODBC 驱动程序完成。现在，大多数主流关系数据库都提供了 OBDC 驱动程序，我们可以使用 ODBC API 访问这些数据库。ODBC 层由三个部件构成。

（1）ODBC 管理器

ODBC 管理器的主要任务是管理安装 ODBC 驱动程序，管理数据源。应用程序要访问数据库，首先必须在 ODBC 管理器中创建一个数据源。ODBC 管理器根据数据源提供的数据库存储位置、类型及 ODBC 驱动程序信息，建立起 ODBC 与一个特定数据库之间的联系，接下来，程序中只需提供数据源名，ODBC 就能连接相关的数据库。ODBC 管理器位于系统控件面板中。

（2）驱动程序管理器

驱动器管理器位于 ODBC32.DLL，是 ODBC 中最重要的部件。应用程序通过 ODBC API 执行数据库操作。其实 ODBC API 不能直接操作数据库，需要通过驱动管理器调用特定的数据库的驱动程序，驱动程序在执行完相应操作后，再将结果通过驱动程序管理器返回。驱动器管理器支持一个应用程序同时访问多个 DBMS 中的数据。

（3）ODBC 驱动程序

ODBC 驱动程序以 DLL 文件形式出现，提供 ODBC 与数据库之间的接口。

3.4.2　MFC 中与数据库操作有关的类

进行 ODBC 编程，有三个非常重要的元素：环境（Enviroment）、连接（Connection）和语句（Statement），它们都是通过句柄来访问的。在 MFC 的类库中，CDatabase 类封装了 ODBC 编程的连接句柄，CRecordset 类封装了对 ODBC 编程的语句句柄，而环境句柄被保存在一个全局变量中，可以调用一个全局函数 AfxGetHENV 来获得当前被 MFC 使用的环境句柄。此外 CRecordView 类负责记录集的用户界面，CFieldExchange 负责 CRedordset 类与数据源的数据交换。

使用 AppWizard 生成应用程序框架过程中，只要选择了相应的数据库支持选项，就能够很方便的获得一个数据库应用程序的框架。

（1）CDatabase 类

CDatabase 类的主要功能是建立与 ODBC 数据源的连接，连接句柄放在其数据成员 m_hdbc 中，并提供一个成员函数 GetConnect()用于获取连接字符串。要建立与数据源的连接，首先创建一个 CDatabase 对象，再调用 CDatabase 类的 Open()函数创建连接。Open()函数的原型定义如下：

```
virtul BOOL Open(LPCTSTR lpszDSN, BOOL bExclusive=FALSE,
BOOL bReadOnly=FALSE, LPCTSTR lpszConnect="ODBC;", BOOL bUseCursorLib=TRUE);
```

其中，lpszDSN 指定数据源名，若 lpszDSN 的值为 NULL 时，在程序执行时会弹出数据源对话框，供用户选择一个数据源。lpszConnect 指定一个连接字符串，连接字符串中通常包括数据源名、用户 ID、口令等信息，与特定的 DBMS 相关。bUseCursorLib 指定是否加载 ODBC 游标库。

要断开与一个数据源的连接，可以调用 CDatabase 类的成员函数 Close()。

（2）CRecordset 类

CRecordset 类对象表示从数据源中抽取出来的一组记录集。CRecordset 类封装了大量操作数据库的函数，支持查询，存取，更新数据库操作。

记录集主要分为两种类型。

① 快照（Snapshot）记录集。

快照记录集相当于数据库的一张静态视图，一旦从数据库抽取出来，当别的用户更新记录的操作不会改变记录集，只有调用 Requry()函数重新查询数据，才能反映数据的变化。但快照集能反映自身用户的删除和修改操作。

② 动态（Dynaset）记录集。

动态（Dynaset）记录集与快照记录集相反，是数据库的动态视图。当别的用户更新记录时，动态记录集能即时反映所做的修改。在一些实时系统中，必须采用动态记录集，如火车票联网购票系统。但别的用户添加记录，也需要调用 Requry()函数重新查询数据后才能反映出来。

CRecordset 类有六个重要的数据成员，如表 3-2 所示。

表 3-2 CRecordset 类的数据成员

数据成员	类型	说明
m_strFilter	CString	筛选条件字符串
m_strSort	CString	排序关键字字符串
m_pDatabase	CDatabase 类指针	指向 CDatabasec 对象的指针
m_hstmt	HSTMT	ODBC 语句句柄
m_nField	UINT	记录集中字段数据成员总数
m_nParams	UINT	记录集中参数数据成员总数

CRecordset 类的主要成员函数如表 3-3 所示。

表 3-3　CRecordset 类的主要成员函数

成员函数	说明
Move	当前记录指针向前或向后移动若干个位置
MoveFirst	当前记录指针移动到记录集第一条记录
MoveLast	当前记录指针移动到记录集最后一条记录
MoveNext	当前记录指针移动到记录集下一条记录
MovePrev	当前记录指针移动到记录集前一条记录
SetAbsolutePosition	当前记录指针移动到记录集特定一条记录
AddNew	添加一条新记录
Delete	删除一条记录
Edit	编辑一条记录
Update	更新记录
CancelUpdate	取消一条记录的更新操作
Requry	重新查询数据源
GetDefaultConnect	获得默认连接字符串
GetDefaultSQL	获得默认 SQL 语句
DoFieldExchange	记录集中字段数据成员与数据源中交换数据
GetRecordCount	获得记录集记录个数
IsEOF	判断当前记录指针是否在最后一个记录之后
IsBOF	判断当前记录指针是否在第一个记录之前
CanUpdate	判断记录集是否允许更新

（3）CRecordView 类

CRecordView 类是 CFormView 的派生类，支持以控件视图来显示当前记录，并提供移动记录的默认菜单和工具栏。用户可以通过记录视图方便的浏览、修改、删除和添加记录。记录视图与对话框一样，使用 DDX 数据交换机制在视图中的控件的记录集成员之间交换数据，只需使用 ClassWizard 将控件与记录集的字段数据成员一一绑定即可。

CRecordView 类的主要成员函数如表 3-4 所示。

表 3-4　CRecordView 类的主要成员函数

成员函数	说明
OnGetRecordset	获得指向记录集的指针
OnMove	当前记录指针移动时，OnMove()函数更新对当前记录所作的修改，这是将更新记录保存的方式
IsOnFirstRecord	判断当前记录是否为记录集的第一条记录
IsOnLastRecord	判断当前记录是否为记录集的最后一条记录

（4）CFieldExchange 类

CFieldExchange 类支持记录字段数据的自动交换，实现记录集中字段数据成员与相应的数据源中字段之间的数据交换，类似于对话框数据自动交换机制。

3.4.3 数据库应用程序的实现

利用数据库技术实现压力容器法兰（JB/T 4700～4707—2000，新标准为 NB/T 47020～47027—2012）中标准法兰选型的设计，也就是用户输入法兰类型、法兰材料、工作压力、筒体直径后选择法兰的公称压力等级，从而确定标准法兰各个尺寸、连接螺栓的规格、数量和螺栓孔的规格。人工确定公称压力的方法是：由法兰的类型和法兰的材料查 JB/T 4700—2000 中表 6 或表 7，使某些公称压力的法兰在设计温度下的许用压力略大于或等于法兰的设计压力，则该公称压力等级就是法兰的公称压力。但是本例假定公称压力已经确定，由公称压力与公称直径查询法兰的上述数据。设计参数法兰的公称直径与公称压力以及法兰的尺寸都以对话框的形式表示。

（1）创建数据库 dbmaterial.mdb

启动 Acess 2003，建立空白数据库，名为 dbrongqiflang.mdb。使用表设计器创建表，按图 3-20 定义表的结构。除了规格是文本型外，其余各字段都是数字型。数字型字段中只有公称压力字段是双精度型，有两位小数外，其余各字段都是长整型。

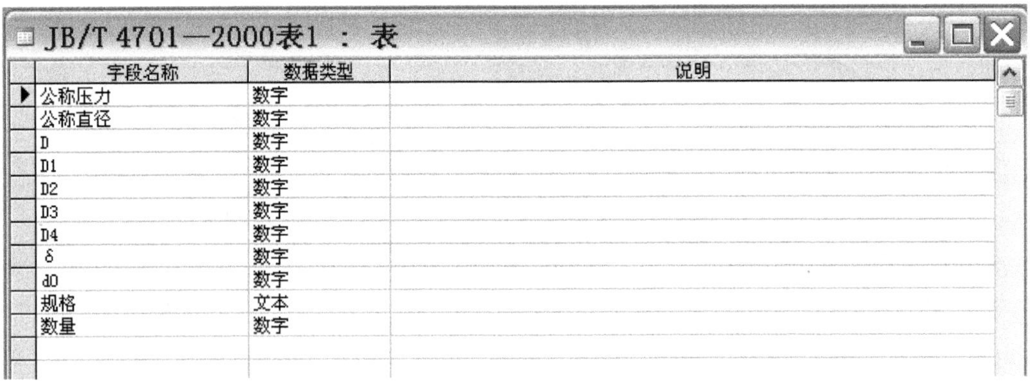

图 3-20 定义 JB/T 4701—2000 表 1 的结构

单击"视图\数据表视图"，在表 1 中输入 JB/T 4701—2000 中表 1 的数据。并保存为"JB/T 4701—2000 表 1"。

用同样方法完成 JB/T 4702—2000 表 1。该表的结构按图 3-21 定义。数字型字段中，只有公称压力字段是双精度型，有两位小数外，其余各字段都是长整型。

用同样方法完成 JB/T 4703—2000 表 1 创建与数据输入。该表的结构按图 3-22 定义。数字型字段中，只有公称压力字段是单精度型，有一位小数外，其余各字段都是整型。注意要改变数字型字段的类型，可在字段属性对话框的"常规"选项卡字段大小编辑框后面单击出现下拉列表框，如图 3-22 所示。

由于确定法兰的公称压力等级必须查询法兰材料在一定温度下的允许工作压力，因此还必须将压力容器法兰标准 JB/T 4700—2000 中的表 6、表 7 的数据加进数据库。按图 3-23 定义 JB/T 4700—2000 表 6 的结构，表中数字型字段都是双精度型。按图 3-24 定义表 JB/T 4700—2000 表 7 的结构。完成这两个表的创建和数据输入工作。此时数据库 dbrongqiflange.mdb 如图 3-25 所示。至此，数据库创建工作完成。

JB/T 4702—2000表1 ：表

字段名称	数据类型	说明
公称压力	数字	
公称直径	数字	
D	数字	
D1	数字	
D2	数字	
D3	数字	
D4	数字	
δ	数字	
H	数字	
δ1	数字	
α	数字	
α1	数字	
d0	数字	
规格	文本	
数量	数字	

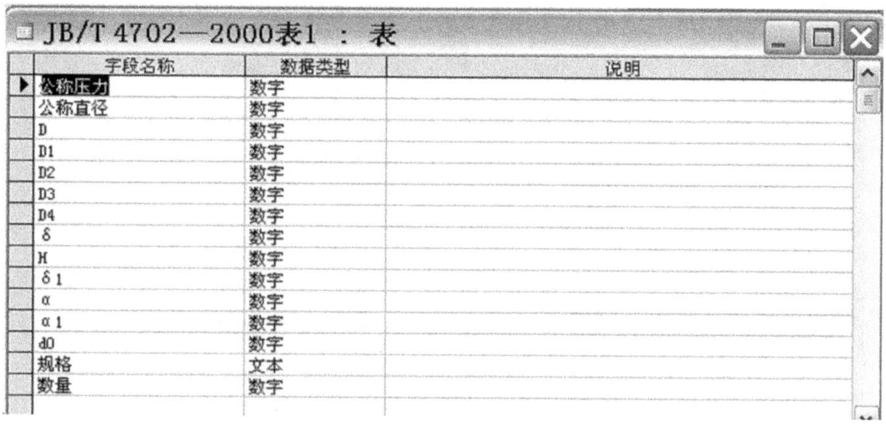

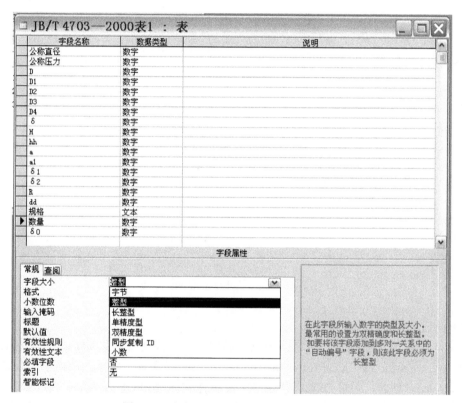

图 3-21　定义 JB/T 4702—2000 表 1 的结构

JB/T 4703—2000表1 ：表

字段名称	数据类型	说明
公称直径	数字	
公称压力	数字	
D	数字	
D1	数字	
D2	数字	
D3	数字	
D4	数字	
δ	数字	
H	数字	
hh	数字	
a	数字	
a1	数字	
δ1	数字	
δ2	数字	
R	数字	
dd	数字	
规格	文本	
数量	数字	
δ0	数字	

图 3-22　定义 JB/T 4703—2000 表 1 的结构

JB/T 4700—2000表6 ：表

字段名称	数据类型	说明
法兰材料	文本	
参考压力1	数字	
参考压力2	数字	
参考压力3	数字	
参考压力4	数字	
公称压力	数字	

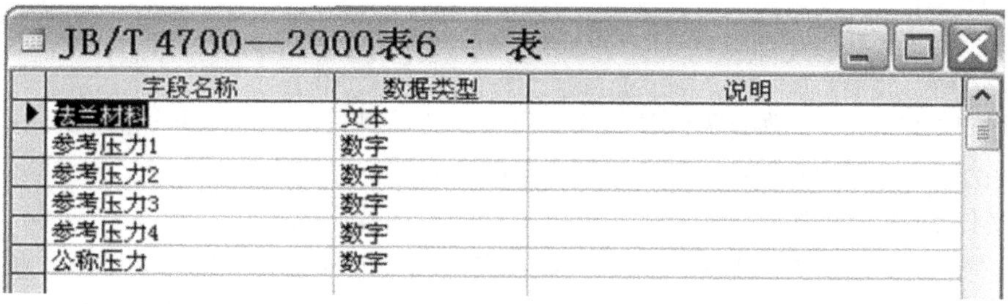

图 3-23　定义 JB/T 4700—2000 表 6

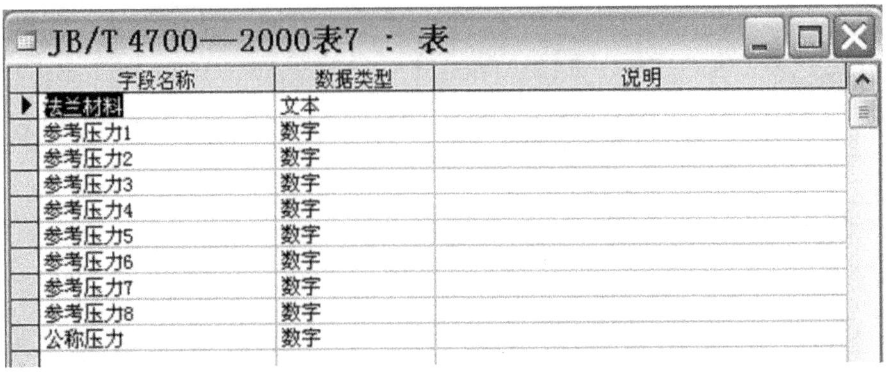

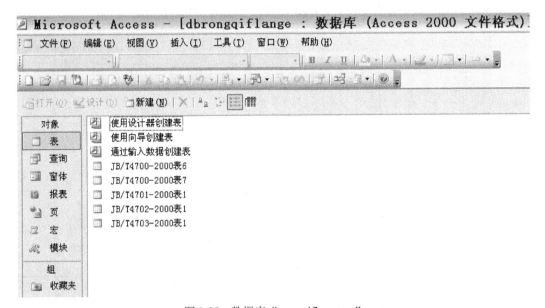

图 3-24 定义 JB/T 4700—2000 表 7

图 3-25 数据库 dbrongqiflange.mdb

（2）注册数据源

在 Windows 操作系统的控制面板\管理工具中，可以找到数据源 ODBC 管理器的图标，图 3-26 所示为 windows XP Professional 中的 ODBC 的图标。由于所要连接的数据库是由 Microsoft Access 创建，要求 ODBC 管理器中安装有 Microsoft Office Access 的 ODBC 驱动程序。一般来说，只需安装 Microsoft Access 软件，相应的 ODBC 驱动程序就已经默认安装了。

鼠标双击 ODBC 图标，弹出"ODBC 数据源管理器"对话框，如图 3-27 所示。

在用户 DSN、系统 DSN、文件 DSN 标签页中都可以创建一个数据源，但所创建的数据源的应用范围是不同的。

① 用户 DSN。用户数据源只对当前用户可见，而且只能用于当前机器上。

② 系统 DSN。系统数据源对当前机器上的所有用户可见。

③ 文件 DSN。文件数据源可以由安装了相同驱动程序的用户共享。

可以根据所创建的数据源的不同应用场合选择在不同标签页下创建数据源，在本例中选择用户 DSN。在标签页的列表中显示的是在本机已创建的系统数据源的列表。

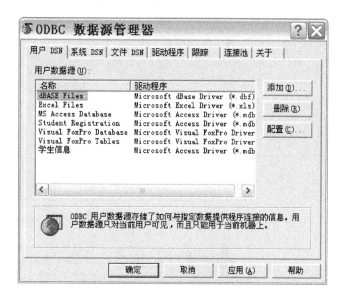

图 3-26 ODBC 图标   图 3-27 ODBC 数据源管理器

　　单击"添加"按钮,弹出"创建新数据源"对话框。如图 3-28 所示,在 ODBC 驱动程序列表中选择"Microsoft Access Driver(*.mdb)"。

图 3-28 选择 ODBC 驱动程序类别

　　单击"完成"按钮,弹出"ODBC Microsoft Access 安装"对话框,如图 3-29 所示。在"数据源名"文本框中填入 flangedata,单击"选择"按钮,弹出"选择数据库"对话框,如图 3-30 所示,选择"数据库文件 c:\....\dbrongqiflange.mdb",连续单击"确定"按钮回到前一对话框。

　　最后在用户 DSN 标签中可以看到创建的数据源出现在数据源列表中,如图 3-31 所示。

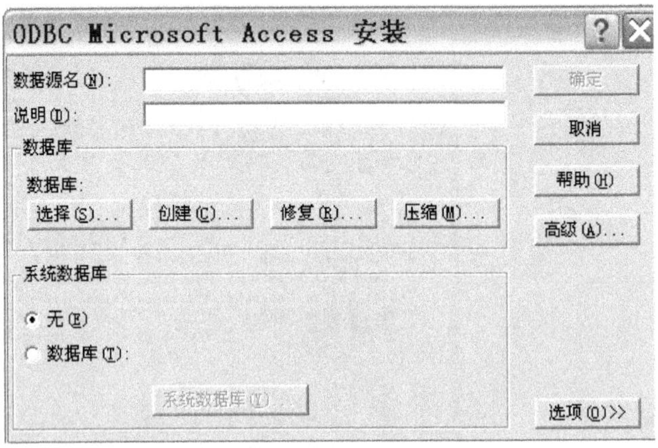

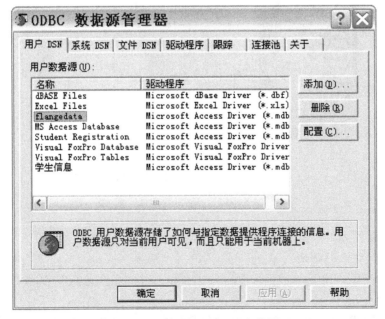

图 3-29 设置 Microsoft Access 数据源

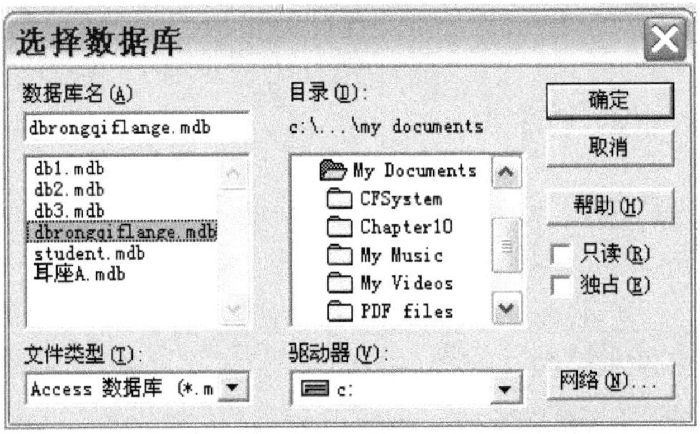

图 3-30 选择数据库

图 3-31 创建好的 ODBC 用户数据源

（3）创建 MFC 应用程序框架

使用 Visual C++ 6.0 AppWizard 可以方便地创建一个应用程序的框架。创建一个 MFC EXE 应用程序 flangequery，在向导的第一步中选择"Single Document（单文档）"，在向导的第二步选择"None（不）"。单击"Finish（完成）"按钮，结束向导。

修改 flangequery 工程的主框架菜单，修改后的主菜单如图 3-32 所示。

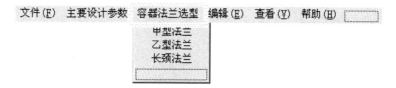

图 3-32　容器法兰查询程序主菜单

在 flangequery 工程中添加对话框资源 IDD_DIALOGJIA，并在对话框中添加编辑框与静态文本控件，如图 3-33 所示。按表 3-5 修改图 3-33 中各编辑框控件的 ID。

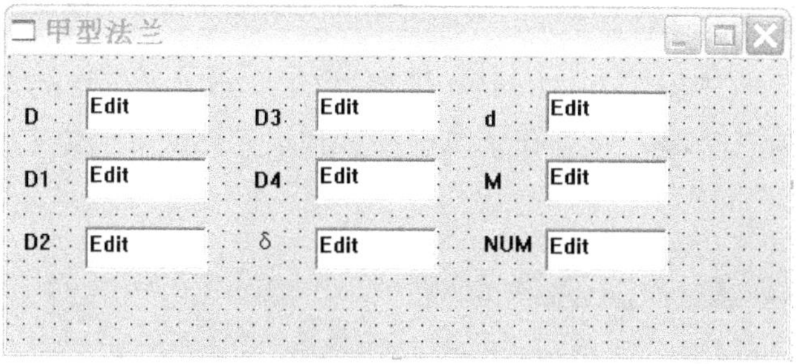

图 3-33　甲型法兰的尺寸对话框

表 3-5　甲型法兰对话框控件 ID

静态文本控件	编辑框控件	属性修改项
D	IDC_EDIT_D	无
D1	IDC_EDIT_D1	无
D2	IDC_EDIT_D2	无
D3	IDC_EDIT_D3	无
D4	IDC_EDIT_D4	无
δ	IDC_EDIT_DELT	无
d	IDC_EDIT_dd	无
M	IDC_EDIT_M	无
NUM	IDC_EDIT_NUM	无

在 flangequery 工程中添加与话框资源 IDD_DIALOGJIA 相对应的类，dlgjia.cpp 和 dlgjia.h，基类是 CDialog。并在该类中添加变量，除去公称压力与公称直径外，共 9 个，如图 3-34 所示。

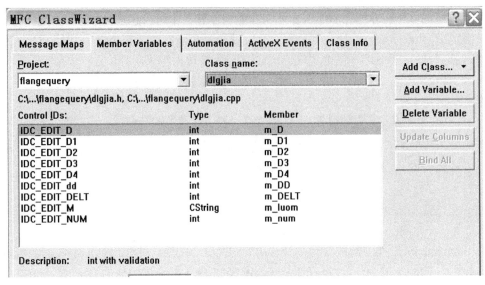

图 3-34　dlgjia 类中的变量

在 flangequery 工程中添加类 CTable1，基类为 CRecordset。在弹出的"Database Options"对话框中选择单选项"ODBC"，并在下拉框中选择事先建立好的数据源"flangedata"，如图 3-35 所示。

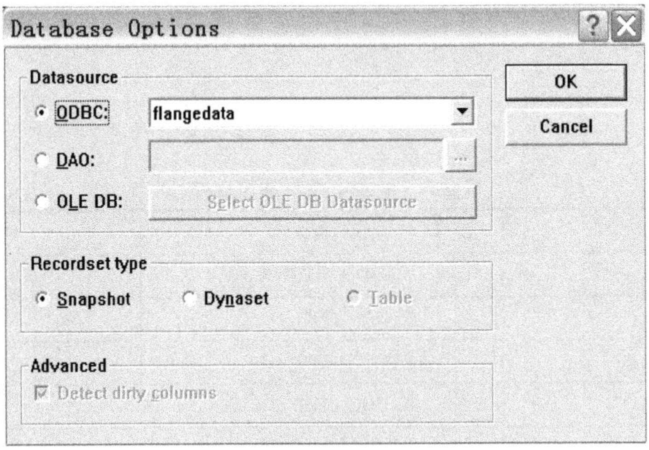

图 3-35　选择 ODBC 数据源

单击"OK"按钮，弹出"Select Database Tables"对话框，列表框中列出了 dbrongqiflange 数据库中所包含的表，选择表"JB/T 4701—2000 表 1"，如图 3-36 所示。

单击"OK"按钮，结束数据源的设置工作，系统弹出"MFC ClassWizard"对话框，见图 3-37。确保图中"Class name"的名称为"CTable1"，单击"Bind All"按钮，向导自动为类添加与表"JB/T 4701—2000 表 1"各字段对应的变量，修改变量名称，最后的结果如图 3-37 所示。

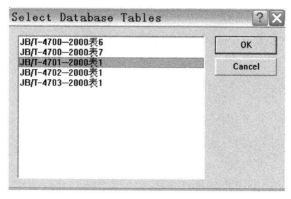

图 3-36　选择数据库表

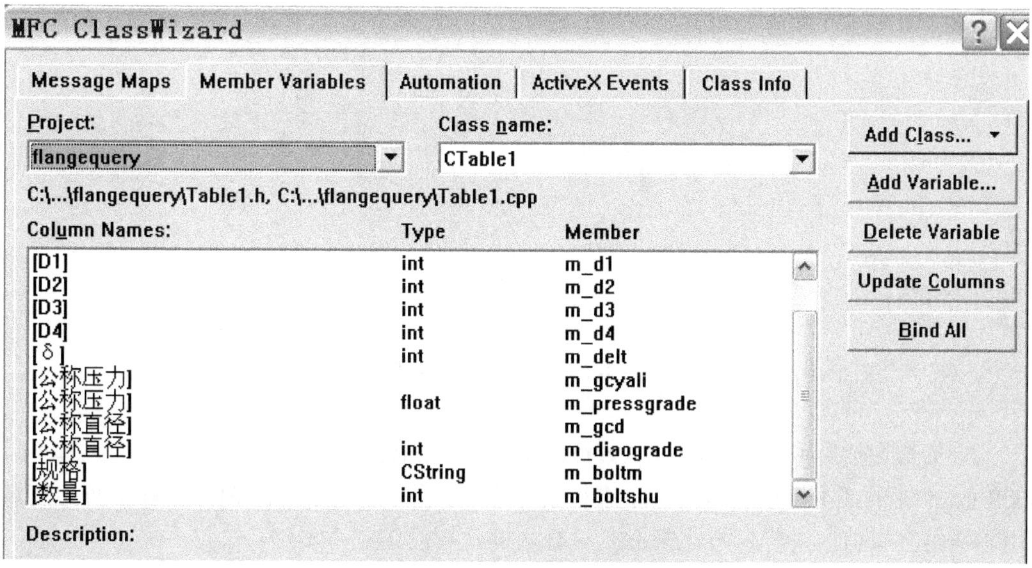

图 3-37　记录集类 CTable!中的变量

（4）参数化查询法兰的尺寸

为了接受用户输入的法兰公称直径和公称压力，向 flangequery 工程中添加一个对话框资源和对应的类。资源 ID 为 IDD_DIALOGpara，类的文件为 Paradlg.cpp 和 Paradlg.h。两个编辑框对应的变量分别是 m_gcd（int 型）和 m_gcyali（float 型）。并为"OK"按钮添加单击的消息响应函数 OnOK()，以接受用户的数据输入（使编辑框的数据传送到变量中）。该函数代码如下：

```
void CParadlg::OnOK()
{
    UpdateData();
    CDialog::OnOK();
}
```

在 CflangequeryView 类中添加单击主菜单"主要设计参数"的消息响应函数 OnPara()，以弹出图 3-38 所示的对话框。该函数代码如下：

```
void CFlangequeryView::OnPara()
{
    dlgpara.Create(IDD_DIALOGpara,NULL);
}
```

在 CflangequeryView 类中添加单击主菜单"容器法兰选型\甲型法兰"的消息响应函数 OnJiaxing()。单击该菜单后，不仅要弹出图 3-33 所示的甲型法兰尺寸对话框，还要根据主要设计参数完成法兰的查询工作。主要设计参数由图 3-38 的对话框得到。

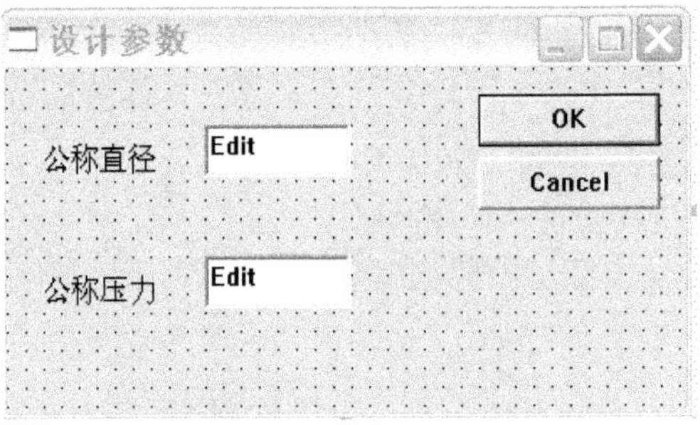

图 3-38　设计参数对话框

记录集查询使用 CRecordset::Open() 和 CRecordset::Requery() 成员函数。查询过程可以利用 CRecordset 的成员变量 m_strFilter 进行条件查询。除了直接给 m_strFilter 赋值外，还可以使用参数给其赋值，进行参数化查询。结合本例，有以下三个步骤。

① 声明参变量。

在类 CTable1 中添加变量如下：

```
float m_gcyali; //公称压力
int m_gcd;//公称直径
```

② 在构造函数中初始化参变量。

在类 CTable1 的构造函数中添加如下语句：

```
m_gcd=0;
m_gcyali=0.0f;
m_nParams=2;
```

其中，m_nParams 是 CRecordset 类的数据成员，其值为记录集中参数化数据的个数，也就是查询时参数的个数。本例要根据公称直径和公称压力查询法兰，因此 m_nParams 为 2。

③ 将参变量与记录集类对应的列绑定。

在 void CTable1::DoFieldExchange (CFieldExchange* pFX)函数中添加如下语句：

```
pFX->SetFieldType(CFieldExchange::param);
RFX_Single(pFX, _T("[公称压力]"), m_gcyali);
RFX_Int(pFX, _T("[公称直径]"), m_gcd);
```

为了编写函数 OnJiaxing()，还要在 CflangequeryView 类中添加一些变量，即在类的头文件 CflangequeryView.h 中添加如下语句：

```
public:
    dlgjia dlgjia;
    CParadlg dlgpara;
    CTable1 pset;
```

编写 OnJiaxing()函数代码如下：

```
void CFlangequeryView::OnJiaxing()
{
    dlgjia.Create(IDD_DIALOGJIA,NULL);
    pset.m_strFilter ="公称压力=? AND 公称直径=? ";  //此处顺序与步骤③中绑定顺序要相同，
否则出错。参变量的值按绑定顺序替换查询字符串中 "？" 通配符
    pset.m_gcyali=dlgpara.m_gcyali;
    pset.m_gcd=dlgpara.m_gcd;
    if (pset.IsOpen()) {
            pset.Close();
        }
    pset.Open();
    pset.Requery();
    dlgjia.m_num= pset.m_boltshu; //将查询的结果传递给甲型法兰尺寸对话框
    dlgjia.m_D= pset.m_d;
    dlgjia.m_D1= pset.m_d1;
    dlgjia.m_D2=pset.m_d2;
    dlgjia.m_D3= pset.m_d3;
    dlgjia.m_D4=pset.m_d4;
    dlgjia.m_DELT= pset.m_delt;
    dlgjia.m_DD=pset.m_do;
    dlgjia.m_luom= pset.m_boltm;
    dlgjia.m_num=pset.m_boltshu;
    dlgjia.UpdateData(FALSE); //更新对话框编辑框的内容
}
```

编译运行 flangequery，单击主菜单"主要设计参数"，在第一个与第二个编辑框中分别输入"500"和"1.0"，单击"OK"按钮，再单击主菜单"容器法兰选型\甲型法兰"，即弹出甲型法兰尺寸对话框，对话框中已有法兰尺寸，该尺寸与表 JB/T 4701—2000 表 1 中的尺寸一致，表明程序运行正确。运行结果如图 3-39 所示。

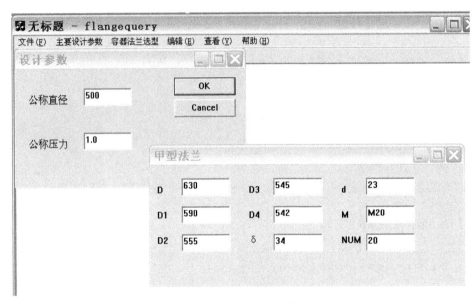

图 3-39　PN1.0DN500 的甲型法兰尺寸

按相同的方法完成乙型法兰和长颈法兰的查询工作，这两种法兰的数据分别在表"JB/T 4702—2000 表 1"和"JB/T 4703—2000 表 1"中。

工程文件中，甲型法兰对话框和设计参数对话框都是无模式对话框，其关闭工作在程序中没有妥善处理，因此启动一次程序，只能查询一次，再想弹出这两个对话框，会弹出错误提示，如图 3-40 所示。在 VC 安装目录找到 wincore.cpp 文件，找到第 628 行，其内容是：

```
ASSERT(pWnd->m_hWnd == NULL);  // only do once
```

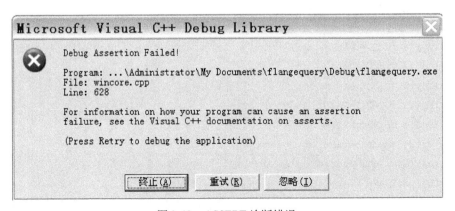

图 3-40　ASSERT 诊断错误

ASSERT 宏诊断括号里是布尔表达式,若表达式为真,则不做任何事,若表达式为假,给出诊断提示,并终止程序。显然这个表达式为假,即 m_hWnd(窗口句柄)不是空的;原来,无模式对话框虽然被关闭了,但是,其窗口和类对象并未销毁,类对象保存的变量 m_hWnd 未清空。要解决此错误,可参看第 4 章的工程实例 sw6woshi 中无模式窗口的关闭方法。本节程序见前言中提到的配套学习资料中的文件 C3-4。

3.5 数据表格的 MFC DAO 处理

采用 ODBC 数据源访问方式需要用户事先配置数据源,当数据库文件修改后,需要重新配置数据源,不够灵活。本节采用 MFC DAO 方法完成同样的工作。DAO 技术并不要求在设计应用程序时就知道数据库的具体结构,因此可以用来处理各种不同结构的数据库。DAO 采用了动态绑定技术。其步骤如下。

① 创建一个 CDaoRecordset 记录集对象。

② 调用记录集对象的 Open()函数连接到数据库,并查询记录。

③ 调用记录集类的 GetFieldValue()和 SetFieldValue()函数,以获取、设定指定字段的值。

启动 Visual C++ 6.0。创建一个 MFC EXE 工程 Daoflangequery,在向导的第一步中选择"Single Document(单文档)",在向导的第二步选择"Only Header Files(仅仅头文件支持)"。单击"Finish(完成)"按钮,结束向导。

将上节 flangequery 工程的主菜单资源 MENU 和四个对话框资源 IDD_DIALOGJIA、IDD_DIALOGpara、IDD_DIALOGCHANG、IDD_DIALOGYI 拷贝到本工程中。方法是单击"文件\关闭工作区",关闭本工程,再单击"文件\打开工作区",打开 flangequery 工程,在该工程的工作区单击"ResourceView"标签,在 Dialog 目录下选中上述四个对话框资源 ID,再单击"编辑\拷贝",就将四个对话框资源拷贝到系统剪贴板上;再关闭 flangequery 工程,打开 Daoflangequery 工程,单击"ResourceView"标签,单击 Dialog 目录(处于选中状态),按下 Ctrl+V 就将四个对话框资源复制到本工程。采用同样的方法复制 MENU 资源。此时双击 IDD_DIALOGJIA,出现图 3-34,表明复制成功。为四个对话框资源添加对话框类,分别命名为 CPara、Cjiaxing、Cyixing、Cchangjing。为四个类添加变量。其中 CPara 和 Cjiaxing 类添加的变量同上节;利用类向导为 Cyixing 添加的变量如表 3-6 所示。

表 3-6 乙型法兰对话框控件 ID 及变量

静态文本控件	编辑框控件	变量	属性修改项
D	IDC_EDIT_D	int m_D	无
D1	IDC_EDIT_D1	int m_D1	无
D2	IDC_EDIT_D2	int m_D2	无
D3	IDC_EDIT_D3	int m_D3	无
D4	IDC_EDIT_D4	int m_D4	无
δ	IDC_EDIT_DELT	int m_DELT	无
δt	IDC_EDIT_DELTt	int m_DELTT	无
d	IDC_EDIT_dd	int m_dd	无
H	IDC_EDIT_H	int m_H	无
M	IDC_EDIT_M	CString m_luom	无

续表

静态文本控件	编辑框控件	变量	属性修改项
NUM	IDC_EDIT_NUM	int m_NUM	无
a	IDC_EDIT_A	int m_A	无
a1	IDC_EDIT_A1	int m_A1	无

在 CDaoflangequeryView 中添加变量：

```
Cjiaxing dlgjia;

CPara dlgpara;

Cyixing dlgyi;

int **p;

CString str;

int m_nField;

CDaoRecordset* m_pRecordSet;

CDaoDatabase* m_pDB;
```

在 CDaoflangequeryView 中添加函数 void GetTableInfo(long row, long column)。其代码如下：

```
void CDaoflangequeryView::GetTableInfo( long row, long column)
{
    COleVariant varValue;
    int j(0);
    p=new int *[row];
    p[j]=new int[column];
    //处理各行
    for (long i = 0; i < row; i++)
    {
        // 用记录光标重定位到第 i 条记录
        try
        {
            m_pRecordSet->SetAbsolutePosition(i);
        }
        catch (CDaoException* e)
        {
AfxMessageBox(e->m_pErrorInfo->m_strDescription, MB_ICONEXCLAMATION);
            e->Delete();
            return ;
        }
```

```
// 处理各列
for (long j = 0; j < column; j++)
{
    //得到记录集中的值
    try
    {
    m_pRecordSet->GetFieldValue(j,varValue);
    }
    catch (CDaoException* e)
    {
AfxMessageBox(e->m_pErrorInfo->m_strDescription, MB_ICONEXCLAMATION);
        e->Delete();
    return ;
    }
    // 将得到的 ole 变量转换成字符串变量
    const VARIANT* variant = LPCVARIANT(varValue);
    if (variant->vt & VT_BYREF)
        return;
    CString string;
    switch (variant->vt)
    {
        case VT_ERROR:
        {
            string = "Error";
            break;
        }
        case VT_I2:
        {
            string.Format("%d", variant->iVal);
            break;
        }
        case VT_I4:
        {
            string.Format("%d", variant->lVal);
            break;
        }
        case VT_R4:
        {
            string.Format("%.2f", variant->fltVal);
```

```
            break;
        }
    case VT_R8:
    {
        string.Format("%.2f", variant->dblVal);
        break;
    }
    case VT_CY:
    {
        COleCurrency c(varValue);
        string = c.Format();//ie. 1.00
        break;
    }
    case VT_DATE:
    {
        COleDateTime t(variant->date);
        string = t.Format("%B %d, %Y");
        break;
    }
    case VT_BSTR:
    {
        string = V_BSTRT(&varValue);
        break;
    }
    case VT_BOOL:
    {
        if (variant->boolVal)
            string = "TRUE";
        else
            string = "FALSE";
        break;
    }
    case VT_UI1:
    {
        string = (CString)((char*)variant->bVal);
        break;
    }
    default:
    break;
    }
```

```
// 字符串变量转换成整数或保留为字符串，赋给数二维数组 p
    if(string.Left(1)=='M')
        str=string;
        else
            p[i][j]=atoi(string);
        }
    }
}
```

上述函数中通过二级指针 p 定义了一个二维的动态数组[row][colum]，因为不知道数据库表中记录的个数（对应于数组的行数），也不知道记录中字段的个数（对应于数组的列数）。

修改 OnInitialUpdate()函数如下：

```
void CDaoflangequeryView::OnInitialUpdate()
{
    CView::OnInitialUpdate();
        // 数据源指针
    m_pDB = new CDaoDatabase;
        // 数据源路径
    CString sPath;
    GetModuleFileName(NULL, sPath.GetBufferSetLength(MAX_PATH + 1), MAX_PATH);
    sPath.ReleaseBuffer();
    sPath = sPath.Left (sPath.ReverseFind('\\'));
    sPath += "\\dbrongqiflange.mdb";//法兰数据库，含有三个数据表
    // 打开数据源
    try
    {
        m_pDB->Open(sPath);
    }
    catch(CDaoException* e)
    {
        AfxMessageBox(e->m_pErrorInfo->m_strDescription, MB_ICONEXCLAMATION);
        delete m_pDB;
        e->Delete();
        return;
    }
    // 表定义结构信息对象
    CDaoTableDefInfo tabInfo;
    m_pRecordSet = new CDaoRecordset(m_pDB);
}
```

在 CDaoflangequeryView 中为菜单主要设计参数、甲型法兰、乙型法兰和长颈法兰添加命令响应函数：OnPara()、OnJiaxing()、OnYixing()和 Onchangjing()。它们代码如下：

```
void CDaoflangequeryView::OnPara()
{
    if(dlgpara.m_hWnd==NULL)
    {
     dlgpara.Create(IDD_DIALOGPARA,NULL);
    }
    else
    {
        dlgpara.DestroyWindow();
        dlgpara.m_hWnd=NULL;
        dlgpara.Create(IDD_DIALOGPARA,NULL);
    }
}
void CDaoflangequeryView::OnJiaxing()
{
    dlgjia.Create(IDD_DIALOGJIA,NULL);
    // 关闭上次打开的记录集
    if (m_pRecordSet->IsOpen())
    m_pRecordSet->Close();
    dlgjia.UpdateData(FALSE);
    // 构造 SQL 查询语句
    CString strSQL= "SELECT * FROM JBT47012000 表 1";
    // 用构造的查询语句打开记录集
    try
    {    char buffer[200];
        int j(0);
        j=sprintf(buffer,"[公称直径]=%d",dlgpara.m_gcd);
        sprintf(buffer+j,"AND [公称压力]=%2.1f", dlgpara.m_gcyali);
        m_pRecordSet->m_strFilter=buffer;
        m_pRecordSet->Open(dbOpenDynaset, strSQL);
        if (m_pRecordSet == NULL)
        return;
    }
    catch (CDaoException *e)
    {
    AfxMessageBox(e->m_pErrorInfo->m_strDescription, MB_ICONEXCLAMATION);
        delete m_pRecordSet;
```

```
            m_pDB->Close();
            delete m_pDB;
            e->Delete();
            return ;
        }
    // 得到记录集的字段数
    m_nField = m_pRecordSet->GetFieldCount();
    // 滚动记录集
    m_pRecordSet->MoveFirst();
    m_pRecordSet->MoveLast();
    // 得到记录数
    long count =m_pRecordSet->GetRecordCount();
    // 显示记录
    GetTableInfo(count, m_nField);
    //将查询得到的记录中各字段的值赋给对话框各控件变量
    dlgjia.m_D= p[0][2];
    dlgjia.m_D1= p[0][3];
    dlgjia.m_D2=p[0][4];
    dlgjia.m_D3= p[0][5];
    dlgjia.m_D4=p[0][6];
    dlgjia.m_DELT=p[0][7];
    dlgjia.m_DD=p[0][8];
    dlgjia.m_luom= str;
    dlgjia.m_num=p[0][10];
    //将变量值在编辑框中显示出来
    dlgjia.UpdateData(FALSE);
}
```

OnYixing()和 Onchangjing()代码与 OnJiaxing() 类似，因为要将查询得到的法兰尺寸通过对话框显示出来，所以这里的编程还是要对数据库的结构有所了解，不然就不知道 p[0][2]（结果记录中第三个字段对应于表 JB/T 4701—2000 表 1 中第三列尺寸，即法兰外径）对应于 dlgjia.m_D。如果只是将是结果记录原样显示出来，则不需要了解数据库的结构。

另外，还必须在 CPara 类中增加 OnOK()和 OnCancel()。它们的代码如下：

```
void CPara::OnCancel()
{
    DestroyWindow();
}
void CPara::OnOK()
{
```

```
    UpdateData();
    DestroyWindow();
}
```

编译运行工程 daoflangequery，单击主菜单"主要设计参数"，在第一个与第二个编辑框中分别输入"500"和"1.0"，单击"OK"按钮，单击主菜单"容器法兰选型\甲型法兰"，即弹出甲型法兰尺寸对话框，对话框中已有法兰尺寸，该尺寸与表 JB/T 4701—2000 表 1 中的尺寸一致。再单击主菜单"主要设计参数"，在第一个与第二个编辑框中分别输入"1000"和"1.0"，单击"OK"按钮，单击主菜单"容器法兰选型\乙型法兰"，即弹出乙型法兰尺寸对话框，对话框中已有法兰尺寸，该尺寸与表 JB/T 4702—2000 表 1 中的尺寸一致。表明程序运行正确，运行结果如图 3-41 所示。

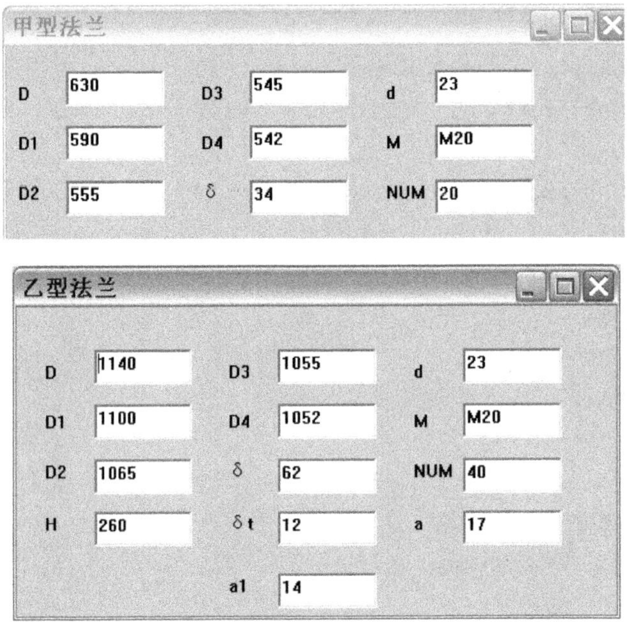

图 3-41 PN1.0DN 500 甲型法兰和 PN1.0DN1000 的乙型法兰尺寸

关闭图 3-41 的查询结果窗口和设计参数对话框后，再次打开它们，发现没有图 3-40 的错误提示，各控件数据没有清零，是上次输入和查询的结果。这是因为关闭窗口时调用了窗口销毁函数 DestroyWindow()，窗口虽然销毁了，但是窗口类对象没有销毁，控件的变量值得到了保存。

为了避免内存泄漏，在关闭程序时，应当释放程序中堆上的变量，为此在 CMainFrame 中重写 OnClose()，其代码如下：

```
void CMainFrame::OnClose()
{
    CDaoflangequeryView* pView=(CDaoflangequeryView *)GetActiveView();
    long i=pView->m_pRecordSet->GetRecordCount();
```

```
        for(int k=0;k<i;k++)
        {
            delete [] pView->p[k];
        }
        delete []pView->p;
      delete pView->m_pRecordSet;
        delete pView->m_pDB;
        CFrameWnd::OnClose();
    }
```

如何检查程序有无内存泄漏？单击"编译\开始调试"或按下 F5 键，将运行过程执行一遍（程序中不要有断点），并关闭程序，在输出窗口会看到检查结果，出现"Detected memory leaks!"，则表明有内存泄漏。

本例的编程还没有充分说明 DAO 的动态绑定特性。事实上，如果采用组合框控件显示数据库中表，通过单击组合框中表的选项来选择法兰种类，则不需要知道表名。这段代码如下：

```
    // 定义表信息结构对象
    CDaoTableDefInfo tabInfo;
    // 得到表定义个数
    int nTableDefCount = m_pDB->GetTableDefCount();
// 对数据库中表进行枚举
    for (int i = 0; i < nTableDefCount; i++)
    {
        // 得到表定义信息
        m_pDB->GetTableDefInfo(i, tabInfo);
        if (tabInfo.m_lAttributes & dbSystemObject)
            continue;
        //将表名添加到组合框
        m_Com.AddString(tabInfo.m_strName);
    }
```

组合框控件可放在工程的视类中，因此要将工程视类的基类改为 CFormView 类。总之，DAO 技术不需要知道数据库的结构，不需要知道表名；允许随时修改表的结构，如增加记录、增减字段等，应用程序不需做相应改动。本节程序见前言中提到的配套学习资料中的文件 C3-5。

第4章
承压圆筒强度计算软件开发过程详解

4.1   SW6WOSHI.EXE 主界面的实现

　　承压圆筒强度计算软件 sw6woshi.exe 实质是一个单文档应用程序。所谓单文档程序，就是一次只能打开一个文档，如打开一个文档后，再单击"打开"命令则打开另一个文档，系统先自动弹出保存第一个文档的对话框，然后关闭第一个文档。多文档应用程序能同时打开多个文档。Microsoft Office Word 和 Microsoft 记事本分别是多文档和单文档应用程序的典型例子。在 Visual C++6.0 中建立单文档应用程序的方法是：启动后，单击"文件/新建"命令，在弹出的新建对话框中单击"工程"标签，单击"MFC AppWizard(exe)"向导，再输入工程名称 sw6woshi 及保存路径，单击"确定"按钮，即进入 MFC 应用程序向导第一步。选中单文档单选按钮后，在第四步不勾选"打印与打印预览"，其余保留默认选项即可，单击"完成"按钮后退出向导，弹出"新建工程的信息"对话框，单击"确定"按钮，回到 Visual C++主界面。编译运行工程 sw6woshi 后得到图 4-1 所示界面。

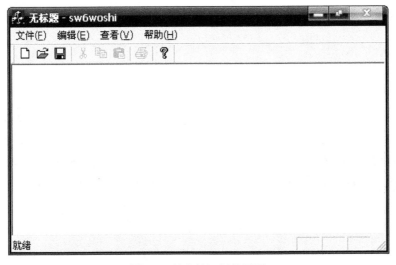

图 4-1   单文档运行的界面

　　比较图 4-1 与图 2-1，可以看出有较大差别。下面修改程序外观，以得到图 2-1 的界面。为了改变 MFC AppWizard 自动生成的应用程序外观和大小，可以在应用程序窗口创建之前进行，也可以在该窗口创建之后进行。如果希望在该窗口创建之前修改，则应该在 CMainFrame 类的 PreCreateWindow(CREATESTRUCT& cs)函数中进行。该函数只有一个结构体型的参数。修改这个结构体的成员变量的值，就可以达到目的。

```
typedef struct tagCREATESTRUCT {
LPVOID lpCreateParams; // 用来产生窗口的附加数据。这个参数包含函数 Create—Window or
CreateWindowEx 函数的参数 lpParam 的值
HINSTANCE hInstance; // 窗口所属模块的句柄
HMENU hMenu; // 窗口的菜单句柄
HWND hwndParent; // 该子窗口的父窗口的句柄
int cy; // 以像素为单位的窗口高度
int cx; // 以像素为单位的窗口宽度
int y; // 窗口左上角顶点的 y 坐标
int x; // 窗口左上角顶点的 x 坐标
LONG style; // 窗口样式
LPCTSTR lpszName; // 指向以'\0'结尾的字符串的指针，该字符串就是窗口标题
LPCTSTR lpszClass; //指向以'\0'结尾的字符串的指针，该字符串就是窗口类名
DWORD dwExStyle;// 窗口的扩展样式
  } CREATESTRUCT;
```

4.1.1　修改应用程序主框架窗口的标题

　　图 4-1 的界面标题是文档标题"无标题"与窗口标题"sw6woshi"的组合。在单文档应用程序中，框架的默认窗口样式是 WS_OVERLAPPEDWINDOW 和 FWS_ADDTOTITLE 样式的组合。其中，FWS_ADDTOTITLE 样式指示框架将文档标题添加到窗口标题上，标题内容由字符串资源 IDR_MAINFRAME 指定，因此将这种样式去掉即可。在 sw6woshi 工程的工作区，单击"ClassView"标签，可以看到工程所包含的类。找到 CMainFrame 类，修改其成员 PreCreateWindow()函数如下：

```
BOOL CMainFrame::PreCreateWindow(CREATESTRUCT& cs)
{
    if( !CFrameWnd::PreCreateWindow(cs) )
        return FALSE;
    // TODO: Modify the Window class or styles here by modifying
    // the CREATESTRUCT cs
    cs.style=WS_OVERLAPPEDWINDOW;
    cs.cx=600;//修改窗口的宽度
    cs.cy=800; //修改窗口的高度
```

```
cs.lpszName="卧式容器设计"; //修改窗口标题
return TRUE;
}
```

如果要在窗口创建之后改变外观，可以在 CMainFrame 类的 OnCreate 函数中添加实现代码。

```
int CMainFrame::OnCreate(LPCREATESTRUCT lpCreateStruct)
{
    .....

    // TODO: Delete these three lines if you don't want the toolbar to
    //  be dockable
    m_wndToolBar.EnableDocking(CBRS_ALIGN_ANY);
    EnableDocking(CBRS_ALIGN_ANY);
    DockControlBar(&m_wndToolBar);
    SetWindowLong(m_hWnd, GWL_STYLE, WS_OVERLAPPEDWINDOW);
    return 0;
}
```

4.1.2 改变窗口的图标

上述窗口的图标是 MFC 的默认图标。要将其改为自己的图标，首先用图标更换精灵软件提取卧式容器设计模块 pvd.exe 的图标，存盘文件名默认为"1.ico"。在 sw6woshi 程序的界面单击"插入\资源"命令，在弹出的对话框中单击"icon"，再单击"导入"按钮，弹出"导入资源"对话框，找到文件"1.ico"并选中，单击"import"按钮。这时在工程工作区的资源视图属性页多了个名为"IDI_ICON1"的图标。将光标置于其上，单击右键快捷菜单的"Properties"选项，弹出如图 4-2 所示的窗口，在预览窗口可以看到卧式容器的图标。可以在 PreCreateWindow 函数中使用函数 AfxRegisterWndClass 函数完成图标的更换。该函数用法如下：

```
cs.lpszClass =AfxRegisterWndClass(CS_VREDRAW | CS_HREDRAW,
  0, 0, ::LoadIcon(theApp.m_hInstance, MAKEINTRESOURCE(IDI_ICON1)));
```

并在 PreCreateWindow 函数前添加语句：

```
extern CSw6woshiApp theApp;
```

该语句声明 CSw6woshiApp 型全局变量 theApp 是在外部的一个源文件中定义的。

注意 LoadIcon 函数的第一个参数在第二个参数（表示要加载的图标）为系统标准图标时

设置为 NULL，但是这里加载的是自定义的图标，则第一个参数应为应用程序的当前实例句柄，即 theApp.m_hInstance。还有另外两种方法获得这个句柄：

```
::LoadIcon(AfxGetInstanceHandle() , MAKEINTRESOURCE(IDI_ICON1));
::LoadIcon(AfxGetApp()->m_hInstance, MAKEINTRESOURCE(IDI_ICON1));
```

LoadIcon 函数的第二个参数应为图标名称或图标资源标识符字符串。而 IDI_ICON1 是资源 ID，故用 MAKEINTRESOURCE 宏将其转换为字符串。

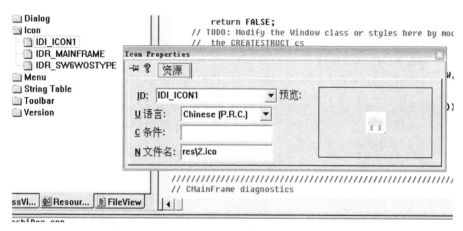

图 4-2　图标属性

4.1.3　修改应用程序的背景

将图 4-1 中白色背景修改为灰色背景，这时应在视类的 PreCreateWindow 函数中使用函数 AfxRegisterWndClass 函数完成，添加的代码如下：

```
cs.lpszClass =AfxRegisterWndClass(
    CS_VREDRAW | CS_HREDRAW,
    ::LoadCursor(NULL, IDC_ARROW),
    (HBRUSH) ::GetStockObject(LTGRAY_BRUSH), 0);
```

因为视类窗口本身没有标题栏，也就没有图标，因此将 AfxRegisterWndClass 函数的最后一个参数直接设置为 0。LTGRAY_BRUSH 是淡灰色画刷。

4.1.4　去掉工具栏多余的工具

进入"工程区窗口\resourceview 资源编辑区"界面，单击"Toolbar\IDR_MAINFRAME"，在右边编辑区图标按钮上按住鼠标左键，然后将该按钮拖出工具栏，再松开鼠标左键，这样就可以把该按钮从工具栏上删除。注意：选中按钮再用键盘上的 Del 键只能删除按钮上图标，其功能还在。

4.1.5 修改主菜单

首先将"文件"菜单改为"文件操作",去掉"编辑"及查看"菜单"命令。参照图 2-1 的界面,添加"数据输入""计算"及"形成计算书"等菜单项。这三个菜单项都是下拉菜单。

只有在新建或打开一个文件后,才能进行数据的输入工作,因此,刚启动程序时,应该只有"文件操作"菜单是亮的,即处于激活状态,而其他菜单应该是灰的。进入工程区窗口\ResourceView 资源编辑区界面,单击"Menu\IDR_MAINFRAME",在右边编辑区,右键单击"数据输入",在快捷菜单中选择属性子菜单,弹出菜单属性对话框,如图 4-3 所示。选中"变灰"复选框即可,用户还可对其他菜单进行类似操作,那么如何使得这些变灰的菜单在新建或打开一个文件后变亮呢?

图 4-3 菜单项属性

显然,上述问题要在系统响应"文件操作\新建"或"文件操作\打开"的单击消息的过程中实现。单击菜单实际就是发出了命令消息,系统已经提供了新建文件和打开文件的默认响应函数。这两个函数分别是 OnFileNew 和 OnFileOppen。因此要重新定义这两个函数。可以通过 MFC ClassWizard 来定义它们。单击"主菜单查看\建立类向导",弹出"MFC ClassWizard"对话框,见图 4-4。

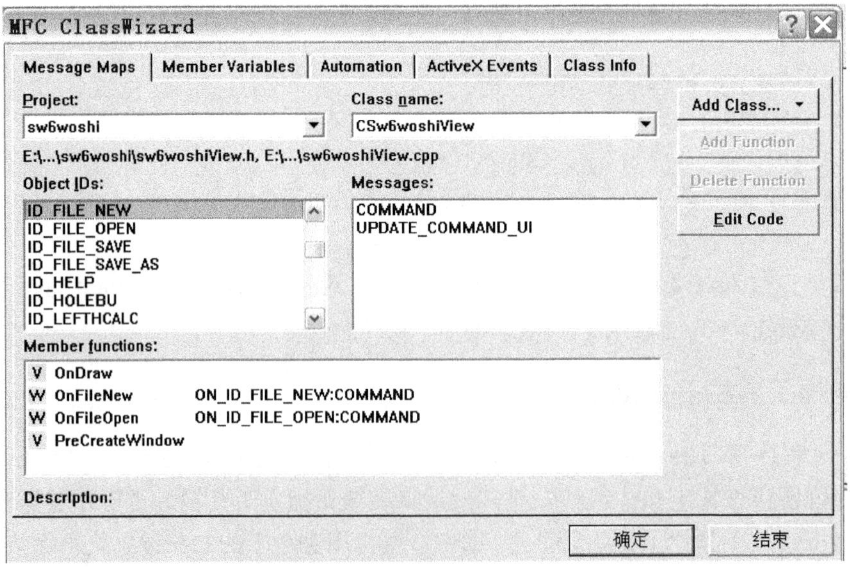

图 4-4 利用类向导重载 OnFileNew()和 OnFileOppen()函数

在图 4-4 中，确保 Project 下拉框工程名为 sw6woshi，Class name 下拉框中类名为 CSw6woshiView，在 Objects IDs 中找到 ID_FILE_NEW 并选中，在 Messages 中单击 "COMMAND"，这时可发现按钮 Add Function 变亮，单击之，弹出"添加函数"对话框，保持默认函数名即可。这样就添加了主菜单命令新建文件的响应函数 OnFileNew()。按此方法添加菜单命令打开文件的响应函数 OnFileOpen()。对应于上述操作，系统在程序文件中添加了如下的代码（黑体字部分）：

在 CSw6woshiView.cpp 文件中：

```
IMPLEMENT_DYNCREATE(CSw6woshiView, CView)
BEGIN_MESSAGE_MAP(CSw6woshiView, CView)
    //{{AFX_MSG_MAP(CSw6woshiView)
    ON_COMMAND(ID_FILE_NEW, OnFileNew)
    ON_COMMAND(ID_FILE_OPEN, OnFileOpen)
    //}}AFX_MSG_MAP
END_MESSAGE_MAP()


void CSw6woshiView::OnFileNew()
{
    // TODO: Add your command handler code here
    }


void CSw6woshiView::OnFileOpen()
{
    // TODO: Add your command handler code here
    }
```

在 CSw6woshiView.h 文件中：

```
protected:
    //{{AFX_MSG(CSw6woshiView)
    afx_msg void OnFileNew();
    afx_msg void OnFileOpen();
    //}}AFX_MSG
    DECLARE_MESSAGE_MAP()
```

由此可知，一个 MFC 消息响应函数在程序中有三处相关信息：函数原型、函数实现及用来关联消息和消息响应函数的宏。系统提供 ON_COMMAND 宏，将命令消息与其响应函数联系起来。这种联系称为映射。这就是 MFC 的消息映射机制。在这两个函数中添加使菜单由灰变亮的代码：

```
void CSw6woshiView::OnFileOpen()
{
    CWnd* pWnd=GetParent();
    CMenu* pMenu=pWnd->GetMenu();
    if (pMenu != NULL && pMenu->GetMenuItemCount() > 0)
    {
        pMenu->EnableMenuItem(1,MF_BYPOSITION |MF_ENABLED);
        pMenu->EnableMenuItem(2,MF_BYPOSITION |MF_ENABLED);
        pMenu->EnableMenuItem(3,MF_BYPOSITION |MF_ENABLED);
        pMenu->EnableMenuItem(4,MF_BYPOSITION |MF_ENABLED);
    }

    pWnd->DrawMenuBar();
    GetDocument()->SetModifiedFlag(TRUE );
    CString sw6htk;
    if (AfxGetApp()->m_pDocManager != NULL)
        AfxGetApp()->m_pDocManager->OnFileOpen();
}

    void CSw6woshiView::OnFileNew()
    {
    CWnd* pMain = AfxGetMainWnd();
    CMenu* pMenu;
    pMenu= pMain ->GetMenu();
    if (pMenu != NULL && pMenu->GetMenuItemCount() > 0)
    {
        pMenu->EnableMenuItem(1,MF_BYPOSITION |MF_ENABLED);
        pMenu->EnableMenuItem(2,MF_BYPOSITION |MF_ENABLED);
        pMenu->EnableMenuItem(3,MF_BYPOSITION |MF_ENABLED);
        pMenu->EnableMenuItem(4,MF_BYPOSITION |MF_ENABLED);
    }
    pMain->DrawMenuBar();
if (AfxGetApp()->m_pDocManager != NULL)
        AfxGetApp()->m_pDocManager->OnFileNew();
    GetDocument()->SetModifiedFlag(TRUE );
}
```

注意 EnableMenuItem 函数的原型定义是：

```
UINT EnableMenuItem( UINT nIDEnableItem, UINT nEnable );
```

其第一个参数的含义由第二个参数决定。第二个参数的选项有 MF_DISABLED,
MF_ENABLED 或 MF_GRAYED 与 MF_BYCOMMAND 或 MF_BYPOSITION 的组合。当第
二个参数使用 MF_BYCOMMAND 时，第一个参数则是菜单项的 ID；第二个参数使用
MF_BYPOSITION 时，第一个参数应是菜单项的位置索引，这时要注意索引从 0 开始，即
图 2-3 中菜单"文件操作"的索引是 0，因此上述代码 1、2、3、4 分别是"数据输入""计
算""形成计算书"和"帮助"的索引。使用此函数虽然可以改变菜单项的显示状态，但是并
不能使菜单马上变亮，而要让鼠标在菜单上移动才行。因此要调用函数 DrawMenuBar()重绘
菜单栏，才能使菜单马上变亮。

完成了重载函数的目的后，将打开与新建文件的工作交给系统继续。这就要求搞清楚系
统是如何完成打开与新建工作的。在 Visual Studio6.0 安装目录\VC98\MFC\SRC 中有一个文
件 APPDLG.CPP，该文件对 OnFileNew 和 OnFileOpen 函数进行了定义，代码是：

```
void CWinApp::OnFileNew()
{
    if (m_pDocManager != NULL)
        m_pDocManager->OnFileNew();
}
void CWinApp::OnFileOpen()
{
    ASSERT(m_pDocManager != NULL);
    m_pDocManager->OnFileOpen();
}
```

在函数 OnFileNew 中，首先判断 m_pDocManager 成员变量是否为空。该变量的类型是
指向 CDocManager 的指针，CDocManager 即文档管理器（CDocManager 属于不对应用程序
开发者公开的内部类，所以在开发者文档 MSDN 中没有关于 CDocManager 和 m_pDocManager
的说明；在\VC98\MFC\Include \AFXWIN.H 文件中有介绍）。那么此时 m_pDocManager 是否
为空呢？请看 MFC 的运行机制。

① 应用程序启动时，首先创建应用程序对象 theApp（C***App theApp），系统就会先调
用基类 CWinApp 构造函数，进行一系列的内部初始化和启动操作。

② 自动调用 C***App 的虚函数 InitInstance()，进一步调用相应的函数来完成主窗口的
构造和显示工作。

③ 调用基类 CWinApp 的成员函数 Run()，执行应用程序的消息循环，即重复执行接收
消息并转发消息的工作，若没有消息，利用 OnIdle（）进行空闲时间的处理。

④ 当程序结束后，调用基类 CWinApp 的成员函数 ExitInstance()，完成终止应用程序的
收尾工作。

SDI 程序中框架窗口、文档和视图的创建是在应用程序对象的 InitInstance()成员函数中通

过文档模板类完成的。

```
CSingleDocTemplate* pDocTemplate;
pDocTemplate = new CSingleDocTemplate(
    IDR_MAINFRAME,
    RUNTIME_CLASS(CSw6woshiDoc),
    RUNTIME_CLASS(CMainFrame),        // main SDI frame window
    RUNTIME_CLASS(CSw6woshiView));
AddDocTemplate(pDocTemplate);
// Parse command line for standard shell commands, DDE, file open
CCommandLineInfo cmdInfo;
ParseCommandLine(cmdInfo);
// Dispatch commands specified on the command line
if (!ProcessShellCommand(cmdInfo))
    return FALSE;
// The one and only window has been initialized, so show and update it.
m_pMainWnd->SetWindowText("卧式容器设计");
m_pMainWnd->ShowWindow(SW_SHOW);
m_pMainWnd->UpdateWindow();
```

可见此时指向文档管理器的指针不为空，因此再调用文档管理器对象的 OnFileNew 和 OnFileOpen 函数。因为是在视类中调用它们，要得到应用类的指针，使用全局函数 AfxGetApp() 即可。

利用类向导生成单文档和多文档程序框架时，由它所创建的各个类（文档类、视图类和框架类）在一起工作，构成一个相互关联的结构，称为"文档/视图"结构。每当有一份文档产生时，总是会产生一个文档类对象、框架类对象和视图类对象，它们一起为这份文档服务。CWinAPP 类派生的应用程序对象完成应用程序的初始化，负责保持文档、视图、框架窗口类之间的关系，接收 windows 消息，并进行调度；框架类提供应用程序的主窗口，包含最大/最小化按钮、标题栏和系统菜单；文档类负责对数据进行维护和管理；视图类的任务是文档和用户的中介，可以将文档类中的数据读取出来进行显示。

打开文档与新建文档后退出程序时，应能弹出保存文件的对话框。因此上述重载函数的代码中都有语句：

```
GetDocument()->SetModifiedFlag(TRUE );
```

函数 void SetModifiedFlag(BOOL bModified = TRUE)是 CDocument 类的成员函数，设置文档是否修改的标志（bModified = TRUE，表示文档已修改；为 FALSE 时文档未经修改），如果已修改，则当用户退出程序时，系统弹出保存文件的提示框。

4.1.6 状态栏的修改

状态栏在应用程序窗口的最下方。它分两部分，其中左边较长的那部分称为提示行，当鼠标在某个菜单项或工具按钮上停留时，提示行将显示相应的提示信息。状态栏的右边有三个窗格，主要用来显示 CapLock、NumLock 及 ScrollLock 键的状态，称为状态栏指示器。在图 4-1 中不需要指示器，因此应将其去掉；而且提示行总是显示"帮助请按 F1"，也要修改。下面给出具体方法。

定义状态栏的 MFC 类是 CStatusBar。在程序 sw6jiemian 的头文件 MainFrm.h 中有语句：

```
CStatusBar  m_wndStatusBar;
```

这就构建了一个状态栏对象。在程序 sw6jiemian 的文件 MainFrm.cpp 通过 OnCreate 函数创建状态栏对象。代码如下：

```
if (!m_wndStatusBar.Create(this) ||!m_wndStatusBar.SetIndicators(indicators,
    sizeof(indicators)/sizeof(UINT)))
{
    TRACE0("Failed to create status bar\n");
    return -1;    // fail to create
}
```

Create 函数的第一个参数 this 表明状态栏窗口的父指针，第二个参数及第三个参数保持缺省。

接着调用 SetIndicators 函数设置状态栏指示器。其第一个参数是一个数组，第二个参数是该数组元素的个数。这个数组在 MainFrm.cpp 有如下定义：

```
static UINT indicators[] =
{
    ID_SEPARATOR,           // status line indicator
    ID_INDICATOR_CAPS,
    ID_INDICATOR_NUM,
    ID_INDICATOR_SCRL,
};
```

可以看出，数据元素都是字符串资源 ID。应将上述数组中后三个元素去掉，即可去掉状态栏的指示器。

图 4-1 提示行"就绪"表明程序启动完毕等待新的消息，这是应用程序向导产生的缺省提示。如果在创建工程向导的第四步选中"Context-Sensitive Help option"，则提示行的内容是"如需帮助，请按 F1 键"。其对应的资源 ID 是 AFX_IDS_IDLEMESSAGE。这是修改提示行内容的方法之一。方法之二是单击"工程区\ResourceView\String Table\ String Table"，在右边的编辑区 ID 列中找到"AFX_IDS_IDLEMESSAGE"并双击之，弹出"字符串属性"对话框，在标题编辑区编辑"帮助请按 F1"，如图 4-5 所示。第一种方法较省事，它能直接生成主菜单帮助的下拉菜单，单击后弹出帮助窗口。不过此帮助文件是关于 VC 系统自己产生的菜单说明，并不涉及用户自己开发的内容，因此意义不大。

图 4-5 字符串属性

4.1.7 修改新建文件的标题

在 CMainFrame 类的 PreCreateWindow(CREATESTRUCT& cs)函数中将窗口仍然改为组合样式，即：

```
cs.style=WS_OVERLAPPEDWINDOW|FWS_ADDTOTITLE;
```

在 CSw6woshiApp 类的 InitInstance()函数中添加语句：

```
m_pMainWnd->SetWindowText("卧式容器设计");
```

这样就能保证程序启动时窗口标题为"卧式容器设计"。

文档的标题在 IDR_MAINFRAME 字符串资源中设置。单击"sw6woshi"工作区的"resour-ceview"标签，单击"String Table"，可以看到位居首行的 IDR_MAINFRAME。双击此行，弹出该字符串的属性。该字符串有 7 个由"\n"分割开的子串。第一个字符串表明主窗口的标题；第二个字符串就是文档的标题，默认的文档标题是"无标题"；第三个字符串是文档类型的名称，如果应用程序支持多种类型的文档，此字符串将显示在"File\New"对话框中，询问用户要创建哪一种类型的文档；第四个是文档类型的描述与一个适用与此类型的通配符过滤器；第五个是文档的扩展名；第六个是向系统注册表注册文件类型；第七个也与注册相关。修改 IDR_MAINFRAME 如下，如图 4-6 所示。

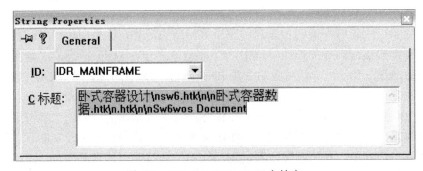

图 4-6 IDR_MAINFRAME 字符串

　　编译运行工程，单击"文件操作\新建"，窗口上的标题由"卧式容器设计"改为"卧式容器设计—sw6.htk"，再单击"文件操作\打开"，弹出如图 4-7 所示的文件"打开"对话框。经过上述修改，可以得到与图 2-1 一致的程序界面。

图 4-7　修改后的打开文件对话框

4.2　SW6WOSHI 数据输入功能的实现

　　从图 2-5 和 2-6 得知，承压圆筒数据输入方法采用的是对话框形式。在 Windows 应用程序中，对话框是应用程序接受用户数据最主要的方法。在 MFC 应用程序中，一个对话框包含两方面的内容。

　　（1）对话框类和对话框模板资源

　　是指一个指定了对话框中控件的构成及其相对位置的对话框模板资源。在模板资源中，需要定义对话框的各种特征，包括对话框的大小、弹出时在屏幕的位置、风格，以及各控件的类型与布局。该资源由 Visual C++集成开发环境中的对话框编辑器创建。

　　一个从 CDialog 类派生的对话框类。该类提供了应用程序操作对话框的接口。类中定义了一些与各控件相关的成员变量，通过这些变量，一方面可以控制对应控件的状态，另一方面与应用程序的其他类进行数据交换。

　　（2）模式对话框（Modal Dialog）和无模式对话框

　　对话框分有模式对话框（Modal Dialog）和无模式对话框（Modeless Dialog ）两种。有模式对话框是指当其显示时，程序会暂停执行，直到关闭它后，才能继续执行其他任务。如 Microsoft OfficeWord 中文件"打开"对话框，必须完成与该对话框交互操作，也就是输入文件名、单击"确定"按钮或者"取消"按钮才能进行其他工作。当无模式对话框显示时，允许执行其他任务而不需要关闭这个对话框，如 Microsoft Office Word 中的"查找"对话框。图 2-5、图 2-6 的对话框都是无模式对话框。

4.2.1　创建对话框资源

　　在 Visual C++界面单击"插入\资源"，弹出如图 4-8 所示的对话框，在此框中选中 Dialog，然后单击"新建"按钮，即可新建一个对话框资源。VC++自动将其标志设置为 IDD_DIALOG1，并将其添加到 ResourceView 选项卡中的 Dialog 项下，同时在资源编辑区打开这个对话框。同时显示的还有控件工具箱、布局工具栏及编排菜单，如图 4-9 所示。

图 4-8 插入资源对话框

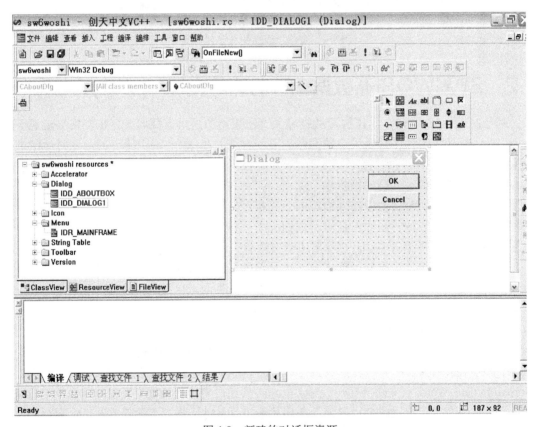

图 4-9 新建的对话框资源

首先去掉 "OK" 和 "Cancel" 按钮。打开 IDD_DIALOG1 对话框的属性对话框，将其标题属性设置为 "主体设计参数"，这也就是对话框的标题。将其 ID 改为 IDD_MAINPARA。在对话框属性对话框的 STYLE 选项卡中确保勾选 Title bar、System menu 和 Minimize box 三个复选框。参照图 2-5 从控件工具箱将相应的控件拖到对话框上。图 2-5 上面四行由四个静态文本控件和四个编辑框控件组成，下面是一个成组框控件，由两个单选按钮控件组成。按表 4-1 设置各控件属性值。

表 4-1　主体设计参数对话框控件属性

控件类型	命令 ID	标题文本	属性修改
静态文本	IDC_STATIC	设计压力（MPa）	无
静态文本	IDC_STATIC	设计温度（℃）	无
静态文本	IDC_STATIC	设备内径（mm）	无
静态文本	IDC_STATIC	试验压力（MPa）	无
编辑框	IDC_EDIT_PRESSURE	无	
编辑框	IDC_EDIT_TEMPTURE	无	
编辑框	IDC_EDIT_DIAMETER	无	
编辑框	IDC_EDIT_TESTPRE	无	
成组框	IDC_STATIC	压力试验类型	
单选按钮	IDC_RADIO_LIQTEST	液压试验	勾选"Group"选项
单选按钮	IDC_RADIO_GASTEST	气压实验	

　　成组框只能在视觉效果上将控件组合在一起，起到分组的作用；在程序运行时，需要通过某种途径确定单选按钮的"组"。按跳转顺序在对话框所拥有的多个单选按钮中搜寻，如果某个单选按钮设置了"Group"属性，则表明从该按钮开始了一个新的组，直到下一个设置了"Group"属性的按钮为止。

　　可以根据需要调整对话框窗口的大小，方法是在对话框资源编辑器中选中对话框窗口，然后拖动其外围边框上出现的小方框，直到大小合适时松开鼠标。利用编排（layout）菜单或 Dialog 工具栏对各控件进行位置及大小的调整。按住 Ctrl 键的同时，用鼠标单击各控件，可以选中多个控件，然后用如图 4-10 所示的工具对齐各控件或统一大小。图 4-10 中第一个工具是运行对话框观看其效果，第二个工具是向左对齐各个控件。用户只要将鼠标在工具图标上停留一会儿，即可在状态栏看到工具的用途提示。图 4-11 左边是单击第一个工具后出现的，右边是运行程序得到的对话框。

图 4-10　Dialog 工具栏

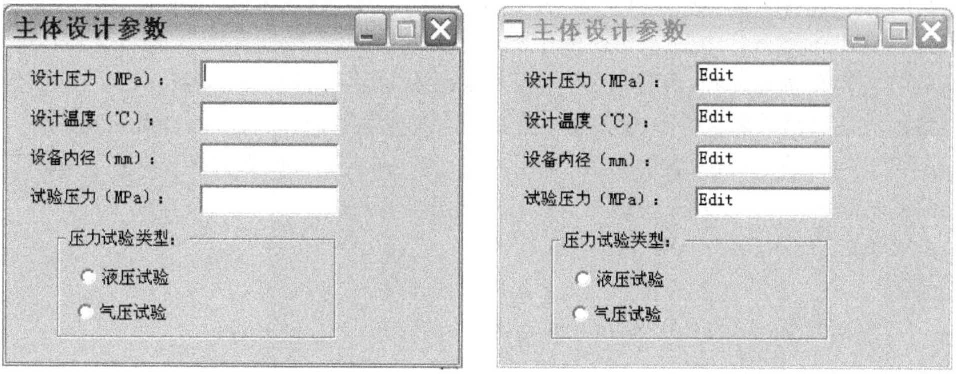

图 4-11　对话框的比较

下面设置控件的跳转顺序。所谓控件的跳转顺序，就是当用户使用"Tab"键移动当前输入焦点时各控件接受焦点的顺序。每一个控件都有一个跳转顺序编号，但是并不是每个控件都能够拥有输入焦点，只有勾选了"Tab stop"属性的控件才能够拥有输入焦点。一般控件的添加顺序就是控件的跳转顺序。可以用编排菜单下的"Tab Order"命令重新设置跳转顺序。当对话框打开时，单击该命令，在各控件的左上角出现一个数字，该数字就是跳转顺序的编号。按需要的跳转顺序单击各个控件，可以看到编号发生改变。

通常情况下，按照从上到下、从左往右的方向设置跳转顺序。静态文本的跳转顺序应该正好位于与其相关的控件之前。上述对话框设置跳转顺序如图 4-12 所示。

图 4-12 设置控件的跳转顺序

4.2.2 建立对话框类

在对话框资源处于打开状态时，单击"视图（VIEW）\建立类向导（ClassWizard）"弹出"类向导"对话框，同时弹出"Adding a class"对话框，询问用户是否生成新的对话框类。保持默认，单击"OK"按钮，系统弹出"New Class"对话框。将类名取为"CMAINPARADLG"，其余保持默认，单击"OK"按钮完成类的信息设置工作。在工作区 FileView 标签卡中，发现系统新生成的 CMAINPARADLG 类的头文件"MAINPARADLG.h"和源代码文件"MAINPARADLG.cpp"。

建立对话框与菜单命令联系：单击"数据输入\主体设计参数"，SW6WOSHI.EXE 弹出本对话框。因此，要给该菜单建立其被单击消息的响应函数。打开 ClassWizard，按图 4-13 选中后，单击"Add Function"按钮，单击弹出的对话框的"OK"按钮完成这步工作。类向导将添加的函数取名为 OnMainpara()。在工作区的 ClassView 标签里的 CSw6woshiView 类下看到该函数。将鼠标放在该函数名上并单击右键，在弹出的快捷菜单选择"Go to Definition"和"Go to Declaration"，可以跳到该函数的定义和申明。在 CSw6woshiView.cpp 中该函数定义如下：

```
void CSw6woshiView::OnMainpara()
{
    // TODO: Add your command handler code here

}
```

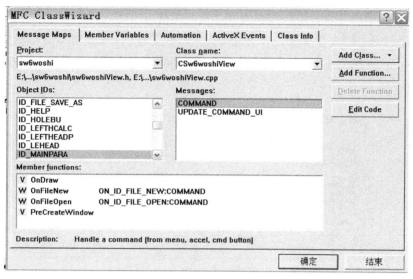

图 4-13　类向导

4.2.3　模式对话框的创建

在函数 OnMainpara()添加如下代码，在 sw6woshiView.cpp 文件的开头部分添加语句
#include "MAINPARADLG.h"即可完成模式对话框的创建。

```cpp
void CSw6woshiView::OnMainpara()
{
    CMAINPARADLG dlg;
    dlg.DoModal();
}
```

编译运行后，单击"文件\新建"，再单击"数据输入\主体数据输入"，则弹出类似图 4-11
所示的对话框。

4.2.4　无模式对话框的创建

将 4.2.3 中 OnMainpara()里添加的代码注释起来，修改如下，编译运行后单击"文件\新
建"，再单击"数据输入\主体数据输入"，则弹出图 4-11 所示的对话框。

```cpp
void CSw6woshiView::OnMainpara()
{
    CMAINPARADLG *pdlg=new CMAINPARADLG;
    pdlg->Create(IDD_MAINPARA,this);
    pdlg->ShowWindow(SW_SHOW);
}
```

由于 pdlg 是局部变量，引起内存泄漏，因此再修改上述代码。将这个指针变量改为视类 CSw6woshiView 的成员变量。方法是将鼠标放在工程区 ClassView 卡里的 CSw6woshiView 上，单击右键快捷菜单的"Add Member Variable"，弹出添加变量的对话框，如图 4-14 所示填好。

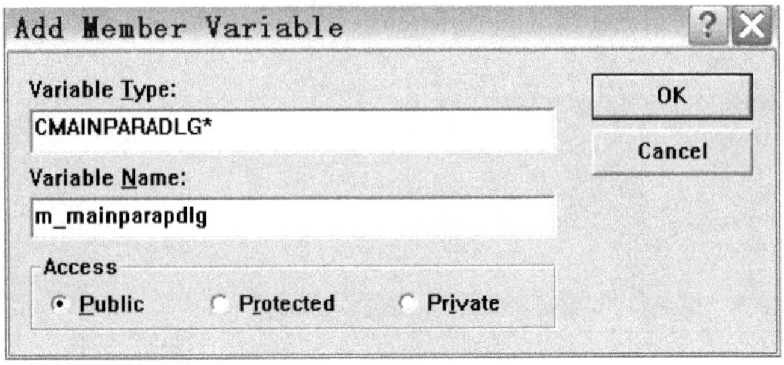

图 4-14 为类添加成员变量

在 CSw6woshiView 类的构造函数添加语句 dlg2=NULL（注意图 4-14 中"m_mainparapdlg"改为"dlg2"），在 sw6woshiView.h 文件的开头添加语句#include "MAINPARADLG.h"，修改 OnMainpara()函数如下。编译后可以得到同样结果。

```
void CSw6woshiView::OnMainpara()
{
    if(dlg2==NULL)
    {
    dlg2=new CMAINPARADLG;
    dlg2->Create (IDD_MAINPARA, dlg2->m_pParent);
    dlg2->ShowWindow (SW_SHOW);
    }
    else
    {
        dlg2->SetActive Window();
    }
    }
```

注意 ShowWindow()函数是 CDialog 类的基类 CWnd 的成员，ShowWindow (SW_SHOW) 的含义是激活并以当前的尺寸与位置显示对话框窗口。当前的尺寸即添加各个控件时设置的对话框的大小，当前的位置由对话框属性表 General 卡里的 XPos 和 YPos 给定。如果勾选了 More Styles 卡里的 Visible 项，则可不调用此函数。单击图 4-15 中的"？"按钮，弹出对话框属性帮助窗口，可以了解属性表选项卡中各个选项的含义。不同的选项卡对应于不同的帮助窗口。

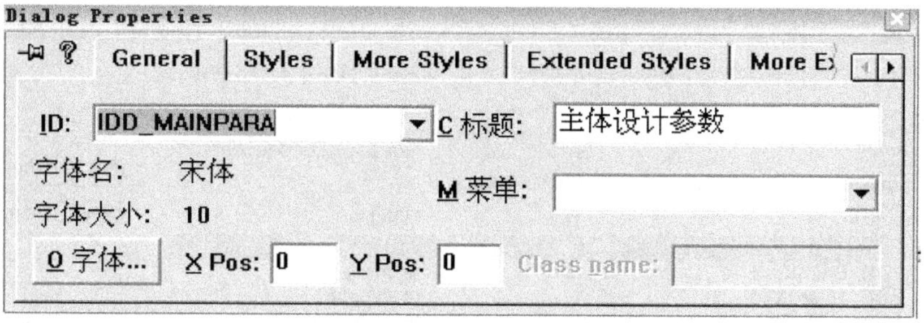

图 4-15　对话框的属性

4.2.5　给对话框各个控件添加变量

MFC 采用为对话框类添加与控件有关的成员变量来实现数据的收集与交换。对不同的控件，有不同的变量与之交互。通过 ClassWizard 能方便地完成这个工作。

打开 ClassWizard，选取"Member Variables"标签，在类名框中选取对话框类 CMIANPARADLG。在 Object IDs 列表中选择控件的命令 ID，单击"Add Variable"按钮，弹出添加成员变量对话框，如图 4-16 所示。

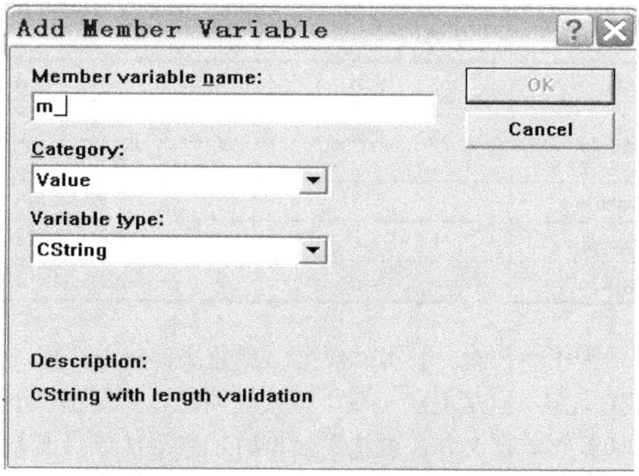

图 4-16　为控件添加成员变量对话框

图 4-16 中第一个列表框指变量的种类，要么为"值（Value）",要么为"控件（Control）"。第二个列表框指的是变量类型，当第一个框选"Value"时，选项有 CString int UINT float double 等，当第一个框选"Control"时，表明控件的种类。按图 4-17 添加控件的成员变量。四个值型变量中，除了设备内径是整型变量外，其余三个都是实数型。各个变量的含义说明见表 4-2。此时在工作区的 ClassView 卡里的 CMAINPARA 类里多了刚才添加的四个数据成员，并且系统自动在 CMAINPARA 类的构造函数对这四个变量进行了初始化（MAINPARADLG.cpp 文件），在 DoDataExchange 自动多了几行代码，其中四次调用了 DDX_Text 函数。DDX_函数将指定 ID 的控件与类的成员变量相关联，它负责完成从控件到变量或者从变量到控件的数据交换工作。DDV_函数负责检查用于交换的数据是否合法。编译运行时，发现图 4-11 的四个编辑框中不再是空白，而都是 0。鼠标可以在四个编辑框之间移动，说明用户可以输入数据了。

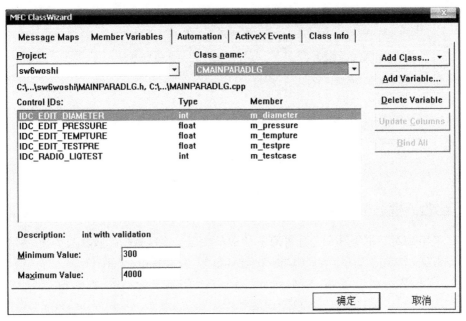

图 4-17 利用类向导添加成员变量

表 4-2 主体设计参数输入对话框的成员变量

变量符号	变量含义
m_diameter	筒体直径
m_pressure	筒体设计压力
m_tempture	筒体设计温度
m_testpre	筒体压力试验的压力
m_testcase	筒体压力试验类型

输入数据的目的是为了参与设计计算。数据由变量保存参与计算。函数 DoDataExchange 完成数据与变量的交换工作，但是用户一般不直接调用它，而是由 UpdateData()函数调用。在对话框显示时，比如打开数据文件并调出对话框时，数据从成员变量传送到控件；在对话框关闭时，比如修改数据后保存文件，则相反。从控件获取数据传送给变量用 UpdateData（TRUE），从变量给控件传送数据用 UpdateData（FALSE）。UpdateData()是 UpdateData(TRUE)的替代形式，因为 TRUE 是函数参数的缺省值。

4.2.6 数据的文件读写——文档串行化

要将对话框中的数据保存到文件中，以便下次打开调用，必须借助文档串行化技术。所谓文档串行化，就是指将应用程序的数据写入一个磁盘文件，或者从一个磁盘文件将数据读入应用程序的工作。串行化的一个基本思想是应用程序的对象应能够将其自身的状态保存在磁盘上，这些状态通常都是由对象的成员变量保存的；同时对象也能够从磁盘上读取数据并重新构建。

所有从 CObject 类派生而得到的类都支持串行化，此外，还有许多类型的对象和变量也支持串行化，如 int、float、double、BYTE、LONG、WORD、DWORD 及 CSize、CString、

CRect、CPoint、CTime 等。

在 MFC 中，文档类通过一个称为串行化（Serialize）的过程将数据保存到磁盘文件中或者将数据从磁盘文件中读取。一个类要实现串行化，必须经过下面四个步骤。

（1）从 CObject 派生

在 CObject 类中定义了基本的序列化协议和功能，需要串行化的类必须直接或间接地从 CObject 类派生，从而获得对 CObject 的序列化协议及功能的访问权限。

（2）添加 DECLARE_SERIAL()宏

设置好基类后，在类的声明中添加一个 DECLARE_SERIAL()宏，具体代码如下：

```
class classname : public CObject //由 CObject 派生
{
public:
……//其他成员变量和成员函数的定义
DECLARE_SERIAL(classname) //声明串行化，参数为该类的类名
…//其他成员变量和成员函数的定义
};
```

（3）添加 IMPLEMENT_SERIAL()宏

在类的实现文件中添加 IMPLEMENT_SERIAL()宏，具体代码如下：

```
IMPLEMENT_SERIAL(classname, CObject, 0) //该宏一般应包含在.cpp 文件中
```

IMPLEMENT_SERIAL()宏用于定义从 CObject 中派生可序列化类时所需的各种函数。在类的实现文件(.CPP)中使用这个宏。该宏的前两个参数是类名和直接基类的名称。该宏的第三个参数是架构编号。架构编号实质上是类对象的版本号，它使用大于或等于零的整数。MFC 序列化代码在将对象读取到内存时检查该架构编号。如果磁盘上对象的架构编号与内存中类的架构编号不匹配，库将引发 CArchiveException，防止程序读取对象的不正确版本。

（4）定义不带参数的构造函数

对象从磁盘上加载后，MFC 通过 CreateObject()函数自动重新创建这些对象。而 CreateObject()函数创建对象时需要一个默认的构造函数。可将该构造函数声明为公共的、受保护的或私有的。在此之前，请确保它仅由串行化函数使用。

完成工程 sw6woshi 的文件保存与打开工作如下。

在 OnFileOpen 函数中增加如下代码：

```
CString FilePathName,FileName,FileTitle;
CFileDialog dlg(TRUE,NULL,"*.htk",OFN_HIDEREADONLY|
OFN_OVERWRITEPROMPT|OFN_FILEMUSTEXIST ,"卧式容器设计(*.htk)");
if(dlg.DoModal()==IDOK)
{
    FilePathName=dlg.GetPathName();
```

```
        FileTitle=dlg.GetFileTitle();
    }
    else return;
    CSw6woshiDoc* pDC=GetDocument();
    pDC->SetTitle(FilePathName);
    CFile Filestr;
    if(!Filestr.Open(dlg.GetPathName(),CFile::shareDenyNone|CFile::modeNoTruncate|
    CFile::modeRead))
    {
        MessageBox("wufadakaiwenjian!");
    }
    CArchive ar(&Filestr, CArchive::load);
    OnMainpara();
    pDC->Serialize(ar);
    GetDocument()->SetModifiedFlag(TRUE );
```

修改 Doc 类的 Serialize(CArchive& ar)如下:

```
void CSw6woshiDoc::Serialize(CArchive& ar)
{
    POSITION pos=GetFirstViewPosition();
    CSw6woshiView *pView=(CSw6woshiView*)GetNextView(pos);
    pView->dlg2->Serialize(ar);
}
```

在 CMAINPARADLG 类中增加成员函数 Serialize(CArchive& ar),其声明和定义如下:

```
virtual void Serialize(CArchive &ar);
void CMAINPARADLG::Serialize(CArchive &ar)
{
    CObject::Serialize(ar);
    if(ar.IsStoring())
    {
        UpdateData();   //从控件得到数据存放到变量中
        ar<<m_diameter;   //将变量写入文档;对应于保存对话框的数据
        ar<<m_pressure;
        ar<<m_tempture;
        ar<<m_testpre;
        ar<<m_testcase;
    }
```

```
else
{
    ar>>m_diameter;  //将文档中的数据读出，存入变量中
    ar>>m_pressure;
    ar>>m_tempture;
    ar>>m_testpre;
    ar>>m_testcase;
    UpdateData(FALSE); //将变量中数据传递给控件，对应于打开文件，并将数据输送到对话框
}
}
```

4.2.7　属性页对话框的实现

依照图 2-5 的实现过程完成图 2-6 的编程。启动 sw6woshi，添加对话框资源 IDD_TONGTIDIALOG，对话框标题设置为"筒体数据"。依照图 4-18 添加各个控件。标题为"材料"的控件是一个 Drop-downlist 的组合框；标题为"材料类型"的控件是包含三个单选按钮的成组框，其余是静态文本控件和编辑控件。在对话框属性表中勾选"样式\标题栏"，在样式下拉列表框选择"Child"，在边框下拉列表框里选择"thin"。勾选"更多样式\可见"、"更多样式\3D 外观"。在材料成组框的第一个单选按钮板材的属性中勾选"Group"。设置组合框的样式属性，如图 4-19 所示。组合框是一个编辑框与一个列表框的组合，有三种类型，即简单型、下拉型和下拉列表型，这三种类型的区别见表 4-3。前面两种类型用户可以从列表中选择选项，也可以由用户输入新的选项，最后一种类型则不接受用户的输入。属性"分类（Sort）"的意思即"排序"，将组合框初始化时输入列表框的选项值按字母顺序排序。本例不勾选此项。程序运行时，为了使得列表框中的选项更多地显示出来，应该设置较大尺寸的列表框。方法是单击组合框的向下的箭头，出现一个虚线的方框，向下拉方框底边中点处的矩形标记，可以调节编辑框的大小。比较图 4-18 与图 2-5，发现采用前述实现图 2-5 的方法是不能实现图 4-18的。原来，图 4-18 是一个称为"属性页对话框"的特殊对话框，只不过只有"一个属性页"。

图 4-18　筒体数据对话框模板

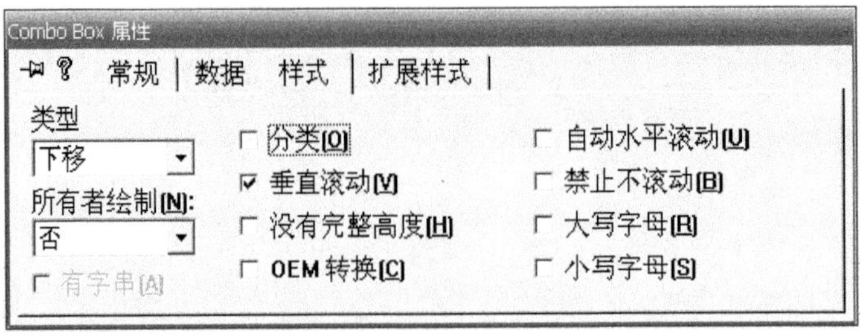

图 4-19 组合框属性设置

表 4-3 组合框三种类型的区别

风格	列表框何时可见	静态控件还是编辑控件
Simple	总是可见	编辑控件
Drop-down	当用户单击控件边上的下拉箭头时	编辑控件
Drop-downlist	当用户单击控件边上的下拉箭头时	静态控件

属性页对话框是一种特殊的对话框,它将多个对话框集中起来,通过标签或按钮来激活各个页面。属性页对话框主要分为一般属性页对话框和向导对话框。在一般属性页对话框中,页面的切换通过单击不同的标签实现。在向导对话框中,页面的选择是通过单击"上一页"(Back)、"下一页"(Next)按钮等按钮实现的。图 4-20 和图 4-21 分别给出了这两种对话框的实例。

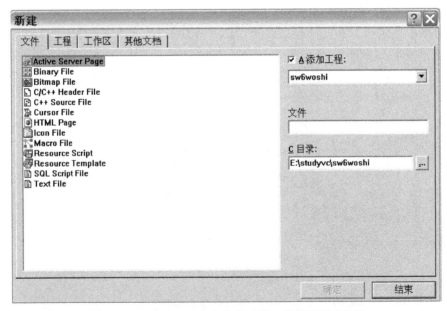

图 4-20 Visual C++6.0 文件\新建的一般属性页对话框

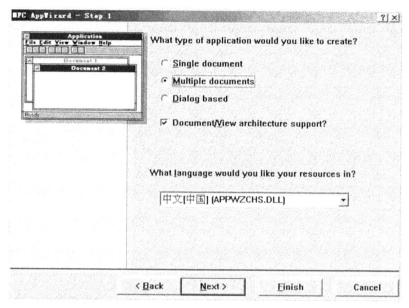

图 4-21　Visual C++6.0 MFC AppWizard 向导对话框

为对话框资源 IDD_TONGTIDIALOG 新建对话框类 CTONGTIPARADLG，其基类应为 CPropertyPage（如果有多个页面，则分别为各个页创建对话框资源，并为每个页创建新类），保持默认文件名不变。按图 4-22 为各个控件添加成员变量，各变量的含义如表 4-4 所示。在该类的构造函数中，可以看到系统自动对各个成员变量进行了初始化。列表框中的选择项可由 CComboBox::AddString()函数添加，这个工作是在对话框初始化时完成的，因此，向该类添加 WM_INITDIALOG 消息的响应函数 OnInitDialog()，具体步骤如下。

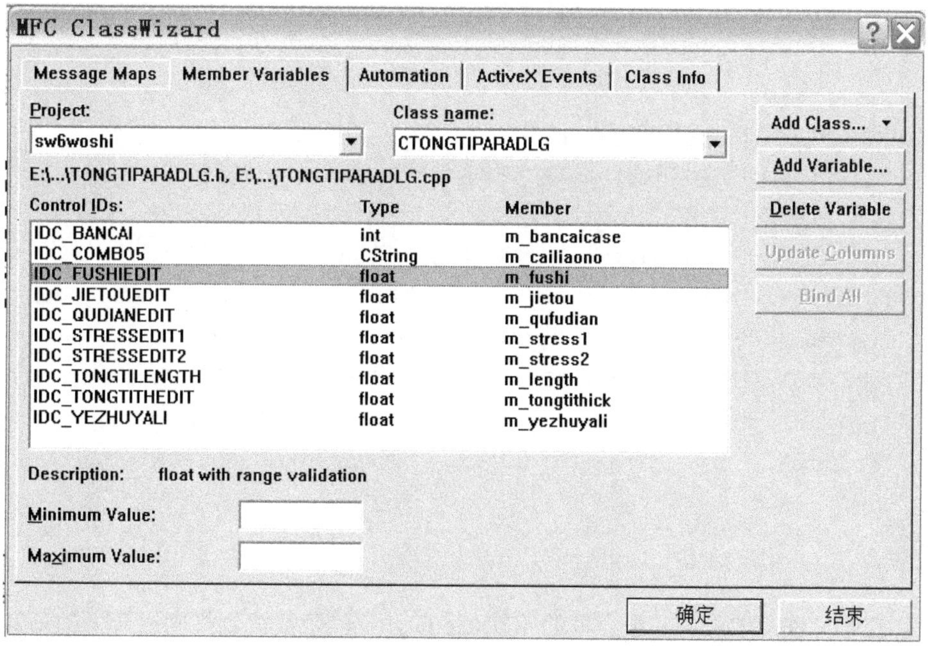

图 4-22　类 CTONGTIPARADLG 的成员变量

表 4-4 筒体数据输入对话框的成员变量

变量符号	变量含义
m_bancaicase	筒体材料类别
m_cailiaono	筒体材料在列表框中排列序号
m_fushi	腐蚀裕量
m_jietou	筒体焊接接头系数
m_qufudian	筒体材料常温屈服极限
m_stress1	设计温度下许用应力
m_stress2	常温下许用应力
m_length	筒体长度
m_tongtithick	筒体壁厚
m_yezhuyali	筒体承受的液柱静压力

① 在 IDE 主菜单栏中依次选择菜单 "View\ClassWizard",或者在开发环境的界面下直接使用快捷键 Ctrl+W,打开 "MFC ClassWizard" 对话框,单击 "Message Maps" 选项卡,在 "Project" 下拉列表框中选择 sw6woshi,在 "Class name" 下拉列表框中选择类 CTONGT-PARADLG。

② 在 "Object IDs" 列表框中选择 CTONGTIPARADLG,在 "Messages" 列表框中利用滚动条找到 WM_INITDIALOG,并选中,单击 "Add Function" 按钮,弹出 "Add member function" 对话框,单击 "OK" 按钮就可以创建一个名称为 OnInitDialog() 的消息处理函数。单击 "Edit Code" 按钮,退出 ClassWizard,并自动打开 TONGTIPARADLG.cpp 文件,且光标定位在函数 OnInitDialog() 上。为 OnInitDialog() 函数添加如下代码:

```
BOOL CTONGTIPARADLG::OnInitDialog()
{
    CPropertyPage::OnInitDialog();
    ((CComboBox *)GetDlgItem(IDC_COMBO5))->AddString("Q245R");
    ((CComboBox *)GetDlgItem(IDC_COMBO5))->AddString("Q345R");
    ((CComboBox*)GetDlgItem(IDC_COMBO5))->AddString("Q370R");
    ((CComboBox*)GetDlgItem(IDC_COMBO5))->AddString("18MnMoNbR");
    ((CComboBox*)GetDlgItem(IDC_COMBO5))->AddString("16MnDR");
    ((CComboBox*)GetDlgItem(IDC_COMBO5))->AddString("06Cr13");
    ((CComboBox*)GetDlgItem(IDC_COMBO5))->AddString("06Cr13Al");
    ((CComboBox*)GetDlgItem(IDC_COMBO5))->AddString("06Cr19Ni10");
    return TRUE;
}
```

其中 IDC_COMBO5 就是组合框的 ID,GetDlgItem() 函数得到指向组合框的指针,这个指针是 CWnd 类型的,要将其强制转换为 CComboBox 类型的。然后用这个指向组合框对象的指针调用成员函数 AddString 添加材料牌号。

　　创建完一般属性页对话框的所有属性页类后，还要创建一个 CPropertySheet 类的派生类，并在类中增加属性页类型的成员变量，并调用 CPropertySheet 类的成员函数 AddPage() 添加属性页，然后调用 DoModal() 创建一个模态属性页对话框，或调用 Create() 创建一个非模态属性页对话框。

　　利用类导向 ClassWizard 在 sw6woshi 中增加一个新类 CTongtishujuSheet，基类为 CPropertySheet。并在此类中增加属性页 CTONGTIPARADLG 类的变量 dlg3，在 TongtishujuSheet .h 文件中添加语句 #include "TONGTIPARADLG .h"。

　　与一般类不同的是 CTongtishujuSheet 有两个带参数的构造函数，分别如下：

```
CTongtishujuSheet::CTongtishujuSheet(LPCTSTR pszCaption, CWnd* pParentWnd, UINT
iSelectPage):CPropertySheet(pszCaption, pParentWnd, iSelectPage)
{
}
CTongtishujuSheet::CTongtishujuSheet(UINT nIDCaption, CWnd* pParentWnd, UINT
iSelectPage):CPropertySheet(nIDCaption, pParentWnd, iSelectPage)
{
}
```

　　这两个函数都有三个参数，但是只有第一个参数是不同的，其中一个是标题的 ID 号，一个则是标题字符串，这里标题指的是属性对话框的标题。第二个参数是指向父窗口的指针，默认值为 NULL,即应用程序主窗口。第三个参数指的是属性页对话框，初始显示的属性页，默认是第一页。用户可任选一个构造函数使用。在选中的构造函数里添加代码：

```
AddPage(&dlg3);
```

　　在 CSw6woshiView 类增加指向 CTongtishujuSheet 类的指针变量 dlg1。并在该类的构造函数中对其初始化。在 CSw6woshiView 类的源文件和头文件中添加语句：#include "TONGTIPARADLG.h"。再为主菜单数据输入\筒体数据增加命令消息响应函数 void OnTong tipara()，其代码是：

```
void CSw6woshiView::OnTongtipara()
{
    if(dlg1==NULL)
    {
        LONG Style;
        dlg1=new CTongtishujuSheet("筒体数据输入", this);
        dlg1->Create(AfxGetMainWnd(),WS_OVERLAPPEDWINDOW,0);
        Style =::GetWindowLong(dlg1->m_hWnd,GWL_STYLE);
        Style &= ~(WS_MAXIMIZEBOX);  //禁用窗口最大化按钮
```

```
            ::SetWindowLong(dlg1->m_hWnd,GWL_STYLE,Style);
            dlg1->ShowWindow(SW_SHOW);
        }
    else
    {
        dlg1->SetActiveWindow();
    }
}
```

其中，new CTongtishujuSheet("筒体数据输入", this)对应于第一个构造函数。Create 函数的原型是：

```
BOOL Create( CWnd* pParentWnd = NULL, DWORD dwStyle = (DWORD)-1, DWORD dwExStyle = 0);
```

第一个参数是指向父窗口的指针，如果为 NULL，则为桌面窗口；第二、三个参数分别指属性页对话框窗口样式与扩展窗口样式。关于这两种样式的有关信息，用户可以以 Window Styles 和 Extended Window Styles 为关键词从 MSDN 中获取。由图 4-18 可知，应采用 WS_OVERLAPPEDWINDOW 样式。

另外一种比较简单的方法也是可以创建属性页对话框的。该方法不需向工程添加 CPropertySheet 的派生类，而是直接在创建属性页对话框的命令消息响应函数中创建 CPropertySheet 的对象，并定义属性页类的成员变量，将页面加入属性页对话框的框架对象中，调用 DoModal()或 Create()创建属性页对话框。代码如下：

```
void CPropView::OnPropertysheet()
{
    CPropertySheet propSheet("属性表单");
    propSheet.SetWizardMode();//设置属性对话框为向导对话框
    //定义三个属性页的页面对象
    CProp1  m_Prop1;
    CProp2  m_Prop2;
    CProp3  m_Prop3;
    //将页面加入属性页对话框的框架对象中
    propSheet.AddPage(&m_Prop1);
    propSheet.AddPage(&m_Prop2);
    propSheet.AddPage(&m_Prop3);
    propSheet.DoModal();
}
```

编译运行 SW6WOSHI，单击"数据输入\筒体数据"，得到图 4-23。

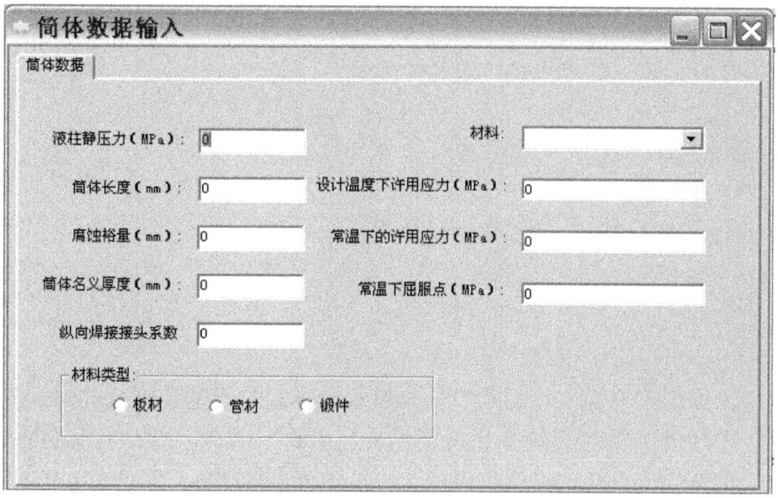

图 4-23　筒体数据输入对话框

为了使图 4-23 对话框中的成组框在显示的同时就有一个初始选项，修改 TONGTIPARADLG.cpp 中构造函数对变量 m_cailiaocase 的初始化值，由-1 修改为 0。为了使组合框在显示的同时就有一个初始选项，可以使用组合框类的成员函数 SetCurSel()函数。该函数的原型声明为：

```
int SetCurSel( int nSelect );
```

其作用是在组合框的列表框中选择一个字符串，并将其显示在编辑框中。字符串在列表框中排列位置（从 0 开始）就是函数的参数。为了响应用户单击列表框选项的消息（ON_CBN_SELCHANGE），并使选择显示在编辑框，按图 4-24 所示的方法添加消息响应函数，接受默认函数名 OnSelchangeCombo5()。该函数代码如下：

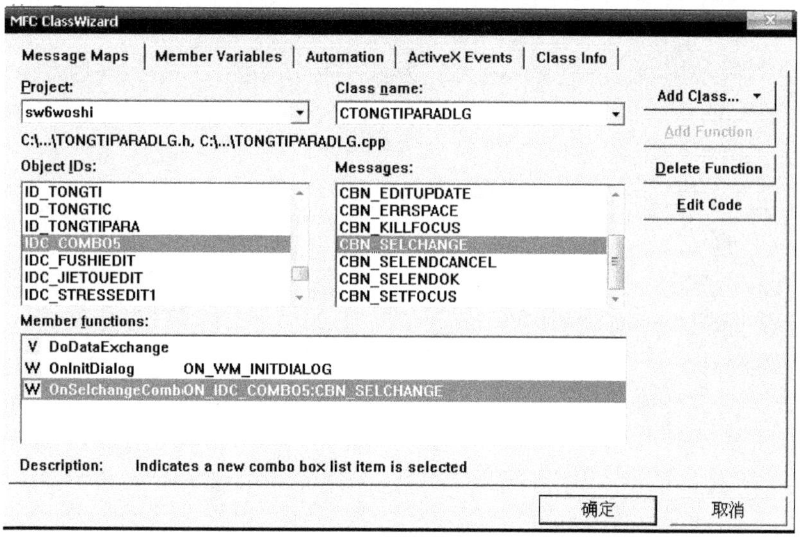

图 4-24　给组合框添加 ON_CBN_SELCHANGE 消息响应函数

```
void CTONGTIPARADLG::OnSelchangeCombo5()
{
    UpdateData(TRUE);
    yinglichazhi();
    UpdateData(FALSE);
    return;
}
```

上述代码中，如果没有第一个函数 UpdateData(TRUE)，则当用户先输入图 4-23 左边编辑框的数据时，左边编辑框对应的变量是初始化值，即 0，再调用 UpdateData(FALSE)，则左边编辑框的值都变为 0。因此应该先调用 UpdateData(TRUE)，将左边编辑框用户输入的值送到变量中，以取代构造函数中的初始值。反之，如果用户先单击右边组合框，则左边编辑框的数据不受函数的影响，因为左边编辑框数据输入时已退出此函数。左边编辑框的数据由 void CTONGTIPARADLG::Serialize(CArchive &ar)函数的 UpdateData(TRUE)语句保存到变量中。yinglichazhi()是一个根据材料与设计温度得到常温和设计温度下许用应力的函数。

此时选中单选按钮"管材"或"锻件"，再单击组合框上的下拉箭头，发现只有材料为板材时的选项，那么管材的选项、锻件的选项也添加到 OnInitDialog()中吗？修改该函数如下：

```
BOOL CTONGTIPARADLG::OnInitDialog()
{
    CPropertyPage::OnInitDialog();
    switch(m_bancaicase)
    {
    case 0:
        ((CComboBox *)GetDlgItem(IDC_COMBO5))->AddString("Q245R");
        ......
        (CComboBox*)GetDlgItem(IDC_COMBO5))->AddString("06Cr19Ni10");
        break;
    case 1:
        采用同样方法添加管子材料牌号;
        break;
    case 2:
        采用同样方法添加锻件材料牌号;
        break;
    }
    return TRUE;
}
```

运行后发现单击"管材"或"锻件"单选按钮，组合框的列表框仍然只有板材的牌号。

事实上，当对话框显示出来时，已完成了其初始化工作，所以无论单选按钮的变量 m_cailiaocase 的值是为 0，还是-1，列表框的材料牌号都是板材的牌号；此时单击"管材"或"锻件"，虽然能改变其状态，但是列表框无法收到并响应此消息。因此，应在 CTONGTIPARADLG 类中添加单击单选按钮的消息响应函数 OnBancai()、OnGuancai()和 OnDuanjian()。要使单选按钮接受单击消息，先要在其属性对话框里勾选"通知"属性。这三个函数代码如下：

```
void CTONGTIPARADLG::OnBancai()
{
    ((CComboBox *)GetDlgItem(IDC_COMBO5))->ResetContent();
    · · · · · ·
    ((CComboBox*)GetDlgItem(IDC_COMBO5))->AddString("06Cr19Ni10");
}
void CTONGTIPARADLG::OnGuancai()
{
    ((CComboBox *)GetDlgItem(IDC_COMBO5))->ResetContent();
    ((CComboBox *)GetDlgItem(IDC_COMBO5))->AddString("10(热轧)");
    ((CComboBox *)GetDlgItem(IDC_COMBO5))->AddString("10（正火）");
    ((CComboBox*)GetDlgItem(IDC_COMBO5))->AddString("20(热轧)");
    ((CComboBox*)GetDlgItem(IDC_COMBO5))->AddString("20（正火）");
    ((CComboBox*)GetDlgItem(IDC_COMBO5))->AddString("12CrMo");

}
void CTONGTIPARADLG::OnDuanjian()
{
    ((CComboBox *)GetDlgItem(IDC_COMBO5))->ResetContent();
    ((CComboBox *)GetDlgItem(IDC_COMBO5))->AddString("20");
    ((CComboBox *)GetDlgItem(IDC_COMBO5))->AddString("35");
    ((CComboBox*)GetDlgItem(IDC_COMBO5))->AddString("16Mn");
    ((CComboBox*)GetDlgItem(IDC_COMBO5))->AddString("20MnMo");
    ((CComboBox*)GetDlgItem(IDC_COMBO5))->AddString("20MnMoNb");
}
```

其中函数 ResetContent()的作用是清空列表框，先清空再添加材料牌号，能保证用户在三个材料单选按钮之间切换时，列表框里只有相应的材料牌号。这里只以 5 种材料为例加以说明。

用户可以采用 4.2.6 节的方法完成筒体数据的串行化工作。

4.2.8　对话框图标的修改

由 4.1.2 节可知，应用程序主窗口的图标的修改是在 PreCreateWindow 函数调用 LoadIcon()

完成的。那么在工程 sw6woshi 中，如何修改主体设计参数对话框和筒体数据输入对话框的图标呢？

在 CMAINPARADLG 类中添加 WM_INITDIALOG 消息响应函数 OnInitDialog()，其代码为：

```
BOOL CMAINPARADLG::OnInitDialog()
{
    CDialog::OnInitDialog();
    HICON m_hIcon;
    m_hIcon = AfxGetApp()->LoadIcon(IDI_ICON1); //IDR_ICON1 为图标资源 ID
    SetIcon(m_hIcon, TRUE); // Set big icon
    SetIcon(m_hIcon, FALSE); // Set small icon
    return TRUE;
}
```

筒体数据输入对话框是一个属性页对话框，其图标的修改应该在属性表中完成。属性表由一个或多个属性页构成。因此在 CTongtishujuSheet 构造函数中添加代码完成。具体代码是：

```
CTongtishujuSheet::CTongtishujuSheet(LPCTSTR pszCaption, CWnd* pParentWnd, UINT
iSelectPage):CPropertySheet(pszCaption, pParentWnd, iSelectPage)
{
    m_psh.hIcon= AfxGetApp()->LoadIcon(IDI_ICON1);
    m_psh.dwFlags = m_psh.dwFlags|PSH_USEHICON ;
    AddPage(&dlg3);
}
```

其中，m_psh 是 CPropertySheet 的一个结构体 PROPSHEETHEADER 类型的成员变量。该结构体定义如下：

```
typedef struct _PROPSHEETHEADER {
  DWORD dwSize;
  DWORD dwFlags; //标志位，指出创建属性表页时的选项
  HWND hwndParent;
  HINSTANCE hInstance; // 被加载的图标或标题字符串资源之所在的实例句柄
  union {
    HICON hIcon; //用在属性表对话框的标题栏小图标的图标句柄，如果 dwFlags 成员不包括 PSH_
                 USEHICON，这个成员被忽略
    LPCWSTR pszIcon; //用在属性表对话框的标题栏小图标的图标资源，如果 dwFlags 成员不包括
```

PSH_USEICONID，这个成员被忽略

```
    };
    LPCWSTR pszCaption; //属性表对话框的标题，如果 dwFlags 成员包括 PSH_PROPTITLE，字符串"属
                        性"是插入标题前面的文字
    UINT nPages;
    union {
      UINT nStartPage;
      LPCWSTR pStartPage;
    };
    union {
      LPCPROPSHEETPAGE ppsp;
      HPROPSHEETPAGE FAR* phpage;
    };
    PFNPROPSHEETCALLBACK pfnCallback;
} PROPSHEETHEADER, FAR* LPPROPSHEETHEADER;
typedef const PROPSHEETHEADER FAR* LPCPROPSHEETHEADER;
```

可见 m_psh 是一个描述属性表单基本特征的变量。先调用 LoadIcon(IDI_ICON1)函数得到图标资源的句柄，将这个句柄赋给 m_psh 的成员变量 hIcon，再调用 m_psh.dwFlags|与标志位 PSH_USEHICON 逻辑或，这样就加载了图标。下面的代码给出了另外一种修改图标的方法。

```
    CTongtishujuSheet::CTongtishujuSheet(LPCTSTR pszCaption, CWnd* pParentWnd, UINT
iSelectPage):CPropertySheet(pszCaption, pParentWnd, iSelectPage)
    {
        m_psh.hInstance = AfxGetResourceHandle();
        //m_psh.hInstance = AfxGetApp()->m_hInstance;
        //m_psh.hInstance =AfxGetInstanceHandle();
        m_psh.pszCaption=_T("筒体数据输入");
        m_psh.pszIcon=MAKEINTRESOURCE(IDI_ICON1);
        m_psh.dwFlags = m_psh.dwFlags|PSH_USEICONID|PSH_PROPTITLE;
        m_pParent=pParentWnd;
        AddPage(&dlg3);
    }
```

其中用三种方法给变量 m_psh.hInstance 赋值。三个函数在 msdn 中解释不尽相同，但是其实质就是要得到应用程序实例句柄。用调试的方法可以得到 m_psh. hInstance 的值都为 0x00400000，如图 4-25 所示。

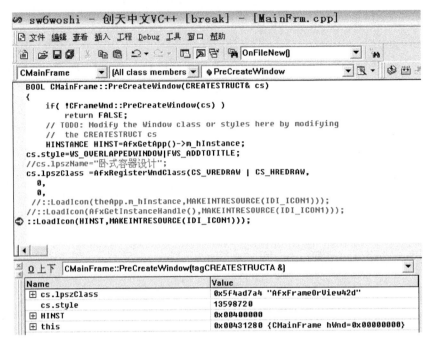

图 4-25 m_psh.hInstance 的值

4.2.9 文件的保存与关闭系统

SW6WOSHI.EXE 应与一般的 Windows 应用程序一样，打开文件并修改文件后单击"文件/保存"或单击保存工具图标时，自动以目前的文件名保存，并不弹出保存文件对话框；只有新建文件后第一次保存或单击"文件\保存"时才弹出保存文件对话框，让用户确定文件名。这个系统自带的功能因为上述重载 OnFileOpen ()和 OnFileNew()函数而被破坏，现在 sw6woshi 在保存文件时总是弹出保存文件对话框，因此有必要重载 OnFileSave()函数。

```
void CSw6woshiView::OnFileSave()

{

CSw6woshiDoc* pDC=GetDocument();

CString FileName;

if( pDC->GetTitle()=="sw6.htk")  // 文件名为系统默认文件名，弹出文件保存对话框

{

CFileDialogdlg(FALSE,NULL,"*.htk",OFN_HIDEREADONLY|OFN_OVERWRITPROMPT,"卧式容器
设计(*.htk)");

// 第一个参数为FALSE，弹出保存文件对话框，否则弹出打开文件对话框

if(dlg.DoModal()==IDOK)

{

    FileName=dlg.GetFileName ();  // 得到用户输入的文件名

    pDC->SetTitle(dlg.GetPathName());  //将用户输入的文件名及路径显示在程序标题栏

    }

CFile Filestr;
```

```
        if(!Filestr.Open( FileName,CFile::modeCreate |CFile::modeWrite ))
        {
            #ifdef _DEBUG
            afxDump << "Unable to open file" << "\n";
            exit( 1 );
            #endif
        }
        CArchive ar(&Filestr, CArchive::store );
        pDC->Serialize(ar);
        }
        else  // 已有文件名，直接存盘
        {
            CFile Filestr;
            Filestr.Open(pDC->GetTitle(),CFile::modeWrite );
            CArchive ar(&Filestr, CArchive::store );
            pDC->Serialize(ar);
            return;
        }
    }
```

要注意上述代码中类 CFileDialog 中成员函数 GetFileName()和 GetFileTitle()的区别，前者是得到整个文件名称，包括扩展名，后者则只得到不包括扩展名的文件名；因此两者不能互换。

在单击"文件/退出菜单"时，也会弹出"保存文件"对话框，要求用户输入文件名称，因此也应改写退出系统时消息响应函数。其代码如下：

```
void CSw6woshiView::OnAppExit()
{
    CSw6woshiDoc* pDC=GetDocument();
    if(IDYES==MessageBox("是否将改动保存到当前文件?","文件保存",MB_YESNO))
    {
        CFile Filestr;
        Filestr.Open(pDC->GetTitle(),CFile::modeWrite );
        CArchive ar(&Filestr, CArchive::store );
        pDC->Serialize(ar);
    }
    exit(0);
}
```

同样地可改写单击系统关闭按钮时的消息响应函数。不过该消息在 CMainFrm 类中响应。

```
void CMainFrame::OnClose()
{
```

```
    /* CSw6woshiView* pView=(CSw6woshiView * )GetActiveView( );
        CSw6woshiDoc* pDC=pView->GetDocument();
        if(IDYES==MessageBox("是否将改动保存到当前文件?","文件保存",MB_YESNO))
    {
        CFile Filestr;
        Filestr.Open(pDC->GetTitle(),CFile::modeWrite );
        CArchive ar(&Filestr, CArchive::store );
        pDC->Serialize(ar);
    }
exit(0); */
CSw6woshiView* pView=(CSw6woshiView * )GetActiveView( );
pView->OnAppExit();
}
```

上述有两种方法，未注释的方法要将 OnAppExit()函数从 protected 型改为 public 型才能在框架类中调用。

下面给出部分演示结果。先新建一个文件，输入主体设计参数和筒体数据，单击"保存"按钮，弹出"保存文件"对话框，输入文件名"907"，保留扩展名，如图 4-26 所示。保存文

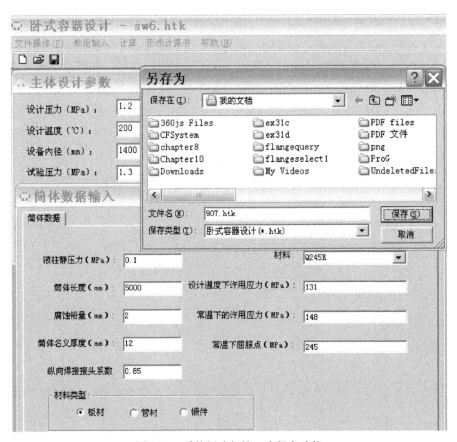

图 4-26 系统新建与第一次保存功能

件，窗口标题栏出现文档名称。单击"文件操作\退出"或系统的"关闭"按钮，弹出"文件保存"对话框，单击"是（Y）"，退出系统，如图 4-27 所示。再次运行系统，打开文件 907.htk，发现文件正常保存并能正确打开。修改腐蚀裕量、筒体名义厚度和纵向焊接接头系数，单击"保存"按钮，此时系统已有非默认文件名，应该直接保存文件。退出系统，再次打开文件 907.htk，发现修改的数据得到保存，如图 4-28 所示。

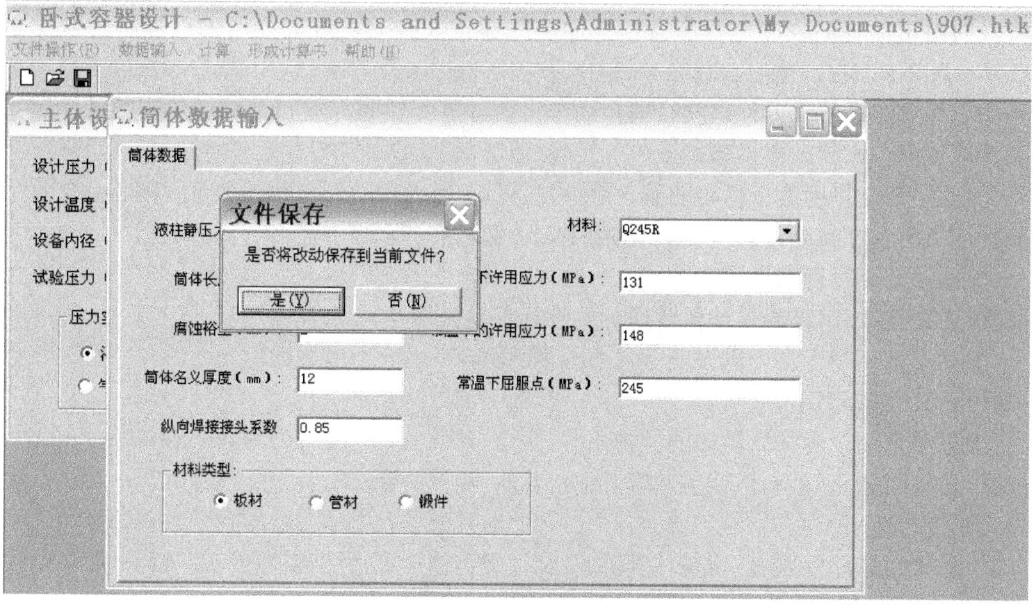

图 4-27　系统退出功能

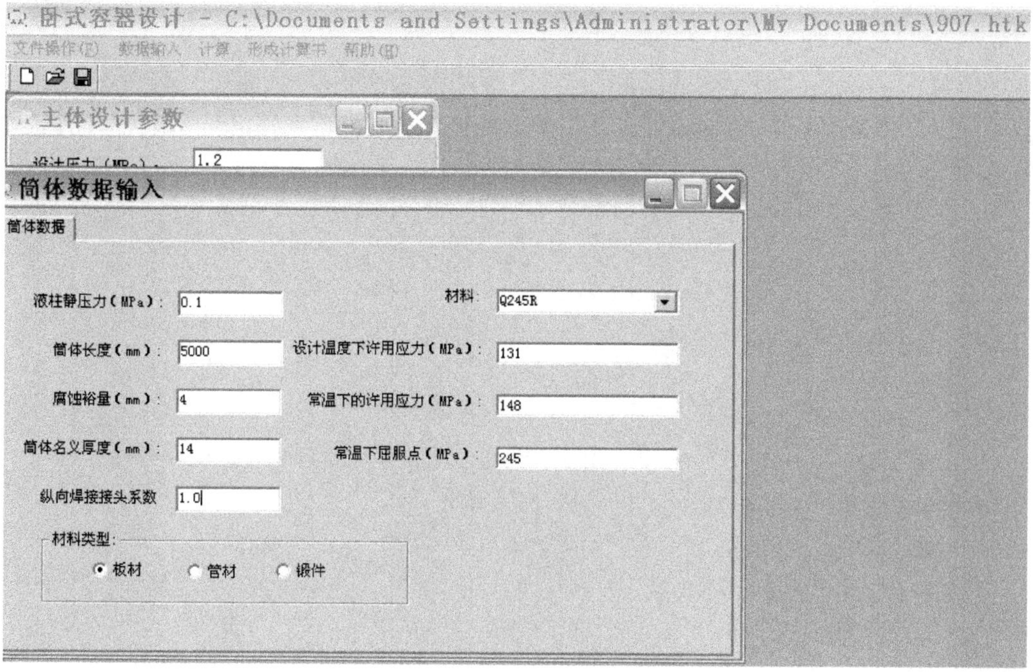

图 4-28　系统的直接保存功能

4.3 SW6WOSHI 的计算结果输出功能的实现

4.3.1 筒体计算及校核功能

当用户根据经验给出筒体的厚度时，应当校核筒体的应力，并给出参考厚度。反之，当用户没有给出筒体的厚度时，应该计算筒体的厚度。最后校核筒体压力试验时的强度。按图 2-7 和表 2-1 的格式输出计算结果。

由于材料的许用应力与厚度有关，而在设计计算开始时厚度是不知道的，故设计计算是一个试算过程，设计计算步骤如下。

① 假定名义厚度落在材料的第一个厚度区间，以各种材料许用应力表（图 3-1 或图 3-2）第一行应力 σ_1 为依据计算厚度，并得到名义厚度。

② 根据此厚度查询许用应力 σ_2。

③ 如果 $\sigma_1 = \sigma_2$，则计算过程合理，可进行其他计算。

④ 如果 σ_1 不等于 σ_2，则以 σ_2 为依据计算厚度。

校核计算过程如下。

① 以给定的厚度计算筒体的应力 σ_1。

② 比较应力 σ_1 与许用应力 σ_2 的大小；若 σ_1 小于或等于 σ_2，则给出厚度合理，进行第③步；反之进行第④步。

③ 以给定的厚度减去 1mm 进行①、②计算。直至 σ_1 大于或等于 σ_2，目前厚度加 1mm 就是提示给用户的参考厚度。

④ 以给定的厚度加 1mm 进行①、②计算。直至 σ_1 小于或等于 σ_2，目前厚度就是提示给用户的参考厚度。

⑤ 压力试验校核。

向工程 sw6woshi 的 CSw6woshiView 类中添加菜单"计算\筒体"的命令响应函数 OnTongtic()。该函数不仅要完成计算，而且要完成计算结果的格式输出。该函数的代码如下：

```
void CSw6woshiView::OnTongtic()
{
double delt1,delt2,delt3,delt4,delt5;
double xuyp,yingli,yingli0,xuyq,yinglishui,qufu;
double stress;
CString str11;
CString str1 = "********",str2="内压圆筒设计" ,str3="计算条件: ",str4,str5;
CString str6, str7,str8,str9,str10="计算结果: ";
CString str12, str13, str14, str15="压力试验合格" ;
CString str16="提示: ", str17,str18,str19,str20,str21,str22,str23,str24;
CString str01,str02,str03,str04,str05,str06,str07;
CString str011;
dlg1->dlg3.UpdateData(TRUE);
```

```
delt5=dlg1->dlg3.m_tongtithick; //保存用户输入的厚度
if(delt5==0)//设计计算
{
    do
    {
        stress=dlg1->dlg3.m_stress1; // 材料在设计温度下对应于材料许用应力表第一行的应力
        delt1=(dlg1->dlg3.m_yezhuyali+dlg2->m_pressure)*dlg2->m_diameter;
        delt1/=(2*dlg1->dlg3.m_stress1*dlg1->dlg3.m_jietou-dlg2->m_pressure);
        dlg1->dlg3.m_tongtithick=delt1+0.3+dlg1->dlg3.m_fushi;
        dlg1->dlg3.m_tongtithick=floor(dlg1->dlg3.m_tongtithick+1);//名义厚度
        dlg1->dlg3.UpdateData(FALSE);
        dlg1->dlg3.OnSelchangeCombo5();//根据名义厚度反查许用应力
    }
    while (stress!=dlg1->dlg3.m_stress1);
    delt2=dlg1->dlg3.m_tongtithick-dlg1->dlg3.m_fushi-0.3;//有效厚度
    xuyp=2*delt2*dlg1->dlg3.m_stress1*dlg1->dlg3.m_jietou/(dlg2->m_diameter+
delt2);//许可压力
    xuyq=dlg1->dlg3.m_jietou*dlg1->dlg3.m_stress1;//应力最大值
    yingli0=(dlg1->dlg3.m_yezhuyali+dlg2->m_pressure)*(dlg2->m_diameter+delt2)/(2*
delt2);//应力
    yinglishui=dlg2->m_testpre*(dlg2->m_diameter+delt2)/(2*delt2);//压力实验时应力
    delt3=dlg1->dlg3.m_tongtithick;//名义厚度
}
if(delt5!=0)//用户已给出名义厚度值，校核计算
{
    delt2=dlg1->dlg3.m_tongtithick-dlg1->dlg3.m_fushi-0.3;//有效厚度
    xuyp=2*delt2*dlg1->dlg3.m_stress1*dlg1->dlg3.m_jietou/(dlg2->m_diameter+de
lt2);//许可压力
    yingli0=(dlg1->dlg3.m_yezhuyali+dlg2->m_pressure)*(dlg2->m_diameter+delt2)/
(2*delt2);//应力
    xuyq=dlg1->dlg3.m_jietou*dlg1->dlg3.m_stress1;//应力最大值
    yinglishui=dlg2->m_testpre*(dlg2->m_diameter+delt2)/(2*delt2);//压力试验时应力
    yingli=yingli0;
    if( yingli<=dlg1->dlg3.m_stress1*dlg1->dlg3.m_jietou)
    {
        str11.Format("应力校核：合格");
        do{
            delt2=delt2-1;
            dlg1->dlg3.m_tongtithick=delt2+dlg1->dlg3.m_fushi+0.3;
            dlg1->dlg3.UpdateData(FALSE);
```

```
                    dlg1->dlg3.OnSelchangeCombo5();
                    yingli=(dlg1->dlg3.m_yezhuyali+dlg2->m_pressure) *
                              (dlg2->m_diameter+delt2)/(2*delt2);
                }
            while(yingli<=dlg1->dlg3.m_stress1*dlg1->dlg3.m_jietou);
            delt2=delt2+1;
        }
    else
    {
            str11.Format("应力校核：不合格");
            do{
                delt2=delt2+1;
                dlg1->dlg3.m_tongtithick=delt2+dlg1->dlg3.m_fushi+0.3;
                dlg1->dlg3.UpdateData(FALSE);
                dlg1->dlg3.OnSelchangeCombo5();
                yingli=(dlg1->dlg3.m_yezhuyali+dlg2->m_pressure) *
                              (dlg2->m_diameter+delt2)/(2*dell2);
            }
            while(yingli>=dlg1->dlg3.m_stress1*dlg1->dlg3.m_jietou);
    }
delt4=delt2+dlg1->dlg3.m_fushi+0.3;  //参考厚度
dlg1->dlg3.m_tongtithick=delt5;//恢复用户输入的初始界面
dlg1->dlg3.UpdateData(FALSE);
dlg1->dlg3.OnSelchangeCombo5();
}
//以下代码将计算结果形成一个字符串
str4.Format("计算压力：%2.1f ",dlg2->m_pressure+dlg1->dlg3.m_yezhuyali);
str5.Format("设计温度：%2.1f ",dlg2->m_tempture);
str6.Format("筒体内径：%d ",dlg2->m_diameter);
str7.Format("腐蚀裕量：%2.1f ",dlg1->dlg3.m_fushi);
str8.Format("焊接接头系数：%2.2f ",dlg1->dlg3.m_jietou);
str9.Format(dlg1->dlg3.m_cailiaono);
str9="材料："+str9;
str17.Format("输入厚度：%2.2f",delt5);
str18.Format("计算厚度：%2.2f ",delt1);
str19.Format("有效厚度：%2.2f ",delt2);
str20.Format("名义厚度：%2.2f ",delt3);
str12.Format("许用压力：%2.2f ",xuyp);
if(dlg2->m_testcase==0)
{
```

```
        qufu=0.9*dlg1->dlg3.m_qufudian;
        str13.Format("水压试验压力值: %2.2f ",dlg2->m_testpre);
        str23.Format("0.9σs=%2.2f ",qufu);
    }
    else
    {
        qufu=0.8*dlg1->dlg3.m_qufudian;
        str13.Format("气压试验压力值: %2.2f ",dlg2->m_testpre);
        str23.Format("0.8σs=%2.2f ",qufu);
    }
    str21.Format("σt=%2.2f ",yingli0);
    str22.Format("[σ]tφ=%2.2f ",xuyq);
    str24.Format("参考厚度: %2.2f",delt4);
    str14.Format("圆筒应力: %2.2f ",yinglishui);
    str01=str1+str2+str1;
    str011=str1+"内压圆筒校核"+str1;
    str02= str4+str5+str6;
    str03=str7+str8;
    str04=str18+str19+str20;
    str05=str12+str21+str22;
    str06=str13+str14+str23+str15;
    if(delt5==0)
        {
    str07=str01+"\r\n"+str3+"\r\n"+str02+"\r\n"+str03+"\r\n"+str9+"\r\n"+str10+"\r
\n"+str04+"\r\n"+str05+"\r\n"+str06;
        }
        else
        {
    str07=str011+"\r\n"+str3+"\r\n"+str02+"\r\n"+str03+"\r\n"+str9+"\r\n"+str17+"\
r\n"+str10+"\r\n"+str11+"\r\n"+str05+"\r\n"+str06+"\r\n"+str16+"\r\n"+str24;
        }
        MessageBox(str07);
    }
```

4.3.2　将计算结果输出到记事本

用户可以输入以下代码, 用剪贴板技术将上述计算结果输出到记事本。

```
WinExec("c:\\windows\\notepad.exe",SW_NORMAL);
if(OpenClipboard())
```

```
    {
        HANDLE hclip;
        char *pbuff;
        EmptyClipboard();
        hclip=GlobalAlloc(GMEM_FIXED,str07.GetLength()+1);
        pbuff=(char*)GlobalLock(hclip);
        strcpy(pbuff,str07);
        GlobalUnlock(hclip);
        SetClipboardData(CF_TEXT,hclip);
        CloseClipboard();
    }

    if(OpenClipboard())
    {
        if(IsClipboardFormatAvailable(CF_TEXT))
        {
            HANDLE hclip1;
            char *pbuff1;
            hclip1=GetClipboardData(CF_TEXT);
            pbuff1=(char*)GlobalLock(hclip1);
            GlobalUnlock(hclip1);
            HWND hd=::FindWindow("Notepad",NULL);
            if(hd)
            {
                HWND hdc=::FindWindowEx(hd,NULL,"Edit",NULL);
                if (hdc)
                {
                    ::PostMessage(hdc,WM_PASTE,0,0);
                }
                else
                MessageBox(TEXT("找不到窗口!"));
            }
        else
            MessageBox(TEXT("找不到窗口"));
        }
        CloseClipboard();
    }
```

其中，有三个重要的函数 WinExec()、FindWindow()和 FindWindowEx()。WinExec()函数的原型为：

```
UINT WinExec (LPCSTR  lpCmdLine, UINT  uCmdShow);
```

第一个参数是一个指向字符串的指针，该字符串就是要启动的外部应用程序的路径，第二个参数说明要启动外部应用程序窗口的显示细节。类似的函数有 CreateProcess()和 ShellExecute ()。FindWindow()和 FindWindowEx()是 Windows 开发平台接口函数。它们的原型是：

```
HWND FindWindow( LPCTSTR lpClassName,  LPCTSTR lpWindowName);
HWND FindWindowEx(HWND hwndParent, HWND hwndChildAfter, LPCTSTR lpszClass,
LPCTSTR lpszWindow);
```

参数 lpClassName 即是要找的窗口的类名；lpWindowName 是要找的窗口名称；hwndParent 是要找的子窗口的父窗口的句柄；hwndChildAfter 是要找的子窗口前面的子窗口句柄；lpsz-Class 是要找的子窗口类名；lpszWindow 是要找的子窗口名称。

微软记事本 notepad.exe 的类名和窗口名称可以通过 Microsoft Visual Studio 自带的工具 Spy++找到。启动 Spy++后，单击主菜单 Search，或者按下 Alt+F3，弹出"Window Search"对话框，如图 4-29 所示。启动记事本，将 Finder Tool 工具拖到记事本的编辑框中，发现编辑框的边框变黑变粗，此时对话框的 Class 编辑框出现类名"Edit"，Caption 编辑框出现""""。同样将 Finder Tool 工具拖到记事本的标题栏处，当整个记事本窗口的边框变黑变粗时，找到记事本的类名为 Notepad，窗口名为""无标题-记事本""。

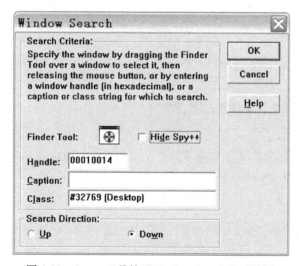

图 4-29　Spy++工具的"Window Search"对话框

将上述代码加到 OnTongtic()函数的最后，编译运行工程 sw6woshi。单击"文件操作/新建"，单击主菜单"数据输入/主体设计参数"，"数据输入/主体设计参数/筒体数据"，按图 4-30 输入有关参数，单击主菜单"计算\筒体"，看到记事本弹出，如图 4-31 所示（注意图中材料为 Q345R）。

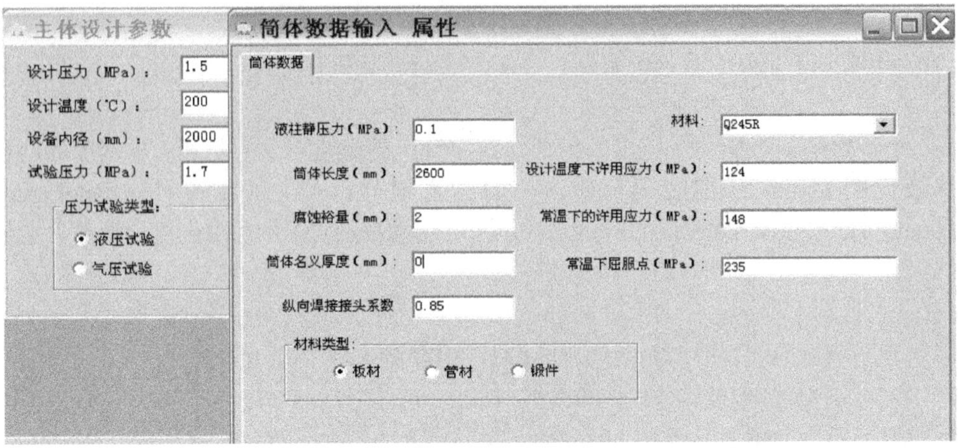

图 4-30 筒体计算参数输入

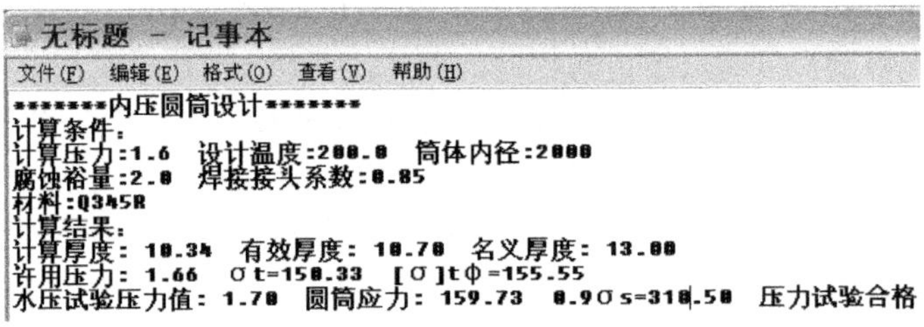

图 4-31 筒体设计计算结果

输入筒体名义厚度为 12，再次运算，看到记事本如图 4-32 所示。再将筒体名义厚度改为 28，同时单击材料框中的材料牌号 Q245R 以更新数据。再运算，得到图 4-33。从图 4-32 及图 4-33 中可以看出，无论输入筒体的厚度是偏大还是偏小，程序都能得到正确的结果。

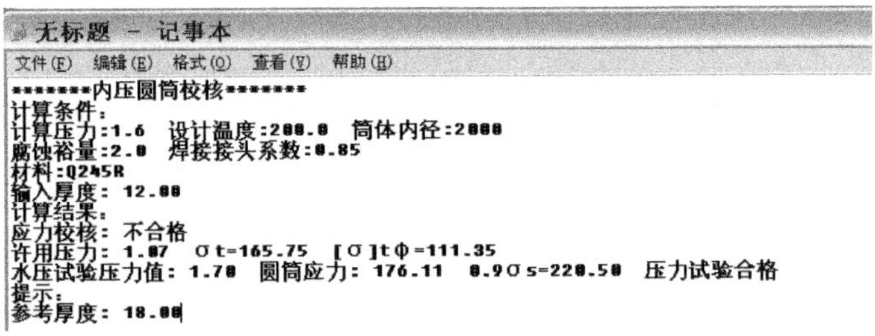

图 4-32 筒体校核结果（一）

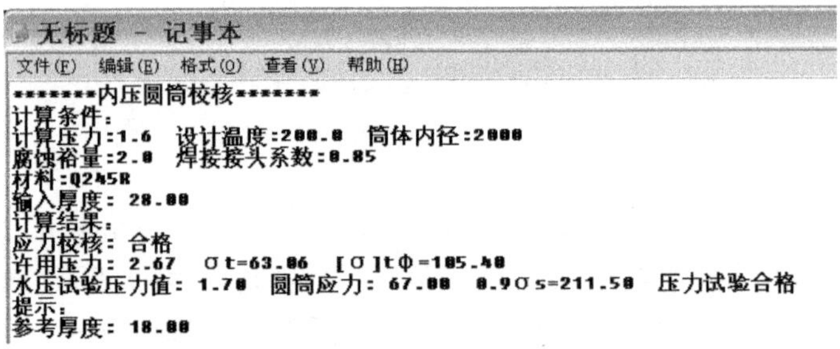

图 4-33 筒体校核结果（二）

4.3.3　将计算结果输出到带有编辑框的应用程序

自建一个类似于记事本的应用程序。启动 Visual C++ 6.0 后，单击"文件\新建"，单击"工程"按钮，选择 MFC AppWizard(EXE)，在向导第一步选择"单文档"选项，选中"文档\视图体系支持结构"选项，在第四步仅仅勾选"打印与打印预览"及"3D 外观"选项，在第六步，在基类的列表框中将基类从"CView"改为"CEditView"，其余保持默认选项。取工程名为 111。

首先修改菜单，在工程区单击 ResourceVieew，单击 Menu，双击 IDR_MAINFRAME。弹出应用程序窗口主菜单。参照图 2-3 修改主菜单。将"文件"菜单的标题属性改为"打印菜单"。编译并运行 111，得到结果如图 4-34 所示，但是标题栏上是文档名"无标题—111"。

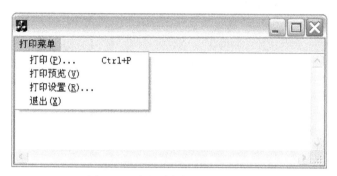

图 4-34　类似编辑框的应用程序

为了去掉标题栏上的文档名，显示图示效果，修改函数 CMainFrame::PreCreateWindow 如下：

```
BOOL CMainFrame::PreCreateWindow(CREATESTRUCT& cs)
{
    if( !CFrameWnd::PreCreateWindow(cs) )
        return FALSE;
    cs.style&= ~FWS_ADDTOTITLE ;
    return TRUE;
}
```

在 CMy111View 类中也有一个同名函数，上述修改不能加到此函数中。因为第一个函数负责的是框架窗口的创建，凡与框架窗口属性有关的修改可在此函数中完成。第二个函数负责视图窗口的创建，凡与视图窗口属性有关的修改在此函数中完成；去掉此函数中的下面语句：

```
    cs.style &= ~(ES_AUTOHSCROLL|WS_HSCROLL);
```

即保留水平滚动条和水平自动滚动功能，此时工程名"111"仍然没有去掉。

为了去掉工程名"111"，可以打开工程区的资源视图下的 String Table。双击表中第一行，修改 IDR_MAINFRAME 的标题如下：

```
\n\nMy111\n\n\nMy111.Document\nMy111 Document
```

编译运行就可以得到图 4-34。

根据 4.3.2 节的方法找到图 4-34 的框架窗口类名为 "Afx:400000:b:10011:6:e202eb"，编辑区窗口类名为 "Edit"，并将 4.3.2 节介绍的三个函数的代码作相应修改，编译运行，得到错误提示："找不到窗口"。这是找不到框架窗口的缘故。再用 Spy++发现弹出的窗口的类名变为 "Afx:400000:b:10011:6:601ad"。这说明系统给工程 111 的框架窗口的类是变化的，当然找不到窗口了。解决方法是：在程序中自己给定一个窗口类名，取代系统的自动命名。修改 CMainFrame::PreCreateWindow()如下：

```cpp
BOOL CMainFrame::PreCreateWindow(CREATESTRUCT& cs)
{
    if( !CFrameWnd::PreCreateWindow(cs) )
            return FALSE;
        WNDCLASS wndcls;
        ::GetClassInfo(AfxGetInstanceHandle(), cs.lpszClass, &wndcls);
        // wndcls 存储 GetClassInfo 获取的 cs 的副本
        wndcls.lpszClassName = MY_CLASS_NAME;
        VERIFY(AfxRegisterClass(&wndcls));
        cs.lpszClass = MY_CLASS_NAME;
        cs.style&= ~FWS_ADDTOTITLE ;
        return TRUE;
}
```

另外，在 MainFrm.cpp 文件的开头加上语句：

```cpp
#define MY_CLASS_NAME "NEWEDIT"
```

编译运行 111 工程，用 Spy++查询 111 的类名，发现类名为"NEWEDIT"。修改 sw6woshi 工程中 WinExec()和 FindWindow()函数，编译运行输入参数后得到类似图 2-7 的结果，如图 4-35 所示。

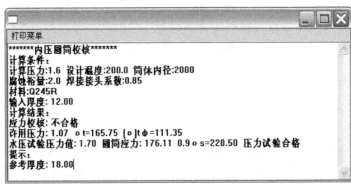

图 4-35　向具有编辑功能应用程序窗口输出简明计算结果

4.3.4　将计算结果输出到无编辑框的应用程序

上面的程序设计还是与图 2-7 给出的计算结果简明输出图有区别。一个区别是图 2-7 中无光标，是不能编辑的；另外，图 2-7 是一个带有水平和垂直滚动条的窗口。用户根据结算结果及得到的提示及时调整设计参数，直到设计结果正确合理。下面还是应用 Visual studio C++6.0 来实现它。

自建一个类似于工程"111"的应用程序，命名为"666"。不过该工程的视类基类是 CScrollView。修改 CMy666View::OnInitialUpdate()函数如下，以便直接出现水平和垂直滚动条。

```
CScrollView::OnInitialUpdate();
{
    CScrollView::OnInitialUpdate();
    CSize sizeTotal;
    sizeTotal.cx =3000;
    sizeTotal.cy =1000;
    SetScrollSizes(MM_TEXT, sizeTotal);
    SetScrollRange(SB_HORZ,0,5000,TRUE);
    SetScrollPos(SB_HORZ,0,TRUE);
    UpdateWindow();
}
```

采用 4.3.3 节中的方法设置工程框架窗口类名为"resultsout"，同时设置视类窗口类名也为"resultsout"。修改工程 sw6woshi 中 WinExec()、FindWindow()和 FindWindowEx()三个函数相应的位置。编译运行后可以发现此时能弹出空白、名为"无标题——666"、带有水平和垂直滚动条的窗口。

为了将计算结果输出到该窗口，要修改 void CSw6woshiView::OnTongtic()函数中用于输出的代码。先用以下代码试试。

```
HWND hd=::FindWindow("resultsout",NULL);
if(hd)
{
    HWND hdc=::FindWindowEx(hd,NULL,"resultsout",NULL);
    if (hdc)
    {
        HDC hdc1;
        hdc1=::GetDC(hdc);
        CDC* pDC=CDC::FromHandle(hdc1);
        pDC->TextOut(10,0,str01);
        pDC->SetTextColor(RGB(0,0,255));
```

```
            pDC->TextOut(10,30,str3);
            pDC->SetTextColor(RGB(0,0,0));
            pDC->TextOut(10,60,str02);
            pDC->TextOut(10,90,str03);
            pDC->TextOut(10,120,str9);
            pDC->SetTextColor(RGB(0,0,255));
            pDC->TextOut(10,150,str10);
            pDC->SetTextColor(RGB(0,0,0));
            pDC->TextOut(10,180,str04);
            pDC->TextOut(10,210,str05);
            pDC->TextOut(10,240,str06);
        }
    }
```

编译运行 sw6woshi，发现能出现图 4-35 所示的界面，但是拖动滚动条、最大或最小化窗口，发现输出的文字消失了。原来这些操作都向 666 工程发出了 WM_PAINT 消息，该消息的响应是先清除窗口中的内容，再调用 666 中的 OnDraw()函数。但是，到目前为止，该函数没有添加这类语句。这就需要 sw6woshi 能拦截操作 666 窗口产生的 WM_PAINT 消息，并作出与上述代码类似的响应。本例采用另外一种方法，即利用内存映射的方法，将计算结果输出到 666 工程，在 666 工程的 OnDraw()函数输出计算结果。

将上述代码去掉，换成如下代码：

```
HANDLE hMapping;   //创建内存映像对象
LPSTR lpData;
hMapping=CreateFileMapping((HANDLE)0xFFFFFFFF,NULL,PAGE_READWRITE,0,0x100,"SHAREFILE");
    if(hMapping==NULL)
    {
        AfxMessageBox("创建内存文件映像失败！");
        return;
    }
//将文件的视图映射到一个进程的地址空间上，返回 LPVOID 类型的内存指针
lpData=(LPSTR)MapViewOfFile(hMapping,FILE_MAP_ALL_ACCESS,0,0,0);
    if(lpData==NULL)
    {
        AfxMessageBox("映射文件视图失败！");
        return;
    }
//给这段映像内存写数据
sprintf(lpData,str07);
```

```
UnmapViewOfFile(lpData);    //释放映像内存*/
```

并修改 CSw6woshiView::OnTongtic()中 str07 字符串如下：

```
if(delt5==0)
{
str07=str01+";"+str3+";"+str02+";"+str03+";"+str9+";"+str10+";"+str04+";"+str05+";"
+str06;
}
else
{
str07=str011+";"+str3+";"+str02+";"+str03+";"+str9+";"+str17+";"+str10+";"+str
11+";"+str05+";"+str06+";"+str16+";"+str24;
}
```

修改工程 666 中 void CMy666View::OnDraw()函数如下：

```
void CMy666View::OnDraw(CDC* pDC)
{
    CMy666Doc* pDoc = GetDocument();
    ASSERT_VALID(pDoc);
    CStringArray    stray;
    CString strr;
    HANDLE hMapping;
    LPSTR lpData;
    hMapping=CreateFileMapping((HANDLE)0xFFFFFFFF,NULL,PAGE_READWRITE,0,0x100,
"SHAREFILE");
    if(hMapping==NULL)
    {
        AfxMessageBox("创建内存文件映像失败！");
        return;
    }
    lpData=(LPSTR)MapViewOfFile(hMapping,FILE_MAP_ALL_ACCESS,0,0,0);
    if(lpData==NULL)
    {
        AfxMessageBox("映射文件视图失败！");
        return;
    }
strr.Format("%s",lpData);
UnmapViewOfFile(lpData);//释放映像内存
stray.RemoveAll();
```

```
CString strfenge = _T(";");
char division= strfenge.GetAt(0);//获取分割符
int nStart = 0;
int nEnd = strr.Find(division);//查找分割符
while(nEnd > nStart)
    {
        stray.Add(strr.Mid(nStart,nEnd - nStart));
        nStart = nEnd + 1;//定位起始位置
        nEnd = strr.Find(division,nStart);//查找分割符
    }
    nEnd = strr.GetLength();
    if(nStart < nEnd)
        stray.Add(strr.Mid(nStart,nEnd - nStart));
    int n=stray.GetSize();
    for( int i=0;i<n;i++)
    {
        if ((stray.GetAt(i)=="计算条件:")||(stray.GetAt(i)== "计算结果:")||(stray.
GetAt(i)== "提示:"))
        {
            pDC->SetTextColor(RGB(0,0,255));
            pDC->TextOut(0,30*i,stray.GetAt(i));
            pDC->SetTextColor(RGB(0,0,0));
            continue;
        }
        if( (stray.GetAt(i)=="应力校核: 不合格"))
        {
            pDC->SetTextColor(RGB(220,20,60 ));
            pDC->TextOut(0,30*i,stray.GetAt(i));
            pDC->SetTextColor(RGB(0,0,0));
            continue;
        }
        else
            pDC->TextOut(0,30*i,stray.GetAt(i));
    }
}
```

编译运行 sw6woshi，输入设计参数后，运算得到结果如图 4-36 所示，拖动滚动条，文字也能正常显示。看样子达到了预期效果。但是问题又来了，单击"打印菜单\打印预览"，发现文字不能正常显示，文字所占区域很小，且互相重叠。这是因为屏幕显示和打印机打印的设备环境不同的缘故。为此要重载该工程 CView 类的 OnPrepareDC()函数。

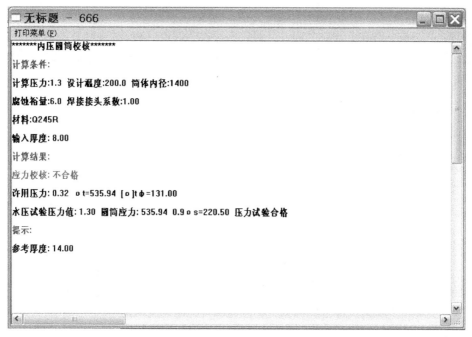

图 4-36　向有滚动条的应用程序输出计算结果

```
void CMy666View::OnPrepareDC(CDC* pDC, CPrintInfo* pInfo)
    {
        CScrollView::OnPrepareDC(pDC, pInfo);
        //设置映射模式
        pDC->SetMapMode(MM_ANISOTROPIC);
        CSize winSize = CSize(1024,768);
        pDC->SetWindowExt(winSize);  //设定窗口大小
        //得到实际设备每逻辑英寸的像素数量
        int xLogPixPerInch,yLogPixPerInch;
        xLogPixPerInch=pDC->GetDeviceCaps(LOGPIXELSX);
        yLogPixPerInch=pDC->GetDeviceCaps(LOGPIXELSY);
        //得到设备坐标和逻辑坐标的比例
        if(pDC->IsPrinting())//打印
        {
            int xExt,yExt;
            xExt=winSize.cx*xLogPixPerInch/96;          //按照打印机扩大视口
            yExt=winSize.cy*yLogPixPerInch/96;
            pDC->SetViewportExt(xExt,yExt);  //设定视口大小
        }
    else//在屏幕显示
        pDC->SetViewportExt(winSize.cx,winSize.cy);
    }
```

用户需要将 void CSw6woshiView::OnTongtic() 中语句 WinExec("C:\\Documents and Settings\\Administrator\\桌面\\666\\Debug\\666.exe",SW_NORMAL)移到函数的最后，才能完全实现预期运行结果。否则，刚开始进行筒体计算或校核时，就启动了 666，该窗口会显示上次运算的结果，拖动窗口才能显示当前运算的结果。

4.3.5 正式计算书输出功能的实现

先用 Microsoft Office Word 生成图 4-37 所示的表格，保存为.rtf 格式文件，以该文件作为筒体强度设计说明书的模板。

$$$001		计算单位	$$$002
计算条件			筒体简图
计算压力p_c	$$$010	MPa	
设计温度t	$$$011	℃	
内径D_i	$$$020	mm	
材料	$$$040 ($$$041)		
试验温度许用应力$[\sigma]$	$$$042	MPa	
设计温度许用应力$[\sigma]^t$	$$$043	MPa	
试验温度下屈服点σ_s	$$$045	MPa	
钢板负偏差C_1	$$$044	mm	
腐蚀裕量C_2	$$$013	mm	
焊接接头系数φ	$$$012		
厚度及质量计算			
计算厚度	$\delta=\dfrac{p_c D_i}{2[\sigma]^t\varphi-p_c}=$$$$090	mm	
有效厚度	$\delta_e=\delta_n-C_1-C_2=$$$$092	mm	
名义厚度	$\delta_n=$$$$094	mm	
质量	$$$191	kg	
压力试验时应力校核			
压力试验类型	$$$150		
试验压力值	$p_T=$$$$005$p\dfrac{[\sigma]}{[\sigma]^t}=$ $$$151 （或由用户输入）	MPa	
压力试验允许通过的应力水平$[\sigma]_T$	$[\sigma]_T\leqslant$$$$006 $\sigma_2=$ $$$153	MPa	
试验压力下圆筒的应力	$\sigma_T=\dfrac{p_T(D+\delta_e)}{2\delta_e\varphi}=$ $$$152	MPa	
校核条件	$\sigma_T\leqslant[\sigma]_T$		
校核结果	$$$154		
压力及应力计算			
最大允许工作压力	$[p_w]=\dfrac{2\delta_e[\sigma]^t\varphi}{(D_i+\delta_e)}=$ $$$155	MPa	
设计温度下计算应力	$\sigma^t=\dfrac{p_c(D_i+\delta_e)}{2\delta_e}=$ $$$156	MPa	
$[\sigma]^t\varphi$	$$$157	MPa	
校核条件	$[\sigma]^t\varphi\geqslant\sigma^t$		
结论	$$$195		

图 4-37 筒体设计说明书的模板

在 Visual C++中操作 Word 表格，形成报告，有几种方法。第一种方法是特殊字符法，如图 4-37 中的\$\$\$×××（×××表示三位数）标记要替换的部分。可以用类似 Word 中查找和替换命令相似的操作过程完成表格的填写。第二种方法是表格法。第三种方法是域法。Word 提供了表（Table）和域（Range）对象，通过对表对象和域对象的操作完成表格的填写。第四种方法是书签定义法，在图 4-37 中各特殊字符法处插入书签，形成一个新的模板 IDCYL1.rtf。并作必要的修改，如图 4-38 所示，图中各书签名称依次为"boom1""boom2"…"boom23"（要在 Word 模板中显示书签，单击"工具\选项\视图"，勾选"书签"复选框即可）。

	计算单位		
计算条件			筒体简图
计算压力p_c		MPa	
设计温度t		℃	
内径D_i		mm	
材料			
试验温度许用应力$[\sigma]$		MPa	
设计温度许用应力$[\sigma]^t$		MPa	
试验温度下屈服点σ_s		MPa	
钢板负偏差C_1		mm	
腐蚀裕量C_2		mm	
焊接接头系数ϕ			
厚度及质量计算			
计算厚度	$\delta=\dfrac{p_cD_i}{2[\sigma]^t\phi-p_c}=$		mm
有效厚度	$\delta_e=\delta_n-C_1-C_2=$		mm
名义厚度	$\delta_n=$		mm
质量			kg
压力试验时应力校核			
压力试验类型			
试验压力值	$p_T=$		MPa
压力试验允许通过的应力水平$[\sigma]_T$	$[\sigma]_T\leqslant$		MPa
试验压力下圆筒的应力	$\sigma_T=\dfrac{p_T(D_i+\delta_e)}{2\delta_e\phi}=$		MPa
校核条件	$\sigma_T\leqslant[\sigma]_T$		
校核结果			
压力及应力计算			
最大允许工作压力	$[p_w]=\dfrac{2\delta_e[\sigma]^t\phi}{(D_i+\delta_e)}=$		MPa
设计温度下计算应力	$\sigma^t=\dfrac{p_c(D_i+\delta_e)}{2\delta_e}=$		MPa
$[\sigma]^t\phi$			MPa
校核条件	$[\sigma]^t\phi\geqslant\sigma^t$		
结论			

图 4-38　新建的筒体设计计算说明书模板

启动工程 sw6woshi。先添加 Word 的组件对象到工程中。在 View 菜单中，单击 ClassWizard，然后进入 Automation 标签中单击 Add Class，选择 From A Type Library。找到 Microsoft Office 2003 类型库 msword.olb，在弹出的"Confirm Classes"对话框中选择_Application、_Document、Documents、Window、View、Range、Bookmarks、Bookmark 类。单击"确定"按钮后，可以在 sw6woshi 工作区看到新增加的上述类名，在 FileView 区看到所有这些类的头文件 msword.h 和源文件 msword.cpp。

在其框架类 CMainFrm 类中添加主菜单"形成计算书\筒体"的命令响应函数 void CMainFrame::OnTongtishu()，再根据计算说明书的填写内容适当修改 void CSw6woshiView::OnTongtic()函数。该函数目前的功能是完成筒体的设计计算并将计算结果形成内存映射文件。主要修改是将计算结果写到名为一个"resultout.txt"文件中。添加的主要代码：

```
CString str;
char* pFilename=".\\resultout.txt"; //在本工程目录下的文件名
CStdioFile file;
file.Open(pFilename,CFile::modeCreate|CFile::modeReadWrite);//为读写创造一个文件,
第一个参数指明了文件的目录与名称
// 以下代码将结果形成文件
str.Format("%2.1f",dlg2->m_pressure+dlg1->dlg3.m_yezhuyali);
file.WriteString(str+"\n");//计算压力
str.Format("%2.1f",dlg2->m_tempture);
file.WriteString(str+"\n");//设计温度
str.Format("%d",dlg2->m_diameter);
file.WriteString(str+"\n");//筒体直径
str=str9.Mid(5);
file.WriteString(str+"\n");//材料
str.Format("%2.1f",dlg1->dlg3.m_stress2);
file.WriteString(str+"\n");//常温许用应力
str.Format("%2.1f",dlg1->dlg3.m_stress1);
file.WriteString(str+"\n");//设计温度时许用应力
str.Format("%2.1f",dlg1->dlg3.m_qufudian);
file.WriteString(str+"\n");//q 屈服极限
str.Format("%2.1f",0.3);//厚度负偏差
file.WriteString(str+"\n");
str.Format("%2.1f",dlg1->dlg3.m_fushi);//腐蚀裕量
file.WriteString(str+"\n");
str.Format("%2.2f",dlg1->dlg3.m_jietou);//焊接系数
file.WriteString(str+"\n");
str.Format("%2.2f",delt1); //计算厚度
file.WriteString(str+"\n");
```

```
str.Format("%2.2f",delt2);//有效厚度
file.WriteString(str+"\n");
str.Format("%2.2f",delt3);//名义厚度
file.WriteString(str+"\n");
if(dlg2->m_testcase==0)
{
file.WriteString("液压试验\n");
}
else file.WriteString("气压试验\n");
str.Format("%2.2f",dlg2->m_testpre);
file.WriteString(str+"\n");//压力试验的压力值
str.Format("%2.2f",qufu);
file.WriteString(str+"\n");//压力试验时压力最大许可值
str.Format("%3.2f",yinglishui);//压力试验时圆筒应力值
file.WriteString(str+"\n");
str=str15.Mid(8);
file.WriteString(str+"\n");//压力试验结论
str.Format("%2.2f",xuyp);
file.WriteString(str+"\n");//许可压力（即最大工作压力）
str.Format("%3.2f",yingli0);//圆筒计算应力
file.WriteString(str+"\n");
str.Format("%3.2f",xuyq);//最大许可应力
file.WriteString(str+"\n");
file.WriteString(str11.Mid(10));//应力校核结论
file.Close();
```

编译运行工程 sw6woshi，得到 resultout.txt。文件内容如图 4-39 所示。

接下来的任务是读此文件填写 Word 模板文件 IDCYL1.rtf 中的表格。此任务在 void CMainFrame::OnTongtishu()中完成。其代码如下：

```
void CMainFrame::OnTongtishu()
{
    CSw6woshiView *pView=(CSw6woshiView*)GetActiveView();
    CStdioFile file;
    CString str;
    char* pFilename=".\\resultout.txt";
    file.Open(pFilename,CFile::modeRead|CFile::typeText);
    if(WordApp.m_lpDispatch==NULL)
    { if(!WordApp.CreateDispatch("Word.Application",NULL))
```

图 4-39　筒体设计生成的临时文件

```
        {
                MessageBox("创建服务失败，请重新运行应用程序！");
                PostMessage(WM_QUIT);
        }
}
if(WordDoc.m_lpDispatch==NULL)
{
    WordApp.SetVisible(true);
    WordApp.SetWindowState(0);
    WordDocs=WordApp.GetDocuments();
    _variant_t WordTemplate="c:\\IDCYL1.RTF";//模板在C盘根目录
    WordDoc=WordDocs.Add(&WordTemplate,&vtMissing,&_variant_t(),&_variant_t(true));
    window=WordApp.GetActiveWindow();
    view=window.GetView();
    view.SetShowPicturePlaceHolders(false);
    view.SetShowBookmarks(false);
    view.SetShowFieldCodes(false);

    bookmarks=WordDoc.GetBookmarks();
    bookmark=bookmarks.Item(&_variant_t("bookm1"));
```

```
range=bookmark.GetRange();
file.ReadString(str);
range.SetText(str);

bookmark=bookmarks.Item(&_variant_t("bookm2"));
range=bookmark.GetRange();
file.ReadString(str);
range.SetText(str);

bookmark=bookmarks.Item(&_variant_t("bookm3"));
range=bookmark.GetRange();
file.ReadString(str);
range.SetText(str);

bookmark=bookmarks.Item(&_variant_t("bookm4"));
range=bookmark.GetRange();
file.ReadString(str);
range.SetText(str);

bookmark=bookmarks.Item(&_variant_t("bookm5"));
range=bookmark.GetRange();
file.ReadString(str);
range.SetText(str);

bookmark=bookmarks.Item(&_variant_t("bookm6"));
range=bookmark.GetRange();
file.ReadString(str);
range.SetText(str);

bookmark=bookmarks.Item(&_variant_t("bookm7"));
range=bookmark.GetRange();
file.ReadString(str);
range.SetText(str);

bookmark=bookmarks.Item(&_variant_t("bookm8"));
range=bookmark.GetRange();
file.ReadString(str);
range.SetText(str);

bookmark=bookmarks.Item(&_variant_t("bookm9"));
```

```
range=bookmark.GetRange();
file.ReadString(str);
range.SetText(str);

bookmark=bookmarks.Item(&_variant_t("bookm10"));
range=bookmark.GetRange();
file.ReadString(str);
range.SetText(str);

bookmark=bookmarks.Item(&_variant_t("bookm11"));
range=bookmark.GetRange();
file.ReadString(str);
range.SetText(str);

bookmark=bookmarks.Item(&_variant_t("bookm12"));
range=bookmark.GetRange();
file.ReadString(str);
range.SetText(str);

bookmark=bookmarks.Item(&_variant_t("bookm13"));
range=bookmark.GetRange();
file.ReadString(str);
range.SetText(str);

bookmark=bookmarks.Item(&_variant_t("bookm14"));
range=bookmark.GetRange();
file.ReadString(str);
range.SetText(str);

bookmark=bookmarks.Item(&_variant_t("bookm15"));
range=bookmark.GetRange();
file.ReadString(str);
range.SetText(str);

bookmark=bookmarks.Item(&_variant_t("bookm16"));
range=bookmark.GetRange();
file.ReadString(str);
range.SetText(str);

bookmark=bookmarks.Item(&_variant_t("bookm17"));
```

```
range=bookmark.GetRange();
file.ReadString(str);
range.SetText(str);

bookmark=bookmarks.Item(&_variant_t("bookm18"));
range=bookmark.GetRange();
file.ReadString(str);
range.SetText(str);

bookmark=bookmarks.Item(&_variant_t("bookm19"));
range=bookmark.GetRange();
file.ReadString(str);
range.SetText(str);

bookmark=bookmarks.Item(&_variant_t("bookm20"));
range=bookmark.GetRange();
file.ReadString(str);
range.SetText(str);

bookmark=bookmarks.Item(&_variant_t("bookm21"));
range=bookmark.GetRange();
file.ReadString(str);
range.SetText(str);

bookmark=bookmarks.Item(&_variant_t("bookm22"));
range=bookmark.GetRange();
file.ReadString(str);
range.SetText(str);

bookmark=bookmarks.Item(&_variant_t("bookm23"));
range=bookmark.GetRange();
file.ReadString(str);
range.SetText(str);

_variant_t Report=".\\MY.Doc";//生成的说明书文档名称
WordDoc.SaveAs(&Report,&vtMissing,&vtMissing,&vtMissing,
    &vtMissing,&vtMissing,&vtMissing,&vtMissing,
    &vtMissing,&vtMissing,&vtMissing,&vtMissing,
    &vtMissing,&vtMissing,&vtMissing,&vtMissing);
window.ReleaseDispatch();
```

```
        view.ReleaseDispatch();
        range.ReleaseDispatch();
        bookmark.ReleaseDispatch();
        bookmarks.ReleaseDispatch();
        WordDoc.ReleaseDispatch();
        WordApp.ReleaseDispatch();
        WordDoc.m_lpDispatch=NULL;
    }
    else
    {
        MessageBox("对不起，请等待！","错误");
    }
}
```

在 BOOL CSw6woshiApp::InitInstance()函数的 AfxEnableControlContainer()语句后面添加 COM 组件的初始化语句：

```
if(CoInitialize(NULL)!=0)
{
    AfxMessageBox("初始化 COM 失败！");
    return FALSE;
}
```

同时利用类向导在 CSw6woshiApp 类中添加函数 CSw6woshiApp::ExitInstance()以关闭 Word 组件库。其代码如下：

```
int CSw6woshiApp::ExitInstance()
{
    CoUninitialize( );
    return CWinApp::ExitInstance();
}
```

在 MainFrm.h 文件中开头添加语句#include"msword.h"和#include<comdef.h>。如此，再编译运行 sw6woshi，会弹出 Word 启动画面，形成文件 MY.Doc，内容如图 4-40 所示。注意，计算生成的中间文件 resultout.txt 和最后的 MY.Doc 都与筒体的数据文件.htk 在同一个目录下，生成的最终计算文件都命名为 MY.Doc 是不方便的。在设计时有多个零部件进行计算，或者同一个零件多次计算，这样每次生成文件后要及时改名，否则会出错或覆盖已有的文件。一般用随机数程序生成一个随机数，然后将此随机数转化为字符串，以该字符串为文件名代替"MY.Doc"，这样就可避免文件名冲突的问题。

内压圆筒设计			计算单位	
计算条件			筒体简图	
计算压力p_c	1.4	MPa		
设计温度t	100.0	℃		
内径D_i	1000	mm		
材料	Q245R			
试验温度许用应力$[\sigma]$	148.0	MPa		
设计温度许用应力$[\sigma]^t$	147.0	MPa		
试验温度下屈服点σ_s	245.0	MPa		
钢板负偏差C_1	0.3	mm		
腐蚀裕量C_2	2.0	mm		
焊接接头系数ϕ	0.85			
厚度及质量计算				
计算厚度	$\delta = \dfrac{p_c D_i}{2[\sigma]^t \phi - p_c} = 5.63$		mm	
有效厚度	$\delta_e = \delta_n - C_1 - C_2 = 5.70$		mm	
名义厚度	$\delta_n = 8.00$		mm	
质量			kg	
压力试验时应力校核				
压力试验类型	液压试验			
试验压力值	$p_T = 1.50$		MPa	
压力试验允许通过的应力水平$[\sigma]_T$	$[\sigma]_T \leqslant 220.50$		MPa	
试验压力下圆筒的应力	$\sigma_T = \dfrac{p_T(D_i + \delta_e)}{2\delta_e \phi} = 132.33$		MPa	
校核条件	$\sigma_T \leqslant [\sigma]_T$			
校核结果	合格			
压力及应力计算				
最大允许工作压力	$[p_w] = \dfrac{2\delta_e[\sigma]^t \phi}{(D_i + \delta_e)} = 1.42$		MPa	
设计温度下计算应力	$\sigma^t = \dfrac{p_c(D_i + \delta_e)}{2\delta_e} = 123.51$		MPa	
$[\sigma]^t \phi$	124.95		MPa	
校核条件	$[\sigma]^t \phi \geqslant \sigma^t$			
结论	合格			

图 4-40　将计算结果形成 Word 文档

第5章
带传动设计软件开发详解

带传动是最常见机械传动之一，应用广泛。带传动设计虽然简单，但是带的选型涉及一些较复杂的图表的计算处理。

5.1 带传动的设计过程及系统结构

5.1.1 原始数据及设计内容

设计 V 带传动时给定的原始数据为：传递的功率 P，主动轮和从动轮转速（或传动比）传动外廓尺寸等。设计内容包括：确定带的截面型号、长度、根数、传动中心距、带轮基准直径及结构尺寸等。

在上述条件给定的情况下，带传动设计计算的步骤如下。

（1）确定计算功率 P_c

计算功率 P_c 是根据传递的功率 P，并考虑到载荷的性质和每天运转时间长短等因素的影响而确定的。即：

$$P_c = K_A P \tag{5-1}$$

式中　P——计算功率，kW；

$\quad\quad P_c$——传递的额定功率（例如电动机的额定功率），kW；

$\quad\quad K_A$——工作情况系数。

（2）选择带的型号

带的型号可根据计算功率 P_c 和小带轮 n_1 的转速选定。当工况位于两种型号相邻区域时，可分别选取这两种型号进行计算，最后分析比较，从中选用较好的方案。

（3）确定带轮基准直径

根据 V 带截面型号，选取小带轮基准直径 d_{d1}。带轮基准直径和最小基准直径都有规定。为了提高 V 带的寿命，宜选取较大的直径。

大带轮基准直径 d_{d2} 按下式计算，并圆整为标准尺寸。

$$d_{d2} = i d_{d1} \tag{5-2}$$

小带轮直径确定后，按下式验算带速。

$$v = \frac{\pi d_{d1} n_1}{60 \times 1000} \qquad (5\text{-}3)$$

一般情况下，v 为 5～25m/s（D、E、F 型 V 带可大 30m/s）。

（4）确定带传动中心距和带的基准长度

按下式初定中心距 a_0：

$$0.55(d_{d1} + d_{d2}) \leqslant a_0 \leqslant 2(d_{d1} + d_{d2}) \qquad (5\text{-}4)$$

初定中心距后，按下式计算 V 带的基准长度：

$$L_0 = 2a_0 + \frac{\pi}{2}(d_{d1} + d_{d2}) + \frac{(d_{d2} - d_{d1})^2}{4a_0} \qquad (5\text{-}5)$$

查表选取和 L_0 相近的 V 带的基准长度 L_d，再根据其来计算实际中心距。由于 V 带传动的中心距一般是可以调整的，故可采用下式作近似计算。

$$a \approx a_0 + \frac{L_d - L_0}{2} \qquad (5\text{-}6)$$

考虑安装调整和补偿初拉力的需要，中心距的变动范围为：

$$\begin{cases} a_{\min} = a - 0.015L_d \\ a_{\max} = a + 0.03L_d \end{cases} \qquad (5\text{-}7)$$

（5）验算小带轮包角 α_1

小带轮包角的计算公式为：

$$\alpha_1 \approx 180^\circ - \frac{d_{d2} - d_{d1}}{a} \times 57.3^\circ \qquad (5\text{-}8)$$

一般应保证 $\alpha_1 \geqslant 120^\circ$，否则应适当增大中心距或加张紧轮。

（6）确定 V 带的根数 Z

考虑到一般实际使用条件与试验条件不同，需对单根 V 带的基本额定功率 P_0 进行修正，修正后 V 带的根数 Z 为：

$$Z = \frac{P_c}{(P_0 + \Delta P_0)K_\alpha K_L} \qquad (5\text{-}9)$$

式中　ΔP_0——传动比 $i \neq 1$ 时传递功率的增量，查表可得到。

　　　K_α——包角系数，考虑不同包角 α 对传动能力的影响，查表可得到。

　　　K_L——长度系数，考虑不同带长对传动能力的影响，查表可得到。

在确定 V 带的根数 Z 时，为了使各根 V 带受力均匀，根数不宜太多（通常 Z<10），否则应改选带的型号或加大带轮直径，重新计算。

（7）计算带的张紧力和压轴力

既能保证传动功率，又不出现打滑时的单根 V 带的张紧力 F_0 可按下式计算

$$F_0 = 500\frac{P_c}{vZ} \times \left(\frac{2.5}{K_\alpha} - 1\right) + qv^2 \qquad (5\text{-}10)$$

式中 q——传动比 $i\neq1$ 时传递功率的增量，查表可得到。

压轴力按下式计算：

$$F_Q \approx 2ZF_0 \sin\frac{\alpha_1}{2} \tag{5-11}$$

（8）带轮设计

选择合适的材料，据带轮的基准直径选择结构形式；根据带的截面型号确定轮槽尺寸；带轮的其他结构尺寸可参照经验公式计算。确定了带轮的各部分尺寸后，选择合适的比例即可绘制出零件图，并按工艺要求注出相应的技术条件等。

5.1.2 设计系统组成

本系统可划分为传动带的设计模块和带轮的设计模块两个大的模块。根据每一模块又分为一些小模块，结构组成见图5-1。

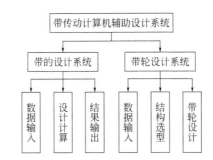

图 5-1 带传动计算机辅助设计及绘图系统结构

5.2 带传动设计过程的数据处理

在带传动的设计过程中，要查用大量的数表和线图。这些数表和线图的查取过程必须经过程序化处理，才能为系统所用。根据数据处理的数学模型和设计中需要的表格特点，本系统共处理八个数据表格和一个线图表，建立了多个子程序。

5.2.1 工作情况系数 K_A 的查询——二维离算数表处理方法

如表 5-1 所示，由工作机负载和启动情况查询工作情况系数。在程序中处理该表时应该给设计者相应的参考信息，避免人工查看此表。可将此表看成一个二维数组 K[4][6]，4 种载荷变动情况对应 4 行数据，每天工作小时数按启动情况对应 6 列数据，设置中间变量区分启动情况，这样处理后即可根据载荷变动情况和每天工作小时数确定数组 K[4][6]的下标，从而得到 K_A。

详细程序如下（见前言中提到的配套学习资料中的文件 C5-2-1）：

表 5-1　工作情况系数 K_A

工作情况		K_A					
		空、轻载启动			重载启动		
		每天工作小时数（h）					
		<10	10～16	>16	<10	10～16	>16
载荷变动微小	液体搅拌机、通风机和鼓风机（≤7.5kW），离心式水泵和压缩机、轻型输送机等	1.0	1.1	1.2	1.1	1.2	1.3
载荷变动小	带式输送机（不均匀载荷）、通风机（>7.5kW）、压缩机、发电机金属切削机床、印刷机、木工机械等	1.1	1.2	1.3	1.2	1.3	1.4
载荷变动较大	制砖机、斗式提升机、起重机、纺织机械、橡胶机械、重载输送机、磨粉机等	1.2	1.3	1.4	1.4	1.5	1.6
载荷变动大	破碎机、磨碎机等	1.3	1.4	1.5	1.5	1.6	1.8

```
#include <iostream.h>
void main()
{
    int i,j,jj;
    double k[4][6]={{1.0,1.1,1.2,1.1,1.2,1.3},
    {1.1,1.2,1.3,1.2,1.3,1.4},
    {1.2,1.3,1.4,1.4,1.5,1.6},
    {1.3,1.4,1.5,1.5,1.6,1.8}};
    double KA;
    cout<<"载荷变动微小——液体搅拌机、7.5kW 以下通风机和鼓风机，离心式水泵和压缩机、轻型输送机等,i=0"<<endl;
    cout<<"载变动小——带式输送机（不均匀载荷）、7.5kW 以上通风机、压缩机、发电机金属切削机床、印刷机、木工机械等,i=1"<<endl;
    cout<<"载荷变动较大——制砖机、斗式提升机、起重机、纺织机械、橡胶机械、重载输送机、磨粉机等,i=2"<<endl;
    cout<<"载荷变动大——破碎机、磨碎机等,i=3"<<endl;
    cin>>i;
    cout<<"原动机启动情况";
    cout<<"空、轻载启动,jj=0;重载启动, jj=3";
    cin>>j;
    cout<<"每天工作小时数：小于 10 小时, j=0,10 到 16 小时, j=1,大于 16 小时, j=2";
    cin>>jj;
    KA=k[i][j+jj];
    cout<<KA;
}
```

5.2.2　带型选择

　　根据带的计算功率和小带轮的转速查图 5-2 选定带的型号。线图的程序化有以下几种处理方法。

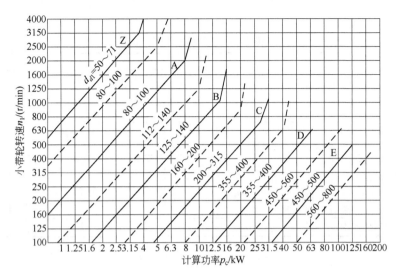

图 5-2 普通 V 带选型图

① 找到线图原来的公式，将公式编入程序。但不是所有的线图都存在着原来的公式，即使有，一时也难于找到。如能找到，这是最精确的程序化处理方法。

② 将线圈离散化为数表，再用直接查表或插值的方法加以处理。

③ 用曲线拟合的方法求出线图的经验公式，再将公式编入程序。

由于 V 带选型图符合对数坐标线图特点，所以设图中虚线的方程为：

$$\lg N = \frac{\lg NA - \lg NB}{\lg PA - \lg PB}(\lg P_c - \lg PA) + \lg NA = C \tag{5-12}$$

$$N = 10^C$$

式中 (PA,NA)，(PB,NB)——虚线上的两个已知点。

图 5-2 中共有 6 条虚线，建立 6 个方程。若

$$n_1 > 10^C$$

则表明带型号为此虚线左侧的型号，反之要选右侧型号。各方程分别如下：

$$\begin{aligned}
\lg N &= 1.0145\lg P_c + 2.6902 &\quad (P_c \leqslant 5)\\
\lg N &= 1.06147\lg P_c + 2.0414 &\quad (P_c \leqslant 10)\\
\lg N &= 1.1104\lg P_c + 1.5104 &\quad (P_c \leqslant 20)\\
\lg N &= 1.1743\lg P_c + 0.9395 &\quad (P_c \leqslant 40)\\
\lg N &= 1.17\lg P_c + 0.451 &\quad (P_c \leqslant 80)\\
\lg N &= 1.1991\lg P_c - 0.037 &\quad (P_c \leqslant 160)
\end{aligned} \tag{5-13}$$

编程时按功率区间，并且限制带速。部分带型查询程序如下（完成代码见前言中提到的配套学习资料中的文件 C5-2-2）：

```
#include <iostream.h>

#include <math.h>
```

```cpp
void main()
{
    double n1,pc;
    double nn1,c;//中间变量
    int daino;
    cout<<"请输入小带轮的转速"<<endl;
    cin>>n1;
    cout<<"请输入带的计算功率"<<endl;
    cin>>pc;
    if(pc<=5.0)
    {
        c=1.0145*log10(pc)+2.6902;   //Z 带下限 A 带上限
        nn1=pow(10,c);
        if(nn1<=n1)
        {   if(n1<3150)
            daino=1; //Z 型带
            else
            cout<<"转速太高！"<<endl;
        }
        else
        {
        c=1.06147*log10(pc)+2.0414; //A 带下限 B 带上限
        nn1=pow(10,c);
            if(nn1<=n1)
            {
                if(n1<2000)
                    daino=2; //A 型带
                else
                    cout<<"转速太高"<<endl;
            }
            else
            {
                c=1.1104*log10(pc)+1.5104; //B 带下限
                nn1=pow(10,c);
                if(nn1<=n1)
                daino=3;//B 型带
                else daino=4;//C 型带
            }
        }
    }
```

......
```
        cout<<"daino="<<daino<<endl;

}
```
- -

5.2.3 带的参数查询

根据带的型号，查带的剖面积，每米带长的质量为 q，小带轮的最小直径为 d。各参数值见表 5-2。

表 5-2 带的参数 　　　　　　　　　　　　　　　　mm

变量名	带的型号					
	Z	A	B	C	D	E
带的序号 daino	1	2	3	4	5	6
节宽 b_p	8.5	11.0	14.0	19.0	27.0	32.0
顶宽 b	10	13	17	22	32	38
高度 h	6	8	11	14	19	25
楔角 θ	40°					
截面面积 A/mm^2	47	81	138	230		
单位长度质量 $q/(kg/m)$	0.06	0.10	0.17	0.30	0.62	0.90
最小基准直径 d_{dmin}	50	75	125	200	355	500

表 5-2 的数据用一个二维数组即可，如 daicanshu[7][6]。

5.2.4 带的直径圆整

将计算所得从动轮直径圆整为标准值。带轮直径的标准值见表 5-3。将基准直径输入相应的数组中，与计算所得比较，找到与计算值相邻的两个标准值，取与计算值相差较小的标准值作为从动轮的直径。

表 5-3 常用 V 带轮基准直径系列 　　　　　　　　　　mm

带型号	基准直径系列
Z	50,56,63,71,75,80,…,560,630
A	75,80,90,100,…,710,800
B	125,140,150,…,1000,1120
C	200,224,250,…,1600,2000
D	355,375,400,…,1600,2000
E	500,530,560,…,2000,2500

表 5-3 的处理可以用 6 个一维数组，各个数组的长度按实际的直径个数。对于长度不同的数组，有两种处理方法。一种是定义一个指针，该指针指向相应带的一维数组，然后进行直径的比较；另一种比较容易的方法是以上述带型中直径个数最大值 24 为长度定义一个数

组，按带型号读入一维数组，不足的补 0。

也可用一个二维数组处理上述表格，则按 Z 带的基准直径个数 24 作为数组的列数，其他带直径个数不足 24 的补 0。

第一种处理的程序如下（见前言中提到的配套学习资料中的文件 C5-2-4）：

```cpp
#include <iostream.h>
#include <math.h>
void main()
{
    double ddz1[24]={50,56,63,71,75,80,90,100,112,125,140,
        150,160,180,200,224,250,280,315,355,400,500,560,630};
    double dda1[23]={75,80,90,100,112,125,140,150,160,180,200,
        224,250,280,315,355,400,450,500,560,630,710,800};
    double ddb1[20]={125,140,150,160,180,200,224,250,280,
        315,355,400,450,500,560,630,710,800,1000,1120};
    double ddc1[]={200,224,250,280,315,355,400,450,500,560,630,
        710,800,900,1000,1120,1250,1400,1600,2000};
    double ddd1[]={355,375,400,425,450,475,500,560,630,
        710,800,900,1000,1250,1600,2000};
    double dde1[]={500,530,560,630,710,800,900,
        1000,1120,1250,1600,2000,2500};
    double ddf1[]={500,530,560,630,710,800,900,1000,1120,1600,2000,2500};
    char daixing;
    double dd2;//大带轮计算直径
    double *p;

    cout<<"请输入大带轮的计算基准直径"<<endl;
    cin>>dd2;
    cout<<"请输入带型"<<endl;
    cin>>daixing;
    switch(daixing)
    {
        case 'Z':
          p=ddz1;
          break;
        case 'A':
          p=dda1;
          break;
        case 'B':
```

```
                p=ddb1;
             break;
          case 'C':
             p=ddc1;
             break;
          case 'D':
             p=ddd1;
             break;
           case 'E':
             p=dde1;
             break;
          case 'F':
             p=ddf1;
             break;
      }
    for(int j=0;j<24;j++)
     {
     if(dd2<=*(p+j))
     {
     if(j>1)
     {
       if((*(p+j)-dd2)<(dd2-*(p+j-1))) m_dd2=*(p+j);
       else m_dd2=*(p+j-1);
     }
     else m_dd2=*(p+j);
     break;
     }
     }
  cout<<"i="<<i<<endl;
  cout<<"j="<<j<<endl;
  cout<<"dd2="<<dd2<<endl;
  }
```

5.2.5 查询带的标准节线长度

根据计算所得带基准长度,选取标准节线长度。标准节线长度及长度系数如表 5-4 所示。每一种带型,定义两个一维数组分别储存直径系列和长度系数,这两类数组的长度相同。由计算基准长度得到标准基准长度时可得知数组的下标,也就确定了对应的长度系数。但是,每种带的同类数组长度不一致,也要用到 5.2.4 节中提到的处理方法。

表 5-4　普通 V 带的基准长度系列及长度系数　　　　　　　　　　　　mm

基准长度	长度系数					
	Z	A	B	C	D	E
400	0.87					
450	0.89					
500	0.91					
560	0.94					
630	0.96	0.81				
…						
900	1.03	0.87	0.81			
…						
1600	1.16	0.99	0.92	0.83		
…						
2800		1.11	1.07	0.95	0.83	
…						
4500				1.04	0.93	0.90
…						
16000					1.22	1.18

5.2.6　查询带的基本额定功率和传动比不等于 1 时的功率增量

根据带的型号、小带轮基准直径和转速查询表 5-5，得到单根普通 V 带的基本额定功率。表 5-5 中每种带型都有 5 种直径，可将每种带型的功率数据定义为一个 5 行 12 列的数组，如 PZ[12][5]、PA[12][5] 等。由小带轮直径判断数组行的下标，由小带轮转速判断数组列的下标。遇到中间转速（即表中未给出的转速），用插值法计算基本额定功率。

表 5-5　单根普通 V 带的基本额定功率　　　　　　　　　　　　　　　kW

型号	小带轮基准直径/mm	小带轮转速/(r/min)											
		200	300	400	500	600	730	800	980	1200	1460	1600	1800
Z	50			0.06			0.09	0.10	0.12	0.14	0.16	0.17	
	63			0.08			0.13	0.15	0.18	0.22	0.25	0.27	
	71			0.09			0.17	0.20	0.23	0.27	0.31	0.33	
	80			0.14			0.20	0.22	0.26	0.30	0.36	0.39	
	90			0.14			0.22	0.24	0.28	0.33	0.37	0.40	
…	…	…	…	…	…	…	…	…	…	…	…	…	…
E	500	10.86	14.96	18.55	21.65	24.21	26.62	27.57	28.52	25.53	16.25		
	630	15.65	21.69	26.95	31.36	34.83	37.64	38.52	37.14	29.17			
	800	21.70	30.05	37.05	42.53	46.26	47.79	47.38	39.08	16.46			
	900	25.15	34.71	42.49	48.20	51.48	51.13	49.21	34.01				
	1000	28.52	39.17	47.52	53.12	55.45	52.26	48.19					

额定功率增量表同表 5-5 类似，每种带型给出了三种传动比在 12 种转速下对应的功率增量数值。可将每种带的功率增量数据定义为一个二维数组，如 DELTPZ[12][3]、DELTPA[12][3] 等。由传动比确定数组行的下标，由小带轮的转速确定数组列的下标，此下标同功率数值中

列的下标。遇到中间转速用插值法计算功率增量。

程序具体代码如下（见前言中提到的配套学习资料中的文件 C5-2-6，以 Z、A 带为例）：

```cpp
#include <iostream.h>
#include <math.h>
void main()
{
  char daixing;
  int k;
  double n1,dd1,po,deltpo,ii;
  double dd11[5];
  double pz[5][12]={{0,0,0.06,0,0,0.09,0.10,0.12,0.14,0.16,0.17},
  {0,0,0.08,0,0,0.13,0.15,0.18,0.22,0.25,0.27},
  {0,0,0.9,0,0,0.17,0.20,0.23,0.27,0.31,0.33},
  {0,0,0.14,0,0,0.20,0.22,0.26,0.30,0.36,0.39},
  {0,0,0.14,0,0,0.22,0.24,0.28,0.33,0.37,0.40}};//Z 带额定功率
  double pa[5][12]={{0.16,0,0.27,0,0,0.42,0.45,0.52,0.60,0.68,0.73},
  {0.22,0,0.39,0,0,0.63,0.68,0.79,0.93,1.07,1.15},
  {0.26,0,0.47,0,0,0.77,0.83,0.97,1.14,1.32,1.42},
  {0.37,0,0.67,0,0,1.11,1.19,1.40,1.66,1.93,2.07},
  {0.51,0,0.94,0,0,1.56,1.69,2.00,2.36,2.74,2.94}};//A 带额定功率
  double deltpz[3][12]={{0,0,0.01,0,0,0.01,0.01,0.02,0.02,0.02,0.02,0},
  {0,0,0.01,0,0,0.01,0.02,0.02,0.02,0.02,0.03,0},
  {0,0,0.01,0,0,0.02,0.02,0.02,0.03,0.03,0.03}};//Z 带功率增量
  double deltpa[3][12]={{0.02,0,0.04,0,0,0.07,0.08,0.08,0.11,0.13,0.15},
  {0.02,0,0.04,0,0,0.08,0.09,0.10,0.13,0.15,0.17,0},
  {0.03,0,0.05,0,0,0.09,0.10,0.11,0.15,0.17,0.19,0}};//A 带功率增量
  double n11[12]={200,300,400,500,600,730,800,980,1200,1460,1600,1800};
  double dd1z[5]={50,63,71,80,90};
  double dd1a[5]={75,90,100,125,160};
  cout<<"请输入小带轮的转速"<<endl;
  cin>>n1;
  cout<<"请输入小带轮的直径"<<endl;
  cin>>dd1;
  cout<<"请输入带型"<<endl;
  cin>>daixing;
  cout<<"传动比"<<endl;
  cin>>ii;
  if(ii<1.51&&ii>1.35) k=0;
  if(ii<1.99&&ii>1.52) k=1;
```

```
    if(ii>=2) k=2;
    for(int j=0;j<12;j++)
    {
        if(n1<=n11[j])
        {
            cout<<"j="<<j<<endl;
            break;
        }
    }
    switch(daixing)
    {
    case 'Z':
        {for(int i=0;i<5;i++)
            dd11[i]=dd1z[i];
        }
        break;
    case 'A':
        {  for(int i=0;i<5;i++)
            dd11[i]=dd1a[i];
        }
        break;
    }
    for(int i=0;i<5;i++)
    {
        if(dd1<=dd11[i])
        {
            cout<<"i="<<i<<endl;
            break;
        }
    }
    if(ii<1.51&&ii>1.35) k=0;
    if(ii<1.99&&ii>1.52) k=1;
    if(ii>=2) k=2;
    switch(daixing)
    {
     case 'Z':
     po=((pz[i][j]-pz[i][j-1])/(n11[j]-n11[j-1]))*(n1-n11[j-1])+pz[i][j-1];  deltpo=
((deltpz[k][j]-deltpz[k][j-1])/(n11[j]-n11[j-1]))*(n1-n11[j-1])+deltpz[k][j-1];
        break;
     case 'A':
     po=((pa[i][j]-pa[i][j-1])/(n11[j]-n11[j-1]))*(n1-n11[j-1])+pa[i][j-1];  deltpo=
((deltpa[k][j]-deltpa[k][j-1])/(n11[j]-n11[j-1]))*(n1-n11[j-1])+deltpa[k][j-1];
        break;
```

```
  case 'B':
    break;
  }
  cout<<"po="<<po<<endl;
  cout<<"deltpo="<<deltpo<<endl;
}
```

5.2.7 查询包角系数

根据小带轮的包角查表 5-6，得到包角系数。由表 5-6 可知，分别定义两个一维数组，即包角数组和包角系数数组。由包角大小判断数组的下标，即得到包角系数。遇到中间包角，用线性插值法计算。

表 5-6　包角系数

包角	70°	80°	90°	100°	110°	120°	130°	140°
包角系数	0.58	0.64	0.69	0.74	0.78	0.82	0.86	0.89
包角	150°	160°	170°	180°	190°	200°	210°	220°
包角系数	0.92	0.95	0.98	1.00	1.05	1.10	1.15	1.20

具体程序如下（见前言中提到的配套学习资料中的文件 C5-2-7）：

```
#include <iostream.h>
#include <math.h>
void main()
{
    double alpa1,kalpa1;
    double alpa[16]={70,80,90,100,110,120,130,140,150,160,170,180,
        190,200,210,220};  //包角系列
    double kalpa[16]={0.58,0.64,0.69,0.74,0.78,0.82,0.86,0.89,0.92,
        0.95,0.98,1.00,1.05,1.10,1.15,1.20};  //包角系数
    int i;
    cout<<"请输入小带轮的包角"<<endl;
    cin>>alpa1;
    for( i=0;i<16;i++)
    {
        if (alpa1<=alpa[i])
        {
            kalpa1=((kalpa[i+1]-kalpa[i])/(alpa[i+1]-alpa[i]))*(alpa1-
            alpa[i])+kalpa[i]
            break;
```

```
        }
    }
    cout<<"kalpa1="<<kalpa1<<endl;
}
```

5.2.8　带轮结构设计

带轮的结构有实心式、腹板式、孔板式、轮辐式四种形式。当带轮基准直径 d_{d1}≤2.5d（d 为轴的直径，单位为 mm）时，采用实心式；当带轮基准直径 d_{d1}≤300mm 时，采用腹板式（当 D_1-d≥100mm 时，采用孔板式）；当带轮基准直径 d_{d1}≥300mm 时，采用轮辐式。带轮结构不同，参数个数不同；但是同一种带型的带轮，其带槽截面尺寸是一致的。各种带轮的参数个数及名称见表 5-7。

表 5-7　带轮结构尺寸及计算方法

带轮类型	尺寸名称	尺寸参数符号	确定依据
四种带轮共有（实心式带轮）	带轮外径	d_w	$d_w=d_d+2h_a$
	带轮直径	d_d	设计值
	轮毂外径	d_1	$d_1=(1.8\text{-}2.0)d$
	轴径	d	由工作机与原动机轴径确定
	轮缘宽度	B	$B=e(z-1)+2f$
	轮毂长度	L	$L=(1.5\sim2.0)d$，若 $B<1.5d$，$L=B$
	槽个数	Z	等于带根数
	节宽	b_d	查表
	第一槽位置	f	
	槽角	φ	
	下槽深	h_f	
腹板式带轮	轮缘内径	D_1	$D=d_d-2h_f-2\delta$
	腹板厚度	S	$S=(1/7\sim1/4)B$
孔板式带轮	轮缘内径	D_1	$D=d_d-2h_f-2\delta$
	腹板厚度	S	$S=(1/7\sim1/4)B$
	腹板孔个数	n	$n=3.14D_0/(S+d_0)$
	腹板孔直径	d_0	$d_0=(0.2\sim0.3)(D_1-d_1)$
	腹板孔中心圆直径	D_0	$D_0=0.5(D_1+d_1)$
椭圆轮辐式带轮	轮缘内径	D_1	$D=d_d-2h_f-2\delta$
	轮辐小端椭圆长轴	h_2	$h_2=0.8h_1$
	轮辐小端椭圆短轴	b_2	$b_2=0.8b_1$
	轮辐大端椭圆长轴	h_1	$h_1=290\sqrt[3]{\dfrac{P}{nz_a}}$
	轮辐大端椭圆短轴	b_1	$b_1=0.4h_1$
	轮缘内凸高度	f_2	$f_2=0.2h_2$
	轮毂外凸高度	f_1	$f_1=0.2h_1$
	轮辐个数	z_a	设计值

注：h_1 计算公式中，P 为传递的功率，kW；n 为大小带轮转速，r/min。

表 5-7 中各尺寸含义见图 5-3 和表 5-8。

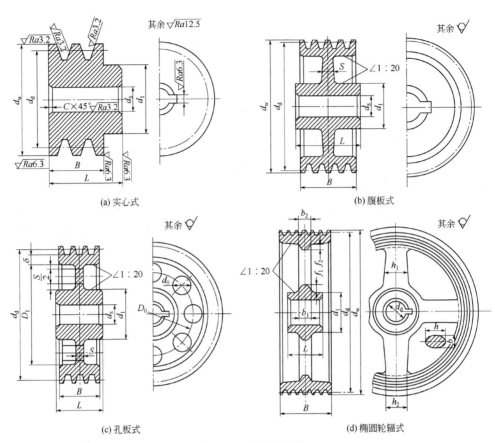

图 5-3 V 带轮的结构

表 5-8 V 带轮截面尺寸

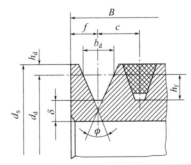

项目	符号	槽型						
		Y	Z SPZ	A SPA	B SPB	C SPC	D	E
基准宽度（节宽）	$b_d(b_e)$	5.3	8.5	11.0	14.0	19.0	27.0	32.0
基准线上槽深	h_{amin}	1.6	2.0	2.75	3.5	4.8	8.1	9.6
基准线下槽深	h_{emin}	4.7	7.0 9.0	8.7 11.0	10.8 14.0	14.3 19.0	19.9	23.4
槽间距	e	8±0.3	12±0.3	15±0.3	19±0.4	25.5±0.5	37±0.6	44.5±0.7
第一槽对称面至 端面的距离	f	7±1	8±1	10^{+2}_{-1}	12.5^{+2}_{-1}	17^{+2}_{-1}	23^{+3}_{-1}	29^{+2}_{-1}
最小轮缘厚	δ_{min}	5	5.5	6	7.5	10	12	15

续表

项目		符号	槽型						
			Y	Z SPZ	A SPA	B SPB	C SPC	D	E
带轮宽		B	$B=(z-1)e+2f$　z—轮槽数						
外径		d_{s}	$d_{\mathrm{a}}=d_{\mathrm{d}}+2h_{\mathrm{m}}$						
轮槽角φ	32°	相应的基准 直径d_{d}	≤60	—	—	—	—	—	—
	34°		—	≤80	≤118	≤190	≤315	—	—
	36°		>60	—	—	—	—	≤475	≤600
	38°		—	>80	>118	>190	>315	>475	>600
极限偏差			±1°				±30′		

5.3　带传动计算机辅助设计系统的实现

本系统由多个对话框界面组成。其中数据输入对话框实现带传动的设计数据的输入；数据输出对话框实现计算结果的输出；带轮类型选择界面显示带轮的实心式、腹板式、孔板式、轮辐式四种结构；带轮的参数界面分别显示绘制实心式、腹板式、孔板式、轮辐式四种类型带轮所需的各种参数。

5.3.1　系统界面设计

启动 Micrpsoft Visual C++6.0，建立一个名为 C13 的单文档应用工程。修改主菜单，使主菜单项仅仅留下"文件""帮助"两项，在这项之间增加"带传动设计"菜单项，其菜单 ID 设置为 ID_CANSHU。此菜单命令的功能就是启动带传动设计数据的输入对话框。在工程的视类中添加命令响应函数 void CC13View::OnCanshu()。在工程中添加对话框资源 IDD_CANSHU，在资源中按图 5-4 添加各个控件，并排列整齐。

图 5-4　带传动设计数据输入界面及结果输出界面

为该资源添加对话框类，名为 Canshudlg。为图中各控件添加变量，各变量名称如表 5-9 所示。

表 5-9　带传动设计计算界面各控件变量设置

控件类型	命令 ID	标题文本	属性修改	绑定变量名称类型
编辑框	IDC_EDIT1	传动功率		doublem_p
编辑框	IDC_EDIT2	主动轮转速		doublem_n1
编辑框	IDC_EDIT3	从动轮转速		doublem_n2
编辑框	IDC_EDIT4	每天工作小时数		doublem_h
单选按钮	IDC_RADIO5	空轻载启动	勾选"Group"	int m_qidgcase
单选按钮	IDC_RADIO6	重载启动		
单选按钮	IDC_RADIO7	反复启动等		
单选按钮	IDC_RADIO1	载荷变动微小	勾选"Group"	int m_zaihecase
单选按钮	IDC_RADIO2	载荷变动小		
单选按钮	IDC_RADIO3	载荷变动较大		
单选按钮	IDC_RADIO4	载荷变动大		
编辑框	IDC_EDIT_ZXJXISHU	中心距系数		doublem_zxjshu
编辑框	IDC_EDIT_PC	计算功率		doublem_pc
编辑框	IDC_EDIT_DD1	小带轮直径		doublem_dd1
编辑框	IDC_EDIT_DD2	大带轮直径		doublem_dd2
编辑框	IDC_EDIT_DAIXING	设计带型		Cstringm_daixing
编辑框	IDC_EDIT_LD	带的基准长度		doublem_ld
编辑框	IDC_EDIT_AO	中心距		doublem_ao
编辑框	IDC_EDIT_AOMAX	最大中心距		doublem_aomax
编辑框	IDC_EDIT_AOMIN	最小中心距		doublem_aomin
编辑框	IDC_EDIT_DAINUM	带的根数		doublem_dainum
编辑框	IDC_EDIT_ALPA1	小带轮包角		doublem_alpa1
编辑框	IDC_EDIT_FO	带张紧力		doublem_fo
编辑框	IDC_EDIT_FQ	压轴力		doublem_fq
按钮	IDC_DAIXING	带型计算		
按钮	IDC_SHEJI	完成设计		

完成函数 void CC13View::OnCanshu()。该对话框为无模式对话框，其创建和关闭比较麻烦，这里再一次给出其完整代码。

```
void CC13View::OnCanshu()
{
    if(candlg==NULL)
    {
    candlg=new Canshudlg(this);
    candlg->Create(IDD_CANSHU,candlg->m_pParent);
    candlg->ShowWindow(SW_SHOW);
    }
    else
    {
```

```
        candlg->SetActiveWindow();
    }
}
```

其中 candlg 为在视类中添加的指向 Canshudlg 类的指针变量，m_pParent 为 Canshudlg
类中指向 CWnd 类的指针变量。在 Canshudlg 类构造函数中，对 m_pParent 赋值为 pParent。
在视类的构造函数中，将 candlg 初始化为 NULL。在对话框类中，添加关闭对话框的响应函
数类对象销毁函数如下，并释放对话框类的指针。

```
void Canshudlg::OnClose()
{
    ((CC13View*)m_pParent)->modlessdlgdone();
    DestroyWindow();
}
void Canshudlg::PostNcDestroy()
{
    delete this;
    CDialog::PostNcDestroy();
}
void CC13View::modlessdlgdone()
{
    candlg=NULL;
}
```

这样处理后，才能多次反复打开或关闭对话框而不会弹出错误提示。

5.3.2　系统设计计算功能的实现

上述对话框的启动和关闭完成后，开始带传动的设计计算。这个计算分两步完成：第
一步是选择带型，这个功能由按钮"带型计算"的响应函数 void Canshudlg::OnDaixing()完
成。第二步由按钮"完成设计"的响应函数 void Canshudlg::OnSheji()完成其余的计算工作。
为了方便设计者选择设计参数，在界面应给出提示功能，如鼠标移动到"空轻载启动"上
面时，系统弹出有关文字，说明如何才算空轻载启动。实施该提示功能的方法和步骤如下。

在工程中，执行"工程\添加到工程\Components and Controls"菜单命令，弹出"Com-ponents
and Controls Gallery"对话框，选择 Visual C++ Components 目录下的"ToolTip Sup-port"控
件，单击"Insert"按钮，以确认的方式关闭弹出的对话框（图 5-5）。将 ToolTip 添加到类
Canshudlg 中。可以看到程序的如下变化。

在对话框类的头文件中增加了如下代码：

```
CToolTipCtrl m_tooltip;
```

系统自动重载函数 PreTranslateMessage(MSG* pMsg)，代码为：

图 5-5　向工程中添加 CToolTipCtrl 控件

```
BOOL Canshudlg::PreTranslateMessage(MSG* pMsg)
{
    {
    m_tooltip.RelayEvent(pMsg);
    }
    return CDialog::PreTranslateMessage(pMsg);
}
```

在对话框的 OnInitDialog()中添加如下提示代码：

```
BOOL Canshudlg::OnInitDialog()
{
    CDialog::OnInitDialog();
    {
        m_tooltip.Create(this);
        m_tooltip.Activate(TRUE);
        m_tooltip.AddTool(GetDlgItem(IDC_RADIO5), "电动机（交流启动、三角启动、直流
        并励）、四缸以上的内燃机、装有离心式离合器、液力联轴器的动力机";
        m_tooltip.AddTool(GetDlgItem(IDC_RADIO6), "电动机（联机交流启动、直流复励或
        串励）、四缸以下的内燃机";
        m_tooltip.AddTool(GetDlgItem(IDC_RADIO7), "反复启动、正反转频繁、工作条件恶
        劣等场合，Ka 应乘以 1.2";
```

```
    m_tooltip.AddTool(GetDlgItem(IDC_RADIO1), "液体搅拌机、通风机和鼓风机（小于
    7.5kW）、离心式水泵和压缩机、轻型输送机等";
    m_tooltip.AddTool(GetDlgItem(IDC_RADIO2), "带式输送机（不均匀载荷）、通风机
       （大于 7.5kW）、压缩机、发电机、金属切削机床、印刷机、木工机械等";
    m_tooltip.AddTool(GetDlgItem(IDC_RADIO3), "制砖机、斗式提升机、起重机、冲剪
    机床、纺织机械、橡胶机械、重载输送机、磨粉机等";
    m_tooltip.AddTool(GetDlgItem(IDC_RADIO4), " 破碎机、磨碎机等";
    }
    return TRUE;
}
```

再完成 OnDaixing() 和 OnSheji()。有了上节中的查询算法代码，此二函数不难完成。要说明的是：小带轮直径是在带型选择完成后根据其直径系列人为选定的，因此，在第一个函数中，还应添加提示小带轮直径系列的代码；中心距系数在 0.55～2 之间，由设计者任意确定一个系数，这样直接计算得到的中心距为带有多位小数的实数，一般应圆整为 10 的倍数。该算法如下：

```
#include <math.h>
#include <iostream.h>
void main()
{
    double mao;
    cout<<"请输入一个实数"<<endl;
    cin>>mao;
    if(fmod(mao,10)>5) mao=mao+10-fmod(mao,10);
    else mao=mao-fmod(mao,10);
    cout<<mao<<endl;
}
```

编译无误后试运行系统。运行方法是先输入传动功率，主、从动带轮转速，每天工作小时数，启动情况和载荷变动情况，输入中心距系数，单击"带型计算"按钮，系统会将所选择的带型显示在下方的设计结果相应的编辑框中。然后将鼠标移到小带轮直径对应的编辑框上，系统会给出相应带型对应的小带轮直径系列的提示，输入小带轮直径，单击"完成设计"按钮，即可完成所有设计工作，并将设计结果显示出来。

试设计一台运输机传动装置的 V 带传动。采用 Y 系列电动机，额定功率为 P=7.5kW，n_1=1440r/min，n_2=450r/min，载荷变化小，单班制工作。系统运行情况如图 5-6 所示，与手工计算结果基本一致。

5.3.3　带轮结构设计功能的实现

完成带传动的基本计算后，还要根据计算结果进行带轮的设计与绘图。5.2.8 节总结了各种带轮的结构参数及计算方法，本节在工程 C13 中继续完成带轮的结构设计。

图 5-6　带传动设计计算示例

在工程 C13 的主菜单"带传动设计"之后添加主菜单"带轮设计",其 ID 为 ID_DAILUN。在视类中添加该菜单的响应函数 void CC13View::OnDailun()。向工程 C13 添加对话框资源,其模板如图 5-7 所示。该对话框主要由四个照片型控件和四个单选按钮组成。将四种带轮的

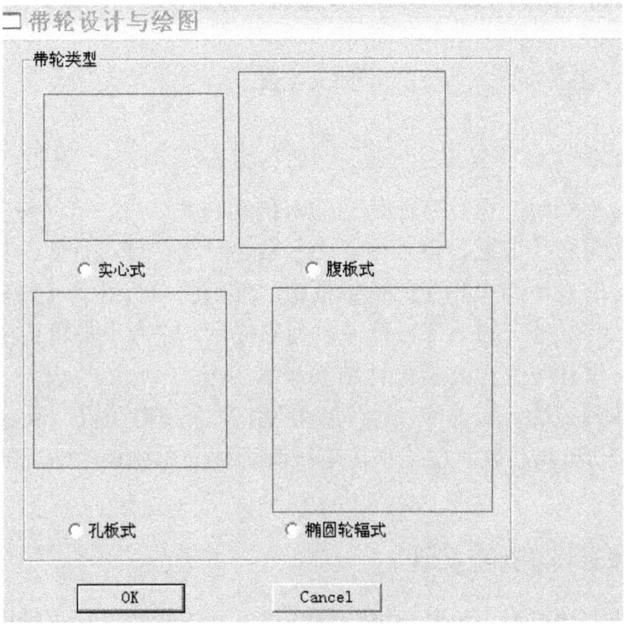

图 5-7　带轮设计对话框

结构图分别扫描成照片格式,并用 Microsoft paint 软件保存为 bmp 格式,注意调节图片大小与图 5-7 中方框基本一致。单击"插入\资源",系统弹出"插入资源"对话框,在"资源类型"列表框中选中"Bitmap",单击"导入"按钮,系统弹出"导入资源"对话框,分别找到上述四个文件,单击"Import"按钮,完成位图资源的导入。此时在工程 C13 工作区的资源视图中看到导入的四种位图,其 ID 分别为 IDB_BITMAP1、IDB_BITMAP2、IDB_BITMAP3、IDB_BITMAP4;在工程的文件夹 C13\res 中看到扫描保存的四个文件。右键单击图 5-7 中照片控件,弹出"Picture Properties"对话框,按图 5-8 设置照片控件属性,将带轮图片显示到对话框中。

图 5-8　设置照片控件属性

接下来要将各种带轮的结构参数的设计结果显示在图 5-7 的右边,当设计者在不同带轮间切换时,右边的显示结果也跟着切换。为此向工程中添加四个对话框资源,每个对话框由编辑框及对应的静态文本控件组成,编辑框的个数及名称按表 5-7 设置,其中孔板式带轮的对话框如图 5-9 所示;并按图 5-10 设置四个参数对话框的属性。为这五个对话框分别建立五个基于 CDialog 的类,类名分别为 CDlgdailun、CDlgshixin、CDlgfuban、CDlgkongban 和 CDlglunfu,其对话框资源 ID 分别为 IDD_DAILUN、IDD_DIALOG_SHIXIN、IDD_DIALOG_FUBAN、

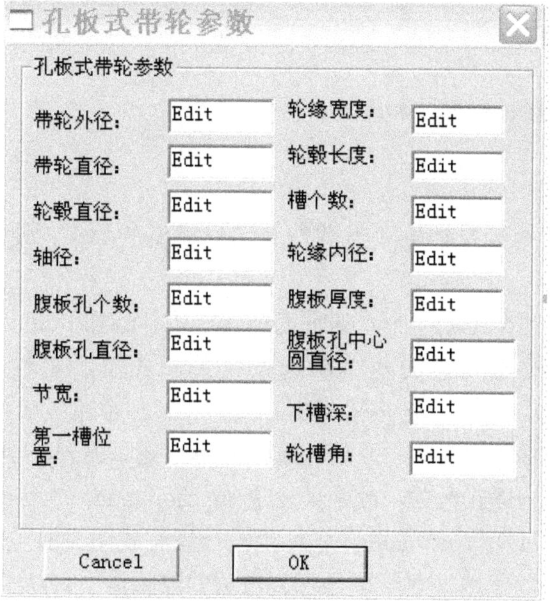

图 5-9　孔板式带轮参数对话框

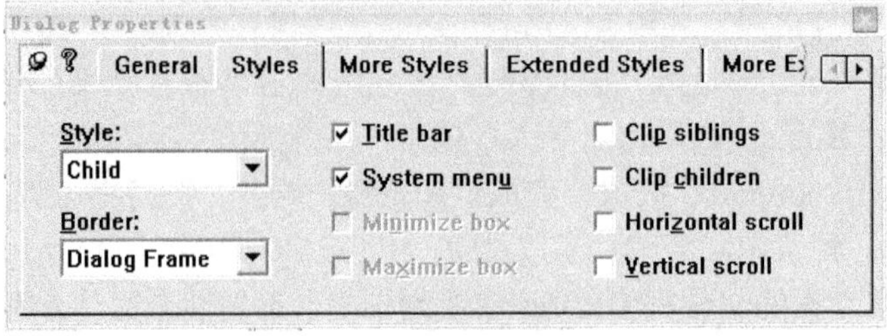

图 5-10 带轮参数对话框的属性设置

IDD_DIALOG_KONG BAN 和 IDD_DIALOG_LUNFU。参照 5.3.1 节介绍的方法完成 CDlgdailun 对应的对话框的产生和关闭，即完成 OnDailun()及相关函数的编写工作。

在 CDlgdailun 类中添加 CDialog* subdlg 变量，并将该指针初始化为 0；增加四个单选按钮的消息响应函数 OnRadio1()、OnRadio2()、OnRadio3()和 OnRadio4()。编写代码如下（以第一个函数为例，其余三个类同）：

```
void CDlgdailun::OnRadio1()
{
    CRect rect1;
    GetDlgItem(IDC_STATIC_DAILUN)->GetWindowRect(&rect1);//得到图 5-7 中成组框的所
占矩形的位置、大小
    ScreenToClient(rect1); //将矩形坐标从屏幕坐标转化为客户坐标
    if (subdlg != 0)
        delete subdlg;
    subdlg = new CDlgshixin();
    subdlg->Create(IDD_DIALOG_SHIXIN, this);
    subdlg->MoveWindow(rect1.right, rect1.top, 380, 400); //实心带轮参数对话框紧挨
着左边成组框
    subdlg->ShowWindow(SW_SHOW);
}
```

编译运行程序，根据运行结果适当调整对话框模板的大小，使之能正确显示，结果如图 5-11 所示。

剩下的任务就是给四个带轮参数对话框的编辑框控件添加变量，进行计算并将计算结果显示到对话框中。还要给左边的两组单选按钮关联变量，名称分别为 m_dailunlei 和 m_dailundaxiao，整数型，并将单选按钮"实心式"和"小带轮"属性"Group"勾选。轴径直接给定，轮毂外径是轴径的 1.8～2.0 倍，这里简单给定。另外，因为轮槽角只与带轮直径和带型相关，与带轮结构形式无关，故将其变量 m_caojiaojiao 放到类 Cdlgailun 中，然后再将其传递给带轮类的成员变量 m_caojiao 中。当设计者完成图 5-11 左边的选项和填空后，单击左边的"OK"按钮，将参数计算结果显示到右边的编辑框中。以实心带轮的设计为例，编写 void CDlgdailun::OnOK()函数如下：

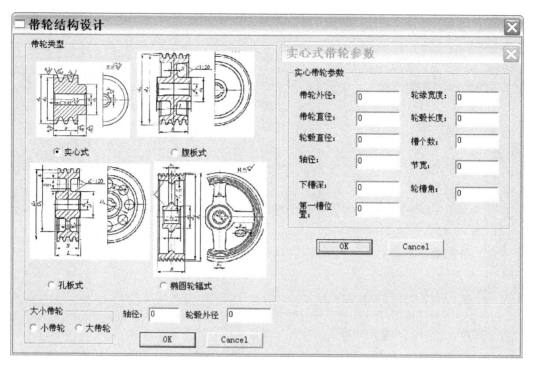

图 5-11　带轮结构设计对话框

```
void CDlgdailun::OnOK()
{
double dailund;
char daixing;
int jj;
double bd[]={8.5,11.0,14.0,19.0,27.0,32.0};
double ha[]={2.0,2.75,3.5,4.8,8.1,9.6};
double hf[]={7.0,8.7,10.8,14.3,19.9,23.4};
double e[]={12,15,19,25.5,37,44.5};
double f[]={8,10,12.5,17,23,29};
double deltlunyuan[]={5.5,6,7.5,10,12,15};
HWND hWnd=::FindWindow(NULL,_T("带轮结构设计"));
UpdateData();
CC13View* pp=((CC13View*)m_pParent);
switch (m_dailundaxiao)
{
case 0:
    dailund=pp->candlg->m_dd1;
    break;
case 1:
```

```
            dailund=pp->candlg->m_dd2;
break;
}
//由带型查询槽型截面参数
daixing=((CC13View*)m_pParent)->candlg->m_daixing.GetAt(0);
switch(daixing)
{
    case 'Z':
        jj=0;
    if(dailund<=80) m_caojiaojiao=34;
    else m_caojiaojiao=38;
        break;
    case 'A':
        jj=1;
        if(dailund<=118) m_caojiaojiao=34;
    else m_caojiaojiao=38;
        break;
    case 'B':
        if(dailund<=190) m_caojiaojiao=34;
    else m_caojiaojiao=38;
        jj=2;
        break;
    case 'C':
        jj=3;
    if(dailund<=315) m_caojiaojiao=34;
    else m_caojiaojiao=38;
        break;
    case 'D':
        jj=4;
    if(dailund<=475) m_caojiaojiao=36;
    else m_caojiaojiao=38;
        break;
    case 'E':
        jj=5;
    if(dailund<=600) m_caojiaojiao=36;
    else m_caojiaojiao=38;
        break;
}
switch(m_dailunlei)
{
```

```
        case 0:
        {
            HWND hWndd=::FindWindowEx(hWnd,NULL,NULL,_T("实心式带轮参数"));
            CDlgshixin* pWnd=(CDlgshixin*)CDlgshixin::FromHandle(hWndd);
            pWnd->m_dd=dailund;
            pWnd->m_dw=dailund+2*ha[jj];
            pWnd->m_d1=m_lunywaij;
            pWnd->m_d=m_zhoujing;
            pWnd->m_b=e[jj]*(pp->candlg->m_dainum-1)+2*f[jj];
            if(pWnd->m_b<1.5*m_zhoujing) pWnd->m_l=pWnd->m_b;
            else pWnd->m_l=1.5*m_zhoujing;
            pWnd->m_z=pp->candlg->m_dainum;
            pWnd->m_f=f[jj];
            pWnd->m_bd=bd[jj];
            pWnd->m_hf=hf[jj];
            pWnd->m_caojiao=m_caojiaojiao;
            pWnd->UpdateData(false);
        }
        break;
        ……
        case 5:
        ……
        break;
    }
}
```

编译运行工程，输入上节的例子，接着运行，得到结果如图 5-12 所示，与人工计算结果一致。

上述函数 OnOK() 编程涉及不同对话框之间数据的传递，这是个初学 VC++ 编程者的难点。该函数中，为了得到带传动设计参数对话框的计算结果，如带轮直径、带的根数等，定义了一个 CC13View* pp 的指针，并赋值为(CC13View*)m_pParent，这样就得到了视类的指针，然后用该指针调用视类指向设计参数类的指针成员，这样在带轮对话框类中可以得到参数设计对话框类的成员数据。获取视类指针另一种常用方法为：

```
    CMainFrame *pMain=(CMainFrame *)AfxGetApp()->m_pMainWnd;
    CC13View* pp=(CC13View*)pMain->GetActiveView();
```

为了将带轮结构参数计算结果传递到图 5-12 右边的对话框类中，OnOK() 调用了函数 FindWindow() 和 FindWindowEx()。得到了图 5-12 右边窗口的句柄后将其转化为窗口类的指针，语句为：

```
CDlgshixin* pWnd=(CDlgshixin*) FromHandle(hWndd);
```

这样就可以对 Cdlgshixin 类的成员变量赋值，从而将计算结果显示到对话框中。

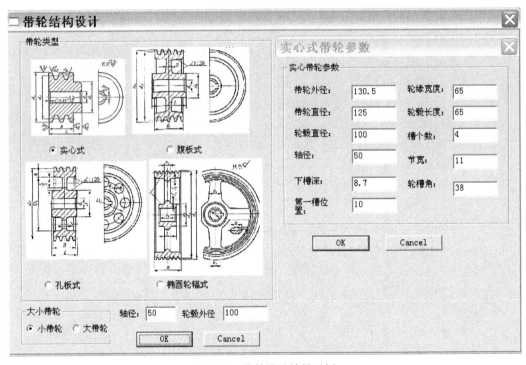

图 5-12　带轮设计结果示例

第6章
用户材料数据库管理模块开发

6.1 用户材料数据库管理模块介绍

材料是机械设计与制造过程最重要的参数，它影响到机械设备的设计、制造、安装与运行。GB150 中提供了众多材料可供设计选择。这些材料能满足一般设计要求；但是随着材料技术的进步，新材料不断出现；国际贸易使得国外材料的选用也日益频繁。这些都要求sw6woshi 能让用户方便地在软件包中增加新材料、删除淘汰的老材料。为此 sw6woshi 提供了名为"用户材料数据库管理"的功能模块，文件名为"yhmateria.exe"，对应的数据文件为"matu.db"，其运行界面如图 6-1 所示。用户可以灵活地增加或删除材料，并保存文件。

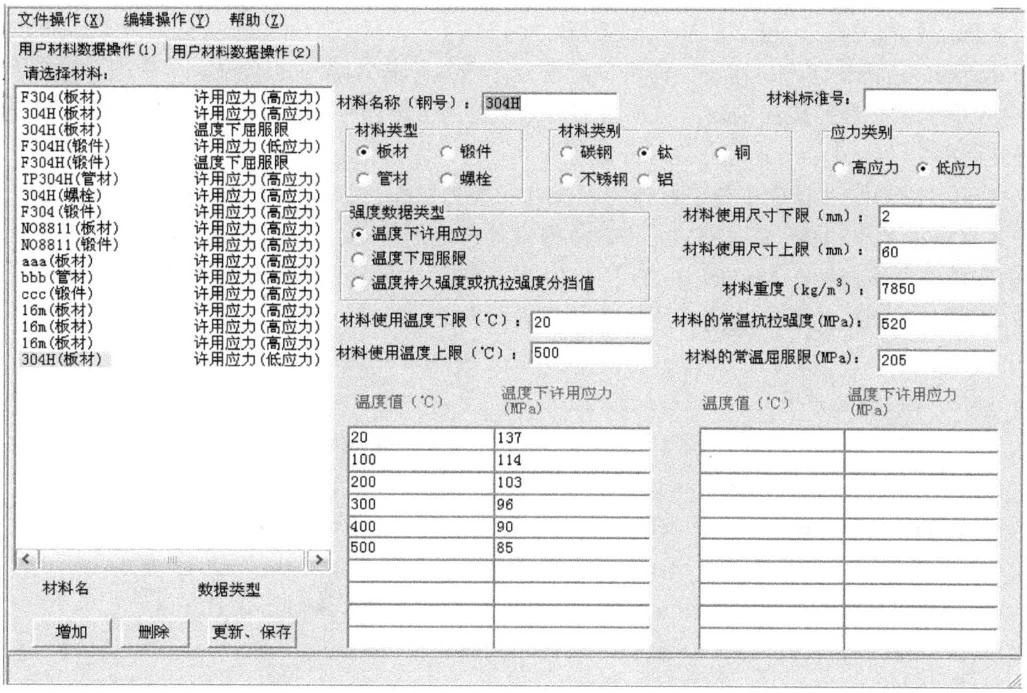

图 6-1 sw6woshi 用户材料数据库管理系统界面

启动时左边列表中最后的材料处于选中状态，右边则表明该材料的名称、标准号及材料类型、力学性能等。用户单击左边不同的材料，右边各项相应作出改变。当单击"增加"按钮，则右边上部各控件清空，下方的表格也消失；当选中"强度数据类型"下的任一选项时，又会弹出表格，让用户输入材料力学性能，且表格上方的红色文字与选项相匹配。当单击"更新、保存"按钮，将该材料的各项参数写入文件中，并在列表最后增加一行。当单击"删除"按钮时，首先从列表中删除被选中的一行，然后从文件中删除这种材料的各项参数，最后将光标移到列表最后一行，右边显示该材料的各项参数。

6.2 用户材料数据库管理模块技术分析及编程思路

从图 6-1 看，运行界面是一个有两个属性页的属性对话框，属性页名分别为"用户材料数据操作（1）"和"用户材料数据操作（2）"。第一页主要由名为"请选择材料："的列表控件和 4 个成组框控件组成，这 4 个成组框的名称分别是"材料类型""材料类别""应力类别"和"强度数据类型"；右下角的是两个网格控件，都是 10 行、2 列，用于材料在 20 个不同温度下的强度值的输入。第二页主要由两个成组框组成，名称分别是"基于弹性模量的材料分类"和"基于线胀系数的材料分类"。下面重点介绍列表控件和网格控件的基本知识。

列表控件（List Control）用来成列地显示数据，其表项（一行为一个表项）一般有图标（Icon）和标签（Label）两部分。图标是对列表项的图形描述，标签是文字描述。列表控件有 4 种风格：Icon、Small Icon、List 和 Report。

Icon（大图标风格）：列表项的图标通常为 32×32 像素，在图标的下面显示标签。

Small Icon（小图标风格）：列表项的图标通常为 16×16 像素，在图标的右面显示标签。

List（列表风格）：与小图标风格类似。

Report（报表风格）：列表控件可以包含一个表头来描述各列的含义。一个表项通常可以包含多个子项。最左边的列表子项的标签左边可以添加一个图标，而它右边的所有子项则只能显示文字。

MFC 中使用 CListCtrl 类来封装列表控件的各种操作，详见 MSDN 的介绍。

CMSFlexGrid 网格控件是 Visual C++提供的已注册的 ActiveX 控件，以表格的形式显示和操作数据。该控件在 MSDN 中有用于 VB 的详细的文档；但是用于 VC 的说明却没有。该控件不具备对网格的编辑功能。该控件常用函数有：

- -

```
void CMSFlexGrid::SetCol(long nNewValue)  // 设置行数
void CMSFlexGrid::SetRow(long nNewValue)  // 设置列数
void CMSFlexGrid::SetFixedCols(long nNewValue) // 设置固定行数
void CMSFlexGrid::SetFixedRows(long nNewValue) // 设置固定列数
void CMSFlexGrid::SetColWidth(long index, long nNewValue) //设置列宽
void CMSFlexGrid::SetRowHeight(long index, long nNewValue) //设置行高
void CMSFlexGrid::SetColAlignment(long index, short nNewValue) //设置文本对齐方式
void CMSFlexGrid::SetTextArray(long index, LPCTSTR lpszNewValue) // 设置表头
void CMSFlexGrid::SetTextMatrix(long Row, long Col, LPCTSTR lpszNewValue) // 设
```

置单元格内容

```
void CMSFlexGrid::AddItem(LPCTSTR Item, const VARIANT& index) //增加一行
```

给 CMSFlexGrid 控件添加编辑功能的思路是：设置一个编辑框控件，该控件可以在网格控件移动，并与某个单元格重合，在该编辑框控件中输入数据，并将该数据写入单元格中。

完成上述模块开发的一种比较简单的方法就是利用第 3 章的知识，利用 Microsoft Acess 或 Microsoft Visual FoxPro 建立材料数据源，再利用 CRecordSet 类进行数据表格的相关操作。本章采用另一种、比较原始的方法，即利用链表完成对数据的增删操作，同时进行数据文件的读写操作；一种材料的所有数据构成一个链结点，为此先建立一个结构体，结构体的成员就是材料的各个数据。MFC 的链表类包括 CPtrList、CStrngList、CObList，本章利用 CptrList 类创建链表对象。

6.3　用户材料数据库管理模块框架的编程实现

首先启动 VC++6.0，创建一个名为 yhmaterial 的单文档工程，该工程视类的基类是 CFormView，其余保持默认选项不变。添加两个对话框资源，其 ID 分别为 IDD_PROPPAGE1 和 IDD_PROPPAGE2。参照图 6-1 在两个对话框中添加各控件。对话框 IDD_PROPPAGE1 中添加各控件后，还要添加一个多余的编辑框控件"Edit"，用于网格控件的编辑化，如图 6-2 所示。其中右下角网格控件的添加方法是单击"工程\添加到工程\Components and Controls"，在弹出的对话框中选择 Registered and ActiveX Controls 文件夹，双击之，再选择 Microsoft FlexGrid Control，version 6.0，单击"insert"按钮，弹出"Confirm Class"对话框，如图 6-3 所示。选中前面三项，单击"OK"按钮。此时在控件工具箱中出现 Microsoft FlexGrid Control

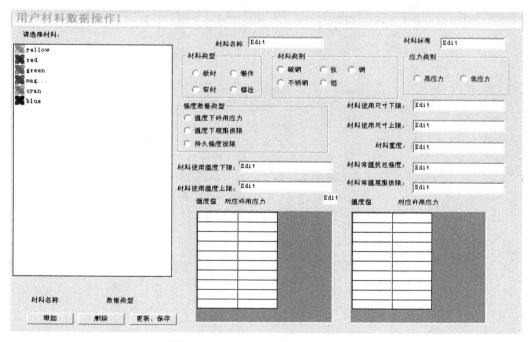

图 6-2　yhmaterial 工程属性页 1 的界面

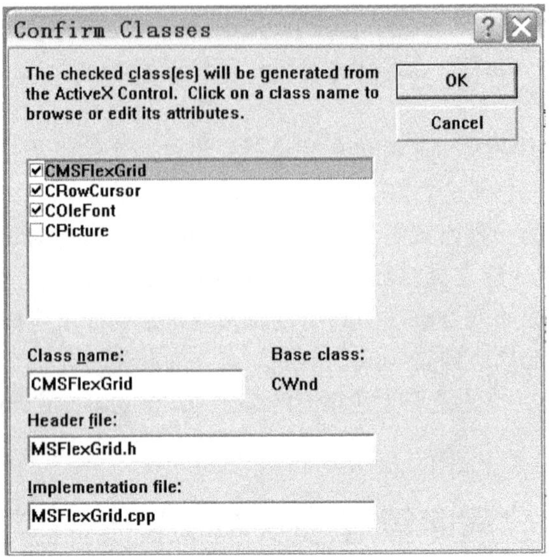

图 6-3　网格控件包含类确认对话框

的图标，并且在工程的 ClassView 区出现刚才选中的三个类：CMSflexGrid、CRowCursor 和 COleFont，在工程的 FileView 区出现类的头文件 msflexgrid.h、font.h 和 rowcursor.h 及源文件 msflexgrid.cpp 、 font.cpp 和 rowcursor.cpp 。两次添加 Microsoft FlexGrid Control 到 IDD_PROPPAGE1 上。修改其 ID 分别为 IDC_MSFLEXGRID1 和 IDC_MSFLEXGRID2。

　　按图 6-4 设置其属性，并适当调节网格控件所占范围的大小，使得后面设置的网格的高度与宽度即能完全显示出来，又无黑边。注意设置四个成组框控件下面第一个控件的"Group"属性。

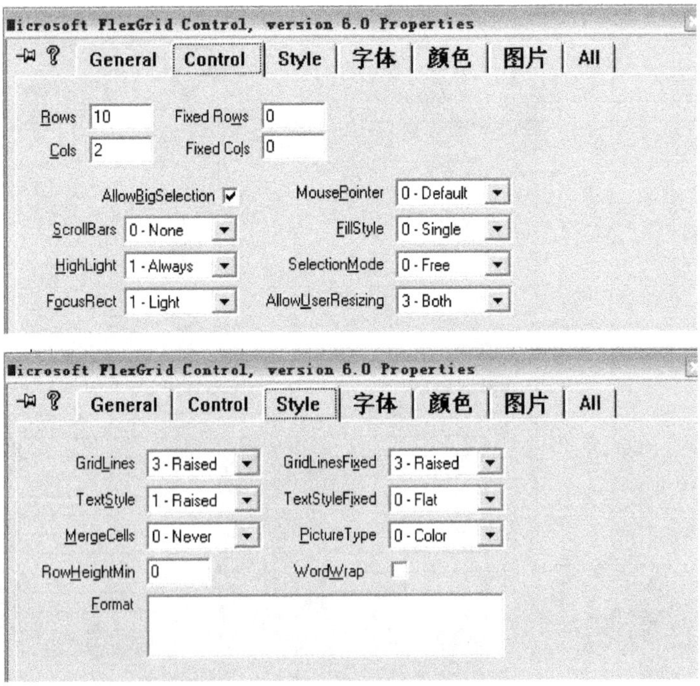

图 6-4　网格控件的属性设置

　　按图 6-5 设置列表控件的属性，并选中 More Styles 卡中的边框选项，设置控件 ID 为 IDC_LIST1。除静态文本控件外，其余各控件 ID、属性及绑定变量按表 6-1 设置。

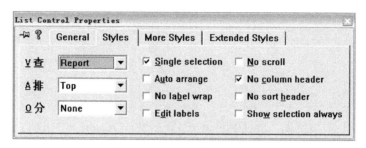

图 6-5　列表控件的属性设置

表 6-1　属性页对话框控件设置

控件类型	命令 ID	标题文本	属性修改	绑定变量名称类型
单选按钮	IDC_RADIOBAN	板材	勾选 "Group"	int m_radioban
单选按钮	IDC_RADIODUAN	锻件	无	
单选按钮	IDC_RADIOGUAN	管材	无	
单选按钮	IDC_RADIOLUO	螺栓	无	
单选按钮	IDC_RADIOTAN	碳钢	勾选 "Group"	int m_radiotan
单选按钮	IDC_RADIOTAI	钛	无	
单选按钮	IDC_RADIOTONG	铜	无	
单选按钮	IDC_RADIOBUXIU	不锈钢	无	
单选按钮	IDC_RADIOYU	铝	无	
单选按钮	IDC_RADIOGAO	高应力	勾选 "Group"	int m_radiogao
单选按钮	IDC_RADIODI	低应力	无	
单选按钮	IDC_RADIOXU	温度下许用应力	勾选 "Group"	int m_radioxu
单选按钮	IDC_RADIOQUFU	温度下屈服极限	无	
单选按钮	IDC_RADIOCHI	温度下持久强度	无	
编辑框	IDC_EDIT1WENXIA	材料使用温度下限		double m_wenmin
编辑框	IDC_EDITWENSHANG	材料使用温度上限		double m_wenmax
编辑框	IDC_EDITCHIXIA	材料使用尺寸下限		double m_deltmin
编辑框	IDC_EDITCHISHANG	材料使用尺寸上限		double m_deltmax
编辑框	IDC_EDITCHONG	材料重度		double m_chongdu
编辑框	IDC_EDITKANGLA	材料常温抗拉强度		double m_sigemab
编辑框	IDC_EDITQUFU	材料常温屈服极限		double m_sigemas
编辑框	IDC_EDITCAIMING	材料名称		Cstring m_name
编辑框	IDC_EDITCAIHAO	材料标准		CString m_biaozhun
CMSflexGrid	IDC_MSFLEXGRID1			CMSFlexGrid m_FlexGrid1
CMSflexGrid	IDC_MSFLEXGRID2			CMSFlexGrid m_FlexGrid2
编辑框	IDC_EDIT11		不可见	CEdit m_Change
列表控件	IDC_LIST1			CListCtrl m_list

其间要为这两个对话框资源添加响应的类 CPage1 和 CPage2。在类 CyhmaterialView 中增加变量：

```
public:
CPropertySheet propSheet;
Cpage1 page1;
Cpage2 page2;
```

按下面的代码添加函数 int CYhmaterialView::OnCreate(LPCREATESTRUCT lpCreate Struct)，以创建属性对话框。

```
int CYhmaterialView::OnCreate(LPCREATESTRUCT lpCreateStruct)
{
    if (CFormView::OnCreate(lpCreateStruct) == -1)
    return -1;
    CRect rect;
    GetWindowRect(&rect);
    propSheet.AddPage(&page1);
    propSheet.AddPage(&page2);
    propSheet.Create(this,WS_CHILD|WS_VISIBLE ,0);
    propSheet.ModifyStyleEx(0,WS_TABSTOP);
    propSheet.SetWindowPos(NULL,0,0,rect.right-rect.left,rect.bottom-rect.top,
    SWP_NOACTIVATE);
    CTabCtrl* m_tabctrl=propSheet.GetTabControl( );
    m_tabctrl->SetWindowPos(NULL,0,0,rect.right-rect.left,rect.bottom-rect.top,
    SWP_NOACTIVATE);
    return 0;
}
```

此时编译运行，发现属性对话框要么完全显示出来，但是只占整个视区的一部分，要么占住整个视区，但是只显示了一部分，多了两个滚动条，需要滚动才能看到属性对话框的各个部位。要想将属性对话框完全嵌入视区，不出现滚动条，可以添加函数 void Cyhmaterial View::OnSize(UINT nType, int cx, int cy)。

```
void CYhmaterialView::OnSize(UINT nType, int cx, int cy)
{
    CFormView::OnSize(nType, cx, cy);
    propSheet.SetWindowPos(NULL,0,0,cx,cy,SWP_NOACTIVATE);
    CTabCtrl* m_tabctrl=propSheet.GetTabControl( );//
    m_tabctrl->SetWindowPos(NULL,0,0,cx,cy,SWP_NOACTIVATE);//
```

```
    CRect rect; CSize size;
    GetClientRect(&rect); // 获取当前客户区 view 大小
    size.cx = rect.right - rect.left;
    size.cy = rect.bottom - rect.top;
    SetScrollSizes(MM_TEXT, size); // 将 CScrollView 的大小设置为当前客户区大小
}
```

再次编译运行，发现无滚动条，调节视区大小（用鼠标拖动），对话框的尺寸也跟着变化，视区与对话框大小同步，达到 sw6woshi 用户材料数据库模块的效果，如图 6-6 所示。

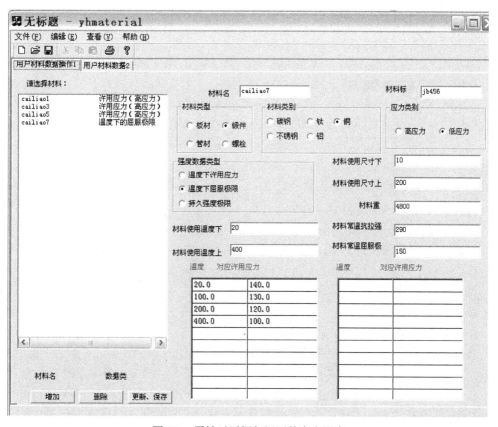

图 6-6　属性对话框与视区的大小同步

6.4　用户材料数据库管理模块各功能的编程实现

6.4.1　网格控件的可编辑化

编辑网格就是在单击单元格时能接受用户的输入，为此按第 6.2 节的思路进行。首先要响应 FlexGrid 控件的 Click 事件。利用类向导在类 Cpage1 中添加响应函数 void Cpage1::OnClickMsflexgrid1()和 void Cpage1::OnClickMsflexgrid2()。其代码为：

```
void Cpage1::OnClickMsflexgrid1()
{
    long lCol=m_FlexGrid1.GetColSel();          //获取单击的行号
    long lRow=m_FlexGrid1.GetRowSel();          //获取单击的列号
    if(lRow>m_FlexGrid1.GetRows() )             //判断单击是否有效
    return;
    GRIDNO=0; //逻辑变量，单击网格控件 1，其值为 0；单击网格控件 2，其值为 1
    CRect rect;
    m_FlexGrid1.GetWindowRect(&rect);           //获取 FlexGrid 控件的窗口矩形
    ScreenToClient(&rect);                      //转换为客户区矩形
    CDC* pDC=GetDC();
```
//MSFlexGrid 控件的函数的长度单位是 "缇(twips)"，需要将其转化为像素，1440 缇 = 1 英寸
//计算像素点和缇的转换比例
```
int nTwipsPerDotX=1440/pDC->GetDeviceCaps(LOGPIXELSX);
int nTwipsPerDotY=1440/pDC->GetDeviceCaps(LOGPIXELSY);
long y = m_FlexGrid1.GetRowPos(lRow)/nTwipsPerDotY;
long x = m_FlexGrid1.GetColPos(lCol)/nTwipsPerDotX;
long width = m_FlexGrid1.GetColWidth(lCol)/nTwipsPerDotX+1;
long height = m_FlexGrid1.GetRowHeight(lRow)/nTwipsPerDotY+1;
CRect rc(x,y,x+0.8*width,y+0.7*height);
rc.OffsetRect(rect.left+5,rect.top+4); //转换成相对对话框的坐标
CString strValue=m_FlexGrid1.GetTextMatrix(lRow,lCol);  //获取单元格内容
m_Change.ShowWindow(SW_SHOW); //显示控件
m_Change.MoveWindow(rc);  //改变大小并移到选中格位置
m_Change.SetWindowText(strValue); //显示文本
m_Change.SetFocus();     //获取焦点
}
```

当编辑完成释放焦点之后，将数据写回单元格。此时应该响应 CEdit 控件的 EN_KILLFOCUS 事件。利用类向导添加函数 void Cpage1::OnKillfocusEdit11()，其代码如下：

```
void Cpage1::OnKillfocusEdit11()
{
    CString strInput;
    GetDlgItemText(IDC_EDIT11,strInput);
    if(GRIDNO==0)
    m_FlexGrid1.SetText(strInput);
    else
    m_FlexGrid2.SetText(strInput);
```

```
    m_Change.ShowWindow(SW_HIDE);
}
```

函数 void Cpage1::OnClickMsflexgrid2()与 void Cpage1::OnClickMsflexgrid1()类似。添加逻辑变量 GRIDNO 是为了区分用户单击的是哪一个网格控件。

6.4.2 建立材料参数结构体

材料参数众多，其中最主要的是材料的力学性能指标。由于各种材料适用的温度范围不同，故力学性能的个数也不同。本章给出的温度等级数为 20（参考 GB150），当材料力学性能温度等级不够 20 时，以 0 补齐温度与力学性能。构建如下的结构体。

```
struct CAILIAOCANSHU
{
CString name; //材料名称
CString biaozhun;//材料标准
double houdumax,houdumin,wendumin,wendumax,cailiaomidu,sigma,qufu;//最小、最大尺
寸,最高、最低适用温度,材料重度,常温抗拉强度及屈服极限
int banfou,gangfou,gaoyinglifou,qiangdulei;//材料形式、材质类别、应力高低、应力类别
double yingli[20]; //应力等级值
double wendu[20];//温度等级值
};
```

材料形式即板材、锻件等之分；材质类别有碳钢、不锈钢、铜、铝及钛材之分；应力高低即高应力与低应力之分。GB 150—2011《压力容器》对某些材料在同一个温度下给出了两种许用应力，应力较高者仅适用于允许产生微量永久变形的元件；对于法兰或其他有微量永久变形就引起泄漏或故障的场合则采用较低应力以增加元件的尺寸,增加安全可靠性。

将上述代码加到文件 Cpage1.cpp 的前部，则在工程的 ClassView 区出现类 CAILIAO CANSHU。

6.4.3 用户材料数据库管理模块启动功能的实现

图 6-1 是启动界面。可以看出启动时将文件中的各个材料名称读入属性页的列表控件中，光标处于最后一个材料，并将这个材料的参数显示在属性页的各个控件中。用户单击任意一个材料名称，则右边各控件数据跟着变化。如果从文件为空，或不存在，则显示空白的界面，即各个控件为空。

实现思路是：先将网格控件和列表控件初始化；打开文件，将数据读入材料参数结构体，形成一个链结点添加到链尾，直到文件读完。再遍历链表，将每一个结点中对应的材料名称数据及应力类别写到列表框，并将最后一个材料的参数写入各个控件。这些工作可由函数 BOOL Cpage1::OnInitDialog()完成。其代码如下：

```
BOOL Cpage1::OnInitDialog()
{
    CPropertyPage::OnInitDialog();
    int i,j;
    CStdioFile file;
    CString str,str1,str2;
    POSITION pos;
    m_FlexGrid1.SetGridLineWidth(10);
    m_FlexGrid2.SetGridLineWidth(10);
    i=m_FlexGrid1.GetRows();
    m_FlexGrid1.SetColWidth(1,1800);
    m_FlexGrid1.SetColWidth(0,1400);
    m_FlexGrid2.SetColWidth(1,1800);
    m_FlexGrid2.SetColWidth(0,1400);
    m_FlexGrid1.SetColAlignment(0,1);
    m_FlexGrid1.SetColAlignment(1,1);
    m_FlexGrid2.SetColAlignment(0,1);
    m_FlexGrid2.SetColAlignment(1,1);
    for(j=0;j<i;j++)
    {
        m_FlexGrid2.SetRowHeight(j,300);
        m_FlexGrid1.SetRowHeight(j,300);
    }
    m_list.InsertColumn(0,"材料名称",LVCFMT_LEFT,130);
    m_list.InsertColumn(1,"应力高低",LVCFMT_LEFT,130);
    if(!file.Open(".\\matu1.dat",CFile::modeRead|CFile::typeText))//
    return true;
    else
    {   file.SeekToEnd();
        DWORD l1 = file.GetPosition();
        file.SeekToBegin();
        DWORD l2 = file.GetPosition();
        int num;
     while(l2<l1)
     {
         CAILIAOCANSHU* m_pcailiao = new CAILIAOCANSHU;
         file.ReadString(str);
         m_pcailiao->name=str;
         file.ReadString(m_pcailiao->biaozhun);
```

```
        file.ReadString(str);
        m_pcailiao->cailiaomidu=(double)atof((char*)(LPCTSTR)str);
        file.ReadString(str);
        m_pcailiao->houdumax=(double)atof((char*)(LPCTSTR)str);
        file.ReadString(str);
        m_pcailiao->houdumin=(double)atof((char*)(LPCTSTR)str);
        file.ReadString(str);
        m_pcailiao->wendumax=(double)atof((char*)(LPCTSTR)str);
        file.ReadString(str);
        m_pcailiao->wendumin=(double)atof((char*)(LPCTSTR)str);
        file.ReadString(str);
        m_pcailiao->qufu=(double)atof((char*)(LPCTSTR)str);
        file.ReadString(str);
        m_pcailiao->sigma=(double)atof((char*)(LPCTSTR)str);
        file.ReadString(str);
        m_pcailiao->banfou=atoi((char*)(LPCTSTR)str);
        file.ReadString(str);
        m_pcailiao->gangfou=atoi((char*)(LPCTSTR)str);
        file.ReadString(str);
        m_pcailiao->gaoyinglifou=atoi((char*)(LPCTSTR)str);
        file.ReadString(str);
        m_pcailiao->qiangdulei=atoi((char*)(LPCTSTR)str);
        for(int k=0;k<20;k++)
        {
            file.ReadString(str);
            m_pcailiao->yingli[k]=(double)atof((char*)(LPCTSTR)str);
            file.ReadString(str);
            m_pcailiao->wendu[k]=(double)atof((char*)(LPCTSTR)str);
        }
        file.Seek(0,CFile::current);
        l2=file.GetPosition();
        m_cailiaoList.AddTail(m_pcailiao);
    }
        file.Close();
        pos = m_cailiaoList.GetHeadPosition ();
for ( i=0;i<m_cailiaoList.GetCount();i++)//遍历链表
{
    CAILIAOCANSHU *m_pcai=(CAILIAOCANSHU*)m_cailiaoList.GetNext(pos);
    num=m_list.GetItemCount();
    m_list.InsertItem(num,m_pcai->name);
```

```
switch(m_pcai->qiangdulei)
{
case 0:
    if(m_pcai->gaoyinglifou==0)
    m_list.SetItemText(num,1,"许用应力（高应力）");
    else
    m_list.SetItemText(num,1,"许用应力（低应力）");
break;
case 1:
    m_list.SetItemText(num,1,"温度下的屈服极限");
break;
case 2:
    m_list.SetItemText(num,1,"温度下的持久极限");
}
}
CAILIAOCANSHU *m_pcai=(CAILIAOCANSHU*)m_cailiaoList.GetTail();
m_name=m_pcai->name;
m_biaozhun=m_pcai->biaozhun;
m_chongdu =m_pcai->cailiaomidu;
m_deltmax=m_pcai->houdumax;
m_deltmin=m_pcai->houdumin;
m_wenmax=m_pcai->wendumax;
m_wenmin=m_pcai->wendumin;
m_sigemab=m_pcai->sigma;
m_sigemas=m_pcai->qufu;
m_radioban=m_pcai->banfou;
m_radiogao=m_pcai->gaoyinglifou;
m_radiotan=m_pcai->gangfou;
m_radioxu=m_pcai->qiangdulei;
for(i=0;i<10;i++)
{
    if(m_pcai->yingli[i]==0)
    break;
    str1.Format("%4.1f\n",m_pcai->yingli[i]);
    str2.Format("%4.1f\n",m_pcai->wendu[i]);
    m_FlexGrid1.SetTextMatrix(i,1,str1);
    m_FlexGrid1.SetTextMatrix(i,0,str2);

}
for(i=10;i<20;i++)
```

```
        {
            if(m_pcai->yingli[i]==0)
            break;
            str1.Format("%4.1f\n",m_pcai->yingli[i]);
            str2.Format("%4.1f\n",m_pcai->wendu[i]);
            m_FlexGrid2.SetTextMatrix(i-10,0,str2);
            m_FlexGrid2.SetTextMatrix(i-10,1,str1);
        }
    UpdateData(false);
    }
    return TRUE;
    }
```

6.4.4　用户材料数据库管理模块各按钮功能的实现

"增加"按钮的功能实现。用户单击该按钮时，首先将网格控件隐藏，各控件数据清空，并将此按钮变灰，等待用户输入数据；当选择材料力学性能单选按钮时，再弹出网格控件，并将网格控件上方的静态文本控件的标题作出相应的修改。在 Cpage1 类中添加按钮 IDC_BUTTONADD 单击消息响应函数 OnButtonadd()。其代码为：

```
void Cpage1::OnButtonadd()
{
    GetDlgItem(IDC_BUTTONADD)->EnableWindow(FALSE);
    GetDlgItem(IDC_BUTTONSAVE)->EnableWindow(true);
    m_name.Empty();
    m_biaozhun.Empty();
    m_radioban=-1;
    m_radiogao=-1;
    m_radiotan=-1;
    m_radioxu=-1;
    m_sigemab=0;
    m_sigemas=0;
    m_wenmax=0;
    m_wenmin=0;
    m_deltmax=0;
    m_deltmin=0;
    m_chongdu=0;
    UpdateData(FALSE);
    for(int i=0;i<10; i++)
    {
```

```
            m_FlexGrid1.SetTextMatrix(i,0,"");
            m_FlexGrid1.SetTextMatrix(i,1,"");
            m_FlexGrid2.SetTextMatrix(i,0,"");
            m_FlexGrid2.SetTextMatrix(i,1,"");
        }
        m_FlexGrid1.ShowWindow(SW_HIDE);
        m_FlexGrid2.ShowWindow(SW_HIDE);
    }
```

在 Cpage1 类中添加单选按钮"温度下许用应力""温度下屈服极限"和"温度下持久极限"的单击消息响应函数。

```
    void Cpage1::OnRadioxu()
    {
        GetDlgItem(IDC_STATIC_XU)->SetWindowText("对应温度下的许用应力");
        GetDlgItem(IDC_STATIC_XU1)->SetWindowText("对应温度下的许用应力");
        m_FlexGrid1.ShowWindow(SW_SHOW);
        m_FlexGrid2.ShowWindow(SW_SHOW);
    }
    void Cpage1::OnRadioqufu()
    {
        GetDlgItem(IDC_STATIC_XU)->SetWindowText("对应温度下的屈服极限");
        GetDlgItem(IDC_STATIC_XU1)->SetWindowText("对应温度下的屈服极限");
        m_FlexGrid2.ShowWindow(SW_SHOW);
        m_FlexGrid1.ShowWindow(SW_SHOW);
    }
    void Cpage1::OnRadiochi()
    {
        GetDlgItem(IDC_STATIC_XU)->SetWindowText("对应温度下的持久极限");
        GetDlgItem(IDC_STATIC_XU1)->SetWindowText("对应温度下的持久极限");
        m_FlexGrid2.ShowWindow(SW_SHOW);
        m_FlexGrid1.ShowWindow(SW_SHOW);
    }
```

将网格控件上方的静态文本标题修改为红色。添加 WM_CTLCOLOR 消息响应函数如下：

```
    HBRUSH Cpage1::OnCtlColor(CDC* pDC, CWnd* pWnd, UINT nCtlColor)
    {
        HBRUSH hbr = CPropertyPage::OnCtlColor(pDC, pWnd, nCtlColor);
        if (pWnd->GetDlgCtrlID() == IDC_STATIC_XU)
```

```
        {
            pDC->SetTextColor(RGB(255,0,0));
        }
    if (pWnd->GetDlgCtrlID() == IDC_STATIC_XU1)
        {
            pDC->SetTextColor(RGB(255,0,0));
        }
    if (pWnd->GetDlgCtrlID() == IDC_STATIC_WENDU)
        {
            pDC->SetTextColor(RGB(255,0,0));
        }
    if (pWnd->GetDlgCtrlID() == IDC_STATIC_WENDU1)
        {
            pDC->SetTextColor(RGB(255,0,0));
        }
    return hbr;
}
```

注意，如果仅仅在上述 OnRadioxu()等三个函数中使用 SetTextColor(RGB(255,0,0))语句是不能将文字改为红色的。

"更新、保存"按钮的功能实现：首先将用户输入的数据形成一个结构体，并得到新的链节点添加到链尾。此链是在函数 OnInitDialog()中形成的。再将新增加的材料名称及应力类别数据写入列表框的最后面。最后将该材料的数据写入文件末尾；并将本按钮变灰，恢复"增加"按钮。下面给出具体代码。

```
void Cpage1::OnButtonsave()
{
    CStdioFile file;
    CString str,str1,str2,str3;
    UpdateData(true);//获取编辑框数据
    CAILIAOCANSHU* m_pcailiao = new CAILIAOCANSHU;//创建结构体对象指针
    if(m_name.IsEmpty())
    {
        AfxMessageBox("材料名称不能为空!");
        return;
    }
    else
    {
        GetDlgItem(IDC_BUTTONADD)->EnableWindow(true);
        GetDlgItem(IDC_BUTTONSAVE)->EnableWindow(FALSE);
```

```
        m_pcailiao->name = m_name;//将用户输入信息赋值给结构体对象
        m_pcailiao->biaozhun=m_biaozhun;
        m_pcailiao->cailiaomidu=m_chongdu;
        m_pcailiao->banfou=m_radioban;
        m_pcailiao->gangfou=m_radiotan;
        m_pcailiao->gaoyinglifou=m_radiogao;
        m_pcailiao->houdumax=m_deltmax;
        m_pcailiao->houdumin=m_deltmin;
        m_pcailiao->wendumax=m_wenmax;
        m_pcailiao->wendumin=m_wenmin;
        m_pcailiao->qiangdulei=m_radioxu;
        m_pcailiao->qufu=m_sigemas;
        m_pcailiao->sigma=m_sigemab;
        for(int i=0;i<20;i++)
        {
            m_pcailiao->wendu[i]=0;
            m_pcailiao->yingli[i]=0;
        }
for( i=0;i<10; i++)
{
    if((LPCTSTR)m_FlexGrid1.GetTextMatrix(i,0)=="" )
    break;
    m_pcailiao->wendu[i]=atof((char*)(LPCTSTR)m_FlexGrid1.GetTextMatrix(i,0));
    m_pcailiao->yingli[i]=atof((char*)(LPCTSTR)m_FlexGrid1.GetTextMatrix(i,1));
    }
    for( i=10;i<20; i++)
    {
    if((LPCTSTR)m_FlexGrid2.GetTextMatrix(i-10,0)=="" )
    break;
    m_pcailiao->wendu[i]=atof((char*)(LPCTSTR)m_FlexGrid2.GetTextMatrix(i-10,0));
    m_pcailiao->yingli[i]=atof((char*)(LPCTSTR)m_FlexGrid2.GetTextMatrix(i-10,1));
    }
    m_cailiaoList.AddTail(m_pcailiao);//将结构体对象加入到链表尾
}
    int num=m_list.GetItemCount();
    m_list.InsertItem(num,m_pcailiao->name);
    switch(m_pcailiao->qiangdulei)
    {
    case 0:
        if(m_pcailiao->gaoyinglifou==0)
        m_list.SetItemText(num,1,"许用应力（高应力）");
        else
```

```
            m_list.SetItemText(num,1,"许用应力（低应力）");
        break;
        case 1:
            m_list.SetItemText(num,1,"温度下的屈服极限");
        break;
        case 2:
            m_list.SetItemText(num,1,"温度下的持久极限");
        }

        file.Open(".\\matu1.dat",CFile::modeCreate|CFile::modeNoTruncate
                    |CFile::modeReadWrite);
        file.SeekToEnd();
        POSITION pos;
        if( ( pos = m_cailiaoList.GetTailPosition() ) != NULL )    //链表不为空
        {
        CAILIAOCANSHU* m_pcailiao = (CAILIAOCANSHU*)m_cailiaoList.GetTail();
        str1=m_pcailiao->name;
        file.WriteString(str1);
        file.WriteString("\n");
        str1=m_pcailiao->biaozhun;
        file.WriteString(str1);
        file.WriteString("\n");
        str2.Format("%4.1f\n%4.1f\n%4.1f\n%4.1f\n%4.1f\n%4.1f\n%4.1f\n",
        m_pcailiao->cailiaomidu,m_pcailiao->houdumax,m_pcailiao->houdumin,m_pcailiao->
        wendumax,m_pcailiao->wendumin,m_pcailiao->qufu,m_pcailiao->sigma);
        file.WriteString(str2);
        str3.Format("%3d\n%3d\n%3d\n%3d\n",m_pcailiao->banfou,m_pcailiao->gangfou,
        m_pcailiao->gaoyinglifou,m_pcailiao->qiangdulei);
        file.WriteString(str3);
        for(int k=0;k<20;k++)
        {
            str.Format("%4.1f\n",m_pcailiao->yingli[k]);
            file.WriteString(str);
            str.Format("%4.1f\n",m_pcailiao->wendu[k]);
            file.WriteString(str);
        }
        }
    file.Close();
    }
```

　　注意 SeekToEnd()函数与文件打开模式 CFile::modeNoTruncate 的配合使用，虽然该模式是以添加数据的方式写文件，但是还是必须将文件指针调到文件最后，否则会将现有的数据覆盖。这一点与 C 语言中 FILE 类是不同的。FILE 的文件再写入不需要将指针调到文件末尾。

　　"删除"按钮的功能实现：首先在列表框中捕获用户要删除的材料表项，将此表项删除，然后从链表中删除该材料对应的结点，并从文件中删除该材料的数据（实际上重写整个文件），并将最后一个结点的材料显示在各个控件中。

```
void Cpage1::OnButtondel()
{
    CStdioFile file;
    CString str,str1,str2,str3;
    POSITION  pos = m_cailiaoList.GetHeadPosition ();
    for(int i=0; i<m_list.GetItemCount(); i++)                //遍历整个列表视图
    {
    if( m_list.GetItemState(i, LVIS_SELECTED) == LVIS_SELECTED )   //获取选中行
     {
        str=m_list.GetItemText(i,0);
        m_list.DeleteItem(i);
        UpdateData(false);
        break;
     }
    }
    for ( i=0;i<m_cailiaoList.GetCount();i++)//遍历链表
    {
        CAILIAOCANSHU *m_pcai=(CAILIAOCANSHU*)m_cailiaoList.GetNext(pos);
        if(str==m_pcai->name)
        {
            if(pos==NULL)
            m_cailiaoList.RemoveTail( );
            else
            {
                m_cailiaoList.GetPrev (pos);
                m_cailiaoList.RemoveAt(pos);
            }
            delete m_pcai;
            break;
        }
    }
    file.Open(".\\matu1.dat",CFile::modeCreate|CFile::modeReadWrite);
    pos=m_cailiaoList.GetHeadPosition();
```

```
for ( i=0;i<m_cailiaoList.GetCount();i++)
{
CAILIAOCANSHU* m_pcailiao = (CAILIAOCANSHU*)m_cailiaoList.GetNext(pos);
str1=m_pcailiao->name;
file.WriteString(str1);
file.WriteString("\n");
str1=m_pcailiao->biaozhun;
file.WriteString(str1);
file.WriteString("\n");
str2.Format("%4.1f\n%4.1f\n%4.1f\n%4.1f\n%4.1f\n%4.1f\n%4.1f\n",m_pcail
iao->cailiaomidu,m_pcailiao->houdumax,
    m_pcailiao->houdumin,m_pcailiao->wendumax,m_pcailiao->wendumin,
    m_pcailiao->qufu,m_pcailiao->sigma);
file.WriteString(str2);
str3.Format("%3d\n%3d\n%3d\n%3d\n",m_pcailiao->banfou,m_pcailiao->gangfou,
        m_pcailiao->gaoyinglifou,m_pcailiao->qiangdulei);
file.WriteString(str3);
for(int k=0;k<20;k++)
{
    str.Format("%4.1f\n",m_pcailiao->yingli[k]);
    file.WriteString(str);
    str.Format("%4.1f\n",m_pcailiao->wendu[k]);
    file.WriteString(str);
}
}
file.Close();
CAILIAOCANSHU *m_pcai=(CAILIAOCANSHU*)m_cailiaoList.GetTail();
m_name=m_pcai->name;
m_biaozhun=m_pcai->biaozhun;
m_chongdu =m_pcai->cailiaomidu;
m_deltmax=m_pcai->houdumax;
m_deltmin=m_pcai->houdumin;
m_wenmax=m_pcai->wendumax;
m_wenmin=m_pcai->wendumin;
m_sigemab=m_pcai->sigma;
m_sigemas=m_pcai->qufu;
m_radioban=m_pcai->banfou;
m_radiogao=m_pcai->gaoyinglifou;
m_radiotan=m_pcai->gangfou;
m_radioxu=m_pcai->qiangdulei;
```

```
    for(i=0;i<10;i++)
    {
        if(m_pcai->yingli[i]==0)
        break;
        str1.Format("%4.1f\n",m_pcai->yingli[i]);
        str2.Format("%4.1f\n",m_pcai->wendu[i]);
        m_FlexGrid1.SetTextMatrix(i,1,str1);
        m_FlexGrid1.SetTextMatrix(i,0,str2);
    }
    for(i=10;i<20;i++)
    {
        if(m_pcai->yingli[i]==0)
        break;
        str1.Format("%4.1f\n",m_pcai->yingli[i]);
        str2.Format("%4.1f\n",m_pcai->wendu[i]);
        m_FlexGrid2.SetTextMatrix(i-10,0,str2);
        m_FlexGrid2.SetTextMatrix(i-10,1,str1);
    }
    UpdateData(false);
}
```

最后还要添加列表框表项改变的消息响应函数 OnItemchangedList1()，并将对应的材料参数显示在各个控件中以便用户查看浏览。

```
void Cpage1::OnItemchangedList1(NMHDR* pNMHDR, LRESULT* pResult)
{
    NM_LISTVIEW* pNMListView = (NM_LISTVIEW*)pNMHDR;
    CString str,str1,str2;
    for(int i=0; i<m_list.GetItemCount(); i++)
    {
        if( m_list.GetItemState(i, LVIS_SELECTED) == LVIS_SELECTED )
        {
            str=m_list.GetItemText(i,0);
            break;
        }
    }
    POSITION  pos = m_cailiaoList.GetHeadPosition ();
    for ( i=0;i<m_cailiaoList.GetCount();i++)
    {
        CAILIAOCANSHU *m_pcai=(CAILIAOCANSHU*)m_cailiaoList.GetNext(pos);
```

```
            if(str==m_pcai->name)
            {
        m_name=m_pcai->name;
        m_biaozhun=m_pcai->biaozhun;
        m_chongdu =m_pcai->cailiaomidu;
        m_deltmax=m_pcai->houdumax;
        m_deltmin=m_pcai->houdumin;
        m_wenmax=m_pcai->wendumax;
        m_wenmin=m_pcai->wendumin;
        m_sigemab=m_pcai->sigma;
        m_sigemas=m_pcai->qufu;
        m_radioban=m_pcai->banfou;
        m_radiogao=m_pcai->gaoyinglifou;
        m_radiotan=m_pcai->gangfou;
        m_radioxu=m_pcai->qiangdulei;
        for(i=0;i<10;i++)
        {
            if(m_pcai->yingli[i]==0)
            break;
            str1.Format("%4.1f\n",m_pcai->yingli[i]);
            str2.Format("%4.1f\n",m_pcai->wendu[i]);
            m_FlexGrid1.SetTextMatrix(i,1,str1);
            m_FlexGrid1.SetTextMatrix(i,0,str2);
        }
        for(i=10;i<20;i++)
        {
            if(m_pcai->yingli[i]==0)
            break;
            str1.Format("%4.1f\n",m_pcai->yingli[i]);
            str2.Format("%4.1f\n",m_pcai->wendu[i]);
            m_FlexGrid2.SetTextMatrix(i-10,0,str2);
            m_FlexGrid2.SetTextMatrix(i-10,1,str1);
        }
        break;
        }
    }
    UpdateData(false);
    *pResult = 0;
}
```

编译运行工程 yhmaterial，发现基本实现 sw6woshi 的该模块功能。部分运行结果如图 6-7 所示。

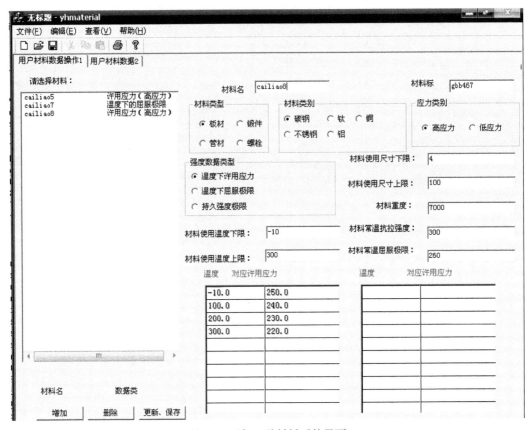

图 6-7 添加三种材料后的界面

对应的数据文件 matu1.dat 文件的数据如下（文件是记事本格式的，一种材料的数据占 53 行，这里进行了重排）：

cailiao5	0.0	0	200.0	0.0	0.0	0.0	0.0	0.0
gb456	180.0	180.0	150.0	0.0	0.0	0.0	0.0	0.0
2600.0	250.0	0.0	300.0	0.0	0.0	0.0	0.0	0.0
10.0	1	170.0	0.0	0.0	0.0	0.0	0.0	0.0
2.0	0	100.0	0.0	0.0	0.0	0.0	0.0	0.0
300.0	0	160.0	0.0	0.0	0.0	0.0	0.0	0.0
cailiao7	20.0	1	200.0	0.0	0.0	0.0	0.0	0.0
jb456	150.0	140.0	100.0	0.0	0.0	0.0	0.0	0.0
4800.0	290.0	20.0	400.0	0.0	0.0	0.0	0.0	0.0
200.0	2	130.0	0.0	0.0	0.0	0.0	0.0	0.0
10.0	3	100.0	0.0	0.0	0.0	0.0	0.0	0.0
400.0	1	120.0	0.0	0.0	0.0	0.0	0.0	0.0
cailiao8	−10.0	0	200.0	0.0	0.0	0.0	0.0	0.0

gbb467	260.0	250.0	220.0	0.0	0.0	0.0	0.0	0.0
7000.0	300.0	−10.0	300.0	0.0	0.0	0.0	0.0	0.0
100.0	0	240.0	0.0	0.0	0.0	0.0	0.0	0.0
4.0	0	100.0	0.0	0.0	0.0	0.0	0.0	0.0
300.0	0	230.0	0.0	0.0	0.0	0.0	0.0	

最后，还要将用户更改后的材料库中的材料数据添加到 sw6woshi 中，首先将材料名称按不同类别读进 sw6woshi "简体数据"属性对话框中的材料列表框，同时将其应力、温度上下限等数据读进相应的数据源中，这样就能使用这些材料进行设计了。

下篇

计算机辅助机械设计绘图

第 7 章
CAXA 简介

本章简要介绍国产交互式绘图软件电子图板 CAXA 的基本功能，目的是让读者对交互式绘图软件的功能有个感性认识，为后面交互式绘图软件的开发及 CAXA 的二次开发奠定基础。

7.1　CAXA 概况

CAXA 电子图板是功能齐全的通用计算机辅助设计（CAD）软件。它以交互图形方式，对几何模型进行实时的构造、编辑和修改。CAXA 电子图板提供形象化的设计手段，帮助设计人员发挥创造性，提高工作效率，缩短新产品的设计周期，把设计人员从繁重的设计绘图工作中解脱出来，并有助于促进产品设计的标准化、系列化、通用化，使得整个设计规范化。

CAXA 电子图板适合于所有需要二维绘图的场合。利用它可以进行零件图设计、装配图设计、零件图组装装配图、装配图拆画零件图、工艺图表设计、平面包装设计、电气图纸设计等。它已经在机械、电子、航空、航天、汽车、船舶、轻工、纺织、建筑及工程建设等领域得到广泛的应用。

CAXA2007 企业版界面如图 7-1 所示。

CAXA 电子图板系统的特点如下。

（1）设计、操作简便

CAXA 系不仅提供了强大的智能化图形绘制和编辑功能、文字和尺寸修改等，而且还提供了强大的智能化工程标注方式。用全面的动态拖画设计，支持动态导航、自动捕捉特征点、自动消影。

（2）体系开放、符合标准

系统全面支持最新的国家标准，通过国家机械 CAD 标准化审查，系统提供了图框、标题栏等样式供用户选用。在标注零件序号、明细表时，能自动实现联动。明细表支持 Access 和 FoxPro 数据接口。

（3）参量设计、方便实用

系统提供了方便高效的参数化图库，可以方便地调出预先定义的标准图形或相似图形进行参数化设计。系统增加了大量的国标图库，覆盖了机械设计、电气设计等所有类型。系统

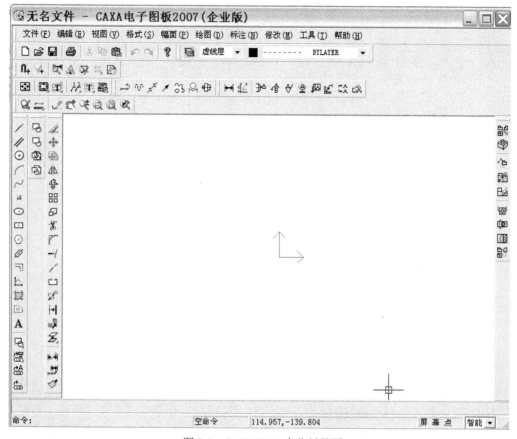

图 7-1　CAXA2007 企业版界面

提供的局部参数化设计可以方便地对复杂的零件图或装配图进行编辑修改，在欠约束和过约束的情况下，均能给出合理的结果。

7.2　CAXA 的交互绘图功能

CAXA 系统界面具有非常友好的交互功能，真正做到了"所见即所得"。在输入绘图命令后，弹出立即菜单提示用户选择绘图的方法，避免了 AUTOCAD 长长的提示行。如单击"绘图\直线"后，在界面左下角出现提示菜单，如图 7-2 所示。菜单 1 让用户选择绘制直线的类别，菜单 2、菜单 3 等根据直线的类别相应变化。

用户不仅可以通过单击菜单、工具图标输入命令，还可以通过输入命令的英文名称来实现命令的输入。如在命令状态下，画直线可键入字母 l（在英文输入法状态，不分大小写），画圆键入字母 c。

点的输入可以用鼠标在屏幕上单击任一点，也可以输入坐标。如绝对坐标（例如：30,40）；相对坐标（例如：@10,0）。系统自带的坐标系的原点在屏幕的中心（称世界坐标系），符合右手法则。用户还可以设置新的坐标系。这两项功能相结合能极大地方便用户根据设计尺寸准确地绘制图形，避免了烦琐的几何运算。

图 7-2 CAXA2007 的立即菜单

鼠标单击产生的点就是屏幕点。屏幕点有自由、智能、栅格和导航等四种状态。系统处于智能状态时，系统能自动捕捉图元特征点。所谓特征点，即是线段端点、中点、垂足、圆弧或圆的圆心、交点等。如由直线外一点向直线拖曳画线时，如果鼠标靠近线段端点，则光标自动吸附到端点上，用户可以直接按下鼠标左键接受系统的智能判断完成与线段端点的连线工作。如果光标靠近线段中点，则画线到中点，如果靠近垂足，则画线段的垂线，如图 7-3 所示。

图 7-3 利用智能捕捉功能画线段的垂线

7.3　CAXA 的图形编辑功能

　　CAXA 提供了强大的图形修改编辑功能。具体功能在图形编辑主菜单修改（M）的下拉菜单中，如图 7-4 所示。

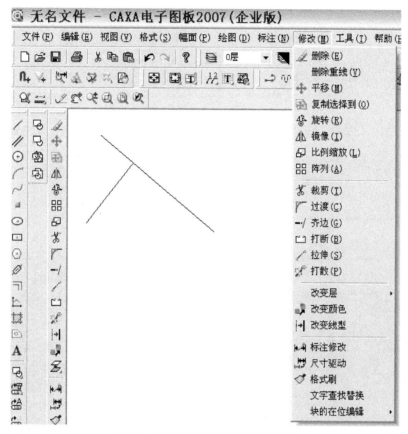

图 7-4　CAXA 2007 的图形编辑功能

　　很多编辑命令要先选择图形实体，然后再编辑。CAXA 提供了单个拾取，逐一添加和框选两种方法拾取多个实体。框选又分两种：一种是从左上向右下拉框，只有全部落在框内的实体才被选中；另一种是从右下向左上拉框，只要和框的四条边中任一条边相交，实体就会被选中。如图 7-5 所示，图 7-5（a）能选中全部实体，图 7-5（b）则能选中四条直线段，圆不能被选中。

　　CAXA2007 的过渡功能有"圆角""多圆角""倒角""多倒角""内倒角""外倒角"和"尖角"。具体图形变化见图 7-6。尖角与圆角、倒角相反，即倒角或圆角后，用尖角命令可以恢复原来形状。外倒角用于轴类零件端部的设计，内倒角用于轴类零件中间部位等场合，如图 7-7 所示。在使用内倒角和外倒角命令时，三条线段的拾取顺序无要求，但是三条线段必须是如图中的平行、垂直关系，否则操作无效。

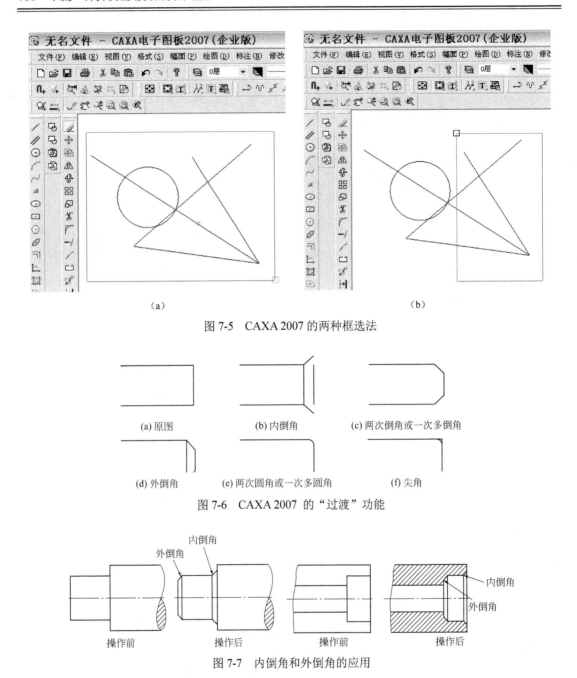

（a）　　　　　　　　　　　　　　（b）

图 7-5　CAXA 2007 的两种框选法

(a) 原图　　　　(b) 内倒角　　　　(c) 两次倒角或一次多倒角

(d) 外倒角　　(e) 两次圆角或一次多圆角　　(f) 尖角

图 7-6　CAXA 2007 的"过渡"功能

内倒角

外倒角

内倒角

外倒角

操作前　　　　操作后　　　　操作前　　　　操作后

图 7-7　内倒角和外倒角的应用

7.4　CAXA 的工具菜单

CAXA 系统主菜单工具具有众多实用功能，如设置用户坐标系、几何参数查询、调用记事本、画笔等外部工具。图 7-8 展示了工具菜单的众多子菜单项。

（1）用户坐标系

系统默认坐标系有时候不利于得知点的坐标，为了更好地辅助作图，改变坐标原点及坐标轴的方向，即建立用户坐标系可以使得坐标点的输入很方便，从而提高绘图效率。

图 7-8　CAXA2007 工具菜单的功能

（2）选项

单击"工具\选项"菜单后，系统弹出一个由四个属性页组成的属性对话框，如图 7-9 所示。在此对话框可以配置与系统环境相关的参数。图中"当前绘图"指的是绘图区的背景颜色，单击彩色方块或其右侧的向下箭头，都会弹出颜色对话框，供用户选择背景色。同样的操作，用户可以设置当前坐标系、非当前坐标系、拾取加亮，以及光标的显示颜色。

在"文字设置"属性页中显示标题栏文字的字型、明细表文字的字型、零件序号的字型、中文缺省字体、西文缺省字体和文字显示最小单位，可以在属性页中修改各种字体的设置。

在"参数设置"属性页中，可以设置系统的当前存盘间隔、查询小数位数、系统的最大实数以及文件存盘路径等参数。

（3）捕捉点设置

单击该菜单后弹出图 7-10 所示的对话框，图中各项说明如下。

图 7-9　CAXA2007 工具\选项菜单的功能

图 7-10　CAXA2007 工具\捕捉点设置菜单的功能

自由点捕捉——鼠标在屏幕绘图区内移动时不自动吸附到任何特征点上，点的输入完全由当前鼠标在绘图区内的实际定位来确定。

栅格点捕捉——栅格点就是在屏幕绘图区内沿当前用户坐标系的 X 方向和 Y 方向等间距排列的点，间距可以修改，还可设置栅格点的可见与不可见。

智能点捕捉——自动捕捉特征点，如端点、圆心、中点、孤立点、象限点等，捕捉的精度由拾取盒大小控制。

导航点捕捉——通过光标线的 X 坐标线或 Y 坐标线距离导航点最近的特征点进行导航，如直线的端点、孤立点、中点、圆心点、象限点等。还可以根据作图的需要随时选择特定的导航点进行捕捉。如果还需要在某些特定的角度上进行导航，可以启用角度导航设置，并添加所需要的导航角。导航点的精度由拾取盒大小控制。

系统默认捕捉方式为智能点捕捉，可以利用热键 F6 切换捕捉方式。

（4）拾取过滤设置

拾取过滤设置是设置拾取图形元素的过滤条件和拾取盒大小。拾取过滤条件包括：实体过滤、线型过滤、图层过滤、颜色过滤，这 4 种过滤条件的交集就是拾取的条件，利用过滤条件组合进行拾取，可以快速、准确地从图中拾取到想要拾取的图形元素，具体设置如图 7-11 所示。

图 7-11 CAXA2007 工具\拾取过滤设置菜单的功能

7.5 CAXA 的视图菜单

视图菜单提供了控制视图显示的命令，这些命令能按不同的比例显示图形不同的位置、范围等，不改变原图形的任何属性。视图菜单具体功能见图 7-12。

（1）显示窗口

该命令好比用放大镜观察地图上某一点，放大后的图形的局部结构占满整个绘图区。本命令适用于对局部细小密集部分的观察和绘制。

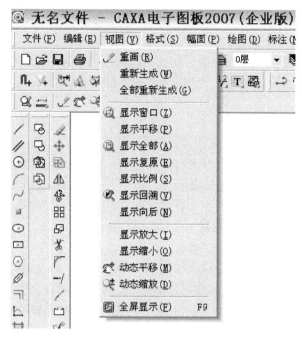

图 7-12　CAXA2007 视图菜单

（2）显示平移

该命令将图形的某个局部（由用户指定）平移到绘图区中心加以显示，如同在地图上移动放大镜，放大镜显示的视图占满绘图区。也可以使用键盘上的上、下、左、右方向键进行显示的平移。

（3）显示全部

显示全部命令将所绘图形全部显示在屏幕绘图区内。

（4）显示复原

系统建立一个视图链，保存用户每次显示变换后的视图，显示复原命令即可实现复原图形最初的显示状态，也可直接按下 Home 键执行显示复原命令。

（5）显示回溯

取消当前显示变换，恢复到上一次显示状态。

（6）显示向后

取消当前显示变换，恢复到下一次显示状态。

（7）显示放大

按固定比例（1.25 倍）将图形进行放大显示。

（8）显示缩小

按固定比例（0.8 倍）将图形进行缩小显示。

（9）动态平移

随意平移图形。

命令执行后，鼠标变为十字形箭头，这时按下鼠标左键，拖动鼠标就可以随意平移图形。也可以按住 Shift 键的同时按住鼠标左键拖动鼠标来实现动态平移。

（10）动态缩放

随意放大或缩小显示图形。

命令执行后，鼠标变为一个带加减号的放大镜，此时滚动鼠标滚轮就能放大或缩小图形。向外滚动是放大，向里滚动是缩小。也可以在按住 Shift 键的同时，按住鼠标右键，拖动鼠标也可以实现动态缩放。

（11）全屏显示

全屏显示图形。

命令执行后，原绘图区中显示的图形即得到全屏幕显示，按 Esc 键可退出全屏显示。也可以按快捷键 F9，来实现图形的全屏显示。

7.6 CAXA 的幅面菜单

该菜单是 CAXA 比较受人欢迎的地方。CAXA 电子图板按照国标的规定，在系统内设置了 5 种标准图幅以及相应的图框、标题栏和明细表。系统还允许自定义图幅和图框，并将自定义的图幅、图框制成模板文件，可供其他文件调用。该菜单具体功能见图 7-13。

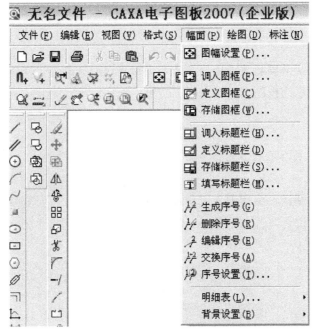

图 7-13　CAXA2007 幅面菜单

用户在开始绘图时先使用"图幅设置"命令，在"图幅设置"对话框中选好图幅、图框和标题栏，再开始布局绘图。图绘制完毕后，单击"生成序号"菜单项，即可给图形中的零部件编号，同时生成明细表。在生成明细表的同时可填写明细表，也可以在编完序号后，单独填写明细表。

第8章
计算机绘图技术基础

8.1 计算机图形显示与生成原理

图形是计算机图形学的研究对象，指能在人的视觉系统中产生视觉印象的客观对象，包括自然景物、照片、几何学中的图形等。图形由几何要素和其属性构成。几何要素就是图形的形状、大小；属性指图形的色彩、材质、线型等。计算机中表示图形的方法有点阵表示法和参数法。点阵法将图形离散为多个点，以点来表示图形，点的信息包括位置、色彩等；参数法以图形的形状参数和图形属性来表示图形。前者一般又称数字图像。

一个完整的 VGA 图形显示系统由三部分组成：图形主机、显示卡和显示器。主机所发出的图像数据由显示卡负责接收和储存，并对该数据进行处理和转换，生成一定的时序信号传送给显示器；显示器按照显示卡所发送的信号进行屏幕显示，最终形成与主机所发出的数据相对应的图像。

8.1.1 VGA 显示器的基本原理

（1）单色阴极射线管显示器

高速的电子束由电子枪发出，经过聚焦系统、加速系统和磁偏转系统就会到达荧光屏的特定位置。由于荧光物质在高速电子的轰击下会发生电子跃迁，即电子吸收到能量，从低能态变为高能态。由于高能态很不稳定，在很短的时间内荧光物质的电子会从高能态重新回到低能态，这时将发出荧光，屏幕上的那一点就会亮了。

电子束在一个时刻只能点亮屏幕上的一个点，但当电子束离开该点时，荧光粉发出的亮光并不会马上熄灭，而是要保持一段时间。由于电子束的偏转及强弱都是由电信号的变化来实现的，它具有非常快的速度，远远超出了人的感觉能力，因此，当电子束连续快速地扫过屏幕上的若干个点时，这些点在视觉上就会被同时显示在屏幕上，构成一幅图像。

要保持显示一幅稳定的画面，必须不断地发射电子束。这个过程叫刷新。一次刷新是指电子束从上到下扫描一次的过程。单位时间里的扫描次数叫刷新频率。刷新频率高到一定值后，图像才能稳定显示。

（2）彩色阴极射线管显示器

彩色 CRT 的基本构成和原理与单色 CRT 是相似的，它们之间主要有如下一些不同：电子枪由一支变为三支，它们分别对应于红绿蓝(RCB)三种基色，三支电子枪发出三个电子束；偏转装置使三个电子束同时发生偏转，轰击到荧光屏上；这时荧光屏上不再是一种荧光粉，而是间隔涂敷三种荧光粉，分别对应于红绿蓝三色，为了使一个电子束只能轰击到一种颜色的荧光粉，在彩色 CRT 上增加了一个装置，称为影孔板。影孔板是一个放在荧光屏之前的金属平板，上面布满了小孔，电子束必须穿过孔才能到达荧光屏，由于三个电子束是不重合的，它们射向影孔板同一个孔的入射角也就不同，当穿过某一个孔后，三个电子束就会到达荧光屏上三个分离的点上，在这三个点上分别涂上三种颜色的荧光粉，就可保证每个电子枪所发出的电子束只会点亮一种颜色的荧光粉。荧光屏上涂有不同荧光粉的点是相互分离的但又靠得非常近，当相邻的三个不同色点被点亮时，人的视觉无法分离出三个点，而只能感受到一个点的存在，并且所感受到的颜色是这三个点的颜色的综合，由此彩色 CRT 即可在人的视觉上形成有效的色彩组合，达到彩色显示的效果。

施加在偏转装置上的电压决定了所显示点的位置。三支电子枪所发射出的电子束的强弱则决定了一定的颜色组合，而各电子束的强弱可以连续平滑地调整，因此彩色 CRT 能够显示出任何一种颜色，它的色彩显示能力是不受自身限制的。如果每支电子枪发出的电子束的强度有 256 个等级，则显示器能同时显示 $256 \times 256 \times 256 = 16M$ 种颜色，称为真彩系统。VGA 显示系统所采用的即是 CRT 显示器，一般是彩色 CRT，但也可采用单色 CRT。

（3）光栅扫描的显示系统

电子束扫过一幅屏幕图像上的各个点的过程称为屏幕扫描，屏幕扫描有两种不同的方式：随机扫描和光栅扫描。在随机扫描方式下，根据所要显示的每个图形元素 (通常是直线或点)的坐标值来控制电子束的偏转，电子束只扫过屏幕上那些需要显示的部分。在光栅扫描方式下，电子束按固定的路径扫过整个屏幕，在扫描过程中，通过电子束的通断强弱来控制电子束所经过的每个点是否显示或显示的颜色。

在早期的计算机显示器中，曾采用过随机扫描，现在的显示器采用的都是光栅扫描。光栅扫描的路径通常为从上到下扫过每一行，在每一行内从左到右扫描。其扫描过程如下：电子束从屏幕的左上角开始向右扫，当到达屏幕的右边缘时，电子束关闭(水平消隐)，并快速返回屏幕左边缘(水平回扫)，又在下一条扫描线上开始新的一次水平扫描。一旦所有水平扫描均告完成，电子束在屏幕的右下角结束并关闭(垂直消隐)，然后迅速返回屏幕左上角(垂直回扫)，开始下一次光栅扫描。

下面给出关于显示器的一些基本概念。

行频、帧频：水平扫描频率为行频。垂直扫描频率为帧频。

逐行扫描、隔行扫描：隔行扫描方式是先扫偶数行扫描线，再扫奇数行扫描线。

像素：整个屏幕被扫描线分成 n 行，每行有 m 个点，每个点为一个像素。整个屏幕有 $m \times n$ 个像素。

分辨率：指 CRT 在水平或垂直方向的单位长度上能分辨出的最大光点（像素）数，分为水平分辨率和垂直分辨率。通常用屏幕上像素的数目来表示。比如上述的 n 行，每行 m 点的屏幕分辨率为 $m \times n$。分辨率越高，相邻像素点之间的距离越小，显示的字符或图像也就越清晰。

点距：相邻像素点之间的距离，与分辨率指标相关。

显示速度：指显示字符、图形特别是动态图像的速度，与显示器的分辨率及扫描频率有关。可用最大带宽（水平像素数×垂直像素数×最大帧频）来表示。

色彩与亮度等级：亮度等级又称灰度，主要指单色显示器的亮度变化。色彩包括可选择显示器颜色的数目以及一帧画面可同时显示的颜色数，与荧光屏的质量有关，并受显示存储器 VRAM 容量的影响。

图像刷新：由于 CRT 内侧的荧光粉在接受电子束的轰击时，只能维持短暂的发光，根据人眼视觉暂留的特性，需要不断进行刷新才能有稳定的视觉效果，因此刷新是指以每秒 30 帧以上的频率反复扫描不断地显示每一帧图像。图像的刷新频率等于帧扫描的频率（帧频），用每秒刷新的帧数表示。目前刷新频率标准为每秒 50~120 帧。

帧缓冲存储器（显示存储器）：存储用于刷新的图像信息的存储器。帧缓冲存储器的大小通常用 X 方向（行）和 Y 方向（列）可寻址的地址数的乘积来表示，称为帧缓冲存储器的分辨率。

显示系统由帧缓冲存储器（Frame Buffer）、视频控制器（Video Controller)、显示处理器（Display Processor）和 CRT 构成。

帧缓冲存储器的作用是存储屏幕上像素的颜色值，简称帧缓冲器，俗称显存。帧缓存中单元数目与显示器上像素的数目相同，单元与像素一一对应，各单元的数值决定了其对应像素的颜色。显示颜色的种类与帧缓存中每个单元的位数有关。

在光栅图形显示器中需要足够的位面和帧缓存结合起来才能反映图形的颜色和灰度等级。图 8-1 是一个具有 N 位面灰度等级的帧缓存。显示器上每个像素的亮度是由 N 位面中对应的每个像素位置的内容控制的。该存储器中的二进制的数被翻译成灰度等级，范围是 0 到 $2^N \sim 1$ 之间。

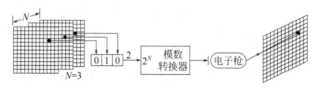

图 8-1　N 位帧缓存黑白灰度光栅扫描显示器结构

图 8-2 是彩色光栅显示器的逻辑图，对于红、绿、蓝三原色有三个位面的帧缓存和三个电子枪。

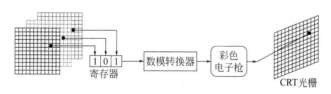

图 8-2　一个简单的彩色帧缓冲器

每个颜色的电子枪可以通过增加帧缓存位面来提高颜色种类的灰度等级。如图 8-3 所示，每种原色电子枪有 8 个位面的帧缓存和 8 位的数模转换器，每种原色可有 256 种灰度，三种原色的组合将是$(2^8)^3=2^{24}$。若每个单元有 24 位（每种基色占 8 位），即显示系统可同时产生 2^{24} 种颜色（24 位真彩色）。

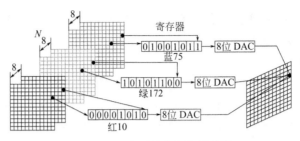

图 8-3 24 位面的彩色帧缓冲器

（4）LCD 显示器基本原理

液晶显示器 LCD(Liquid Crystal Display)是由六层薄板组成的平板式显示器，如图 8-4 所示。其中第一层是垂直电极板；第二层是垂直网格线层；第三层是厚度约为 0.177mm 的液晶层；第四层是水平网格线层；第五层是水平电极层；第六层是反射层。

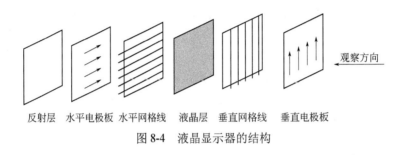

反射层 水平电极板 水平网格线 液晶层 垂直网格线 垂直电极板

图 8-4 液晶显示器的结构

液晶是一种介于液体和固体之间的特殊物质，它具有液体的流态性质和固体的光学性质。当液晶受到电压的影响时，就会改变它的物理性质而发生形变，此时通过它的光的折射角度就会发生变化，如果厚度合适能使穿过它的光线的极化方向旋转 90°。这样，被第一层垂直极化板极化为垂直方向的光线穿过液晶层后，其极化方向变成水平方向，这种光线可以通过水平极化板达到反射层，并原路返回，射到屏幕上，显示为亮点。在电场作用下，液晶层的晶体排列成行，且方向相同。此时，液晶层不再改变穿过的光线的极化方向。具有垂直极化方向的光线穿过液晶层后，由于其极化方向不变，也就不能穿过水平极化板，于是屏幕上的点为暗点。

如将垂直网格线层的第 x 根导线加上正电压，水平网格线层的第 y 根导线加上负电压，电压达到晶体的触发电压，该点处的液晶排列成行，于是屏幕点（x,y）就是暗点。但是，位于第 x 和第 y 根导线上的其余液晶所加电压未达到触发电压，因此这些位置对应的屏幕点就是亮点。通过控制垂直网格线和水平网格线上的导线上的电压，屏幕上得到明暗组合的点，从而实现字符、图形和图像的显示。

通常，在彩色 LCD 面板中，每一个像素都是由三个液晶单元格构成，其中每一个单元格前面都分别有红色、绿色或蓝色的过滤器。这样，通过不同单元格的光线就可以在屏幕上显示出不同的颜色。

（5）等离子显示器基本原理

等离子显示器基本原理是：在两张薄玻璃板之间充填混合气体，施加电压使之产生离子气体，然后使等离子气体放电，与基板中的荧光体发生反应，产生彩色影像。它以等离子管作为发光元件，大量的等离子管排列在一起构成屏幕，每个等离子管的小室内都充有氖、氙气体。在等离子管电极间加上高压后，小室中的气体会产生紫外光，并激发平板显示屏上的红绿蓝三基色荧光粉发出可见光。每个等离子管作为一个像素，由这些像素的明暗和颜色变化组合，使之产生各种灰度和色彩的图像，类似显像管发光。

8.1.2　计算机图形生成基本原理

计算机显示图形是靠像素的发光来完成的，这就决定了其图形不是真正的几何意义上的图形。画在图纸上的图形是由连续的点构成的，而计算机图形的点是离散的。以离散的点来逼近真实的几何图形是计算机图形生成的基本原理。下面以直线段的生成为例说明这种逼近方法。

假定直线的起点、终点分别为：(x_0,y_0)，(x_1,y_1)，且都为整数。直线方程为 $y=kx+b$。从起点出发，依次确定下一点（是像素点，但是最能满足方程）。一种最直观的迭代法就是增量法，即：

$$y_{i+1} = kx_{i+1}+b$$
$$= kx_i+b+k\Delta x$$
$$= y_i+k\Delta x$$

当 $\Delta x =1$；$y_{i+1} = y_i+k$。　即：当 x 每递增 1，y 递增 k（即直线斜率）。当 $|k|\leq 1$ 时，x 每增加 1，y 最多增加 1；当 $|k|>1$ 时，必须把 x、y 地位互换。该算法对应的代码为：

```
void DDALine(int x0,int y0,int x1,int y1,int color)
{    int x;
     float dx, dy, y, k;
     dx = x1-x0; dy=y1-y0;
     k=dy/dx ; y=y0;
     for (x=x0; x≤x1; x++)
     {drawpixel (x, int(y+0.5), color);
     y=y+k;
     }
}
```

当直线段的起点、终点分别为 $P0(0,0)$—$P1(J,2)$时，上述迭代过程为：

x	int(y+0.5)	y+0.5
0	0	0+0.5
1	0	0.4+0.5
2	1	0.8+0.5
3	1	1.2+0.5
4	2	1.6+0.5
5	2	2.0+0.5

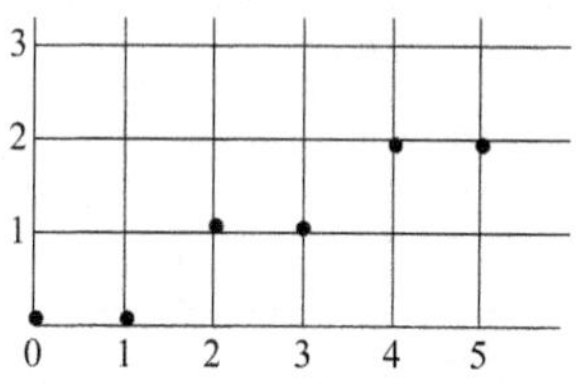

图 8-5　直线的生成

图 8-5 显示了计算机显示器上直线段的实际情形。直线段的生成算法还有中点法、Bresenham 法等。

圆弧的生成方法简介如下（图 8-6）：设圆的方程为 $X^2 + Y^2 = R^2$。给定一个点的横坐标，

即可求出其纵坐标。要求横、纵坐标取整即可。也可用角度增
量法。设圆心在 (x_0, y_0),则:

$x = x_0 + R\cos\theta$

$y = y_0 + R\sin\theta$

$dx = -R\sin\theta d\theta$

$dy = R\cos\theta d\theta$

$x_{n+1} = x_n + dx = x_n - R\sin\theta d\theta = x_n - (y_n - y_0)d\theta$

$y_{n+1} = y_n + dy = y_n + R\cos\theta d\theta = y_n + (x_n - x_0)d\theta$

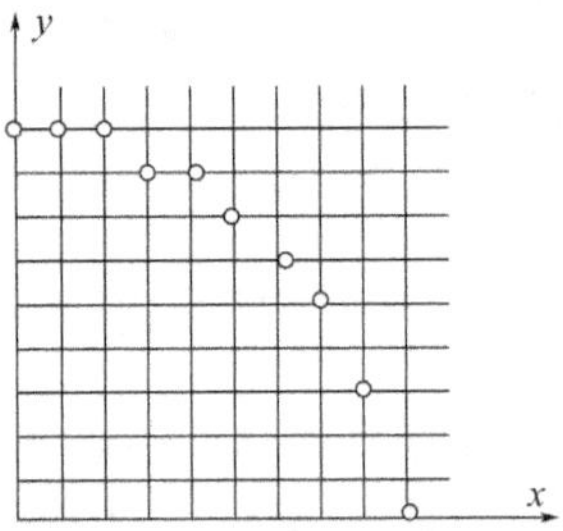

图 8-6 圆弧的生成

显然,确定 x,y 的初值及 $d\theta$ 值后,即可以增量方式获得圆周上的坐标,然后取整可得
像素坐标。圆弧的生成算法还有中点法、Bresenham 算法、正负法及圆的内接正多边形逼近
法等。

8.2 Visual C++图形程序开发方法

8.2.1 图形设备接口简介

在 Windows 系统中,一切信息都是作为图形来显示的。系统的图形设备接口(GDI,
Graphics Device Interface)是一个用于处理图形函数调用和驱动绘图设备的动态链接库。

GDI 是 Windows 系统核心的三种动态链接库之一,它管理 Windows 系统的所有程序的
图形输出。在 Windows 系统中,GDI 向程序员提供了高层次的绘图函数,只要掌握这些绘图
函数,就可以很方便地进行图形程序设计。

设备描述表(DC, Device Context)是一个数据结构,是 GDI 的核心。当程序向 GDI 设备
中绘图时,需要访问该设备的 DC。MFC 将 GDI 的 DC 封装在 C++类中,包括 CDC 类和 CDC
派生类,这些类中的许多成员都是对本地 GDI 绘图函数进行简单封装而形成的内联函数。

DC 的作用就是提供程序与物理设备或者虚拟设备之间的联系,除此之外,DC 还要处理
绘图属性的设置,如文本的颜色等。程序员可以通过调用专门的 GDI 函数修改绘图属性,如
SetTextColor()函数。

CDC 类是 GDI 封装在 MFC 中最大的一个类,它表示总的 DC。表 8-1 列出了 CDC 类中
的一些常用绘图函数。

表 8-1 CDC 类中常用绘图函数

函数	作用	函数	作用
LineTo()	绘制直线	GetBKColor()	获取背景颜色
MoveTo()	设置当前画笔位置	GetCurrentBitmap()	获取所选位图的指针
Arc()	椭圆弧	GetCurrentPosition()	获取画笔的当前位置
Rectangle()	绘制矩形	Getpixel()	获取给定像素的 RGB 颜色值
Polygon()	绘制多边形	GetTextColor()	获取文本颜色
Ellipse()	绘制椭圆	SetBkColor()	设置背景颜色
FillRect()	用给定的画刷颜色填充矩形	SetPixel()	把像素设定为给定的颜色
FillRgn()	用给定的画刷颜色填充区域	SetTextColor()	设置文本颜色
FillSolidRed()	用给定的颜色填充矩形	TextOut()	绘制字符串文本

设备环境只是提供了一个绘图环境，实际绘图是通过"画笔""画刷"等 GDI 对象实现的，见表 8-2。

表 8-2　GDI 对象类

类名称	作用
CPen	该类模拟画笔图形设备界面，指定画线特性，是一个画线的工具，可以画实线、点线和虚线。默认的画笔绘制一个像素宽的黑色实线
CBrush	该类模拟画刷图形设备界面，指定填充特性。用来填充一个封闭区域的内部，默认画刷将区域填充为白色
CFont	该类封装了一个 GDI 的字体
CRgn	该类封装了一个 GDI 的区域对象
CBitmap	该类封装了有关位图操作的功能
CPalette	该类封装了一个调色板，该调色板提供了应用程序与彩色输出设备之间的颜色映射接口

8.2.2　Visual C++图形程序举例

例：花型图案的绘制过程。

启动 Visual C++ 6.0，新建一个 MFC AppWizard(exe)类型的工程，取名为 flower。选择单个文档应用程序，其余采用默认选项。

在 CflowerView 类中添加 CPoint 型私有变量 point1，用于接受鼠标输入的点，以控制图案的位置，并初始化该变量为点（0,0）。在该类中添加鼠标左键单击响应函数 OnLButtonDown()。其代码如下：

```
void CFlowerView::OnLButtonDown(UINT nFlags, CPoint point)
{
    CDC *pDC=GetDC();  //得到当前窗口的设备描述表对象的指针
    flower(pDC,point);
    ReleaseDC(pDC);
    CView::OnLButtonDown(nFlags, point);
}
```

修改函数 OnDraw()如下：

```
void CFlowerView::OnDraw(CDC* pDC)
{
    CFlowerDoc* pDoc = GetDocument();
    ASSERT_VALID(pDoc);
    flower(pDC,point1);
}
```

在该类中添加函数 flower()，编辑其代码为：

```
void CFlowerView::flower(CDC *pDC, CPoint point)
{
    double D,E,F;
    double A;
    int i;
    double x1,y1,x2,y2,x,y;
    point1.x=point.x;
    point1.y=point.y;
    D=100;
    CPen  pen(PS_SOLID,1,RGB(255,0,0));  //创建一支红色的实线画笔
    CPen *oldpen;
    oldpen=pDC->SelectObject(&pen);  //系统原有画笔即黑色实线画笔
    for(i=0;i<=720;i++)
    {
        A=PI/360.0*i;
        E=D* (1+1/4*sin(12*A));
        F=E* (1+sin(4*A));
        x1=F*cos(A);
        x2=F*cos(A+PI/5);
        y1=F*sin(A);
        y2=F*sin(A+PI/5);
        x1=320-x1;
        y1=240-y1;
        x2=320-x2;
        y2=240-y2;
        pDC->MoveTo(x1+point1.x,y1+point1.y);
        pDC->LineTo(x2+point1.x,y2+point1.y);
        if(i>320&&i<680)
        pDC->SelectObject(oldpen);  //图形下部用黑笔画
        else pDC->SelectObject(&pen);//  //图形上部用红笔画
    }
    for(i=0;i<=720;i++)
    {
        A=PI/360.0*i;
        E=D*(1+1/4*sin(12*A));
        F=E*(1+sin(4*A));
        x=F*cos(A);
        y=F*sin(A);
        x=320-x;
```

```
        y=240-y;
        if(i==0)
        pDC->MoveTo(x+point1.x,y+point1.y);
        else
        pDC->LineTo(x+point1.x,y+point1.y);
        if(i>320&&i<680)
        pDC->SelectObject(oldpen);
        else pDC->SelectObject(&pen);
    }
    for(i=0;i<=720;i++)
    {
        A=PI/360.0*i;
        E=D*(1+1/4*sin(12*A));
        F=E*(1+sin(4*A));
        x=F*cos(A+PI/5);
        y=F*sin(A+PI/5);
        x=320-x;
        y=240-y;
        if(i==0)
        pDC->MoveTo(x+point1.x,y+point1.y);
        else
        pDC->LineTo(x+point1.x,y+point1.y);
        if(i>320&&i<680)
        pDC->SelectObject(oldpen);
        else pDC->SelectObject(&pen);
    }
}
```

上述代码用了三个 for 循环，第一个完成花型图案主体线段的绘制，后面两个循环完成花型图案外形轮廓线的绘制。用了红色和黑色两种色彩。运行结果如图 8-7 所示。

图 8-7 花型图案

8.3　VC++计算机绘图软件基本技术

8.3.1　图形交互技术

常见的绘图软件是交互式绘图的。用户在绘图时，与计算机进行信息交换，动态地输入点的坐标、拾取操作对象、给定图形变换的参数等。图形软件中提供多种交互技术。常用的有定位技术、橡皮筋技术、拖曳技术、拾取技术、定值技术及菜单技术。

（1）定位技术

如用鼠标拖动光标在屏幕上给定直线的起点和终点以绘制直线。

在图形操作系统中，鼠标是最重要的输入设备之一。Windows 系统为用户提供了统一的鼠标编程接口。Windows 是基于消息传递、事件驱动的操作系统，当用户移动鼠标、按下或释放鼠标键时都会产生鼠标消息。应用程序可以接收 10 种鼠标消息，表 8-3 列出了这些鼠标消息和它们的描述。MFC 把鼠标消息处理函数封装在 CView 类中，它们分别是：

```
OnMouseMove(UINT nFlags, CPoint point);

OnLButtonDblclk(UINT nFlags, CPoint point);

OnLButtonDown(UINT nFlags, CPoint point);

OnLButtonUp(UINT nFlags, CPoint point);
```

分别对应表 8-3 中 11 个鼠标消息。在鼠标处理函数中，point 参数代表鼠标热点处的坐标位置，point.x 为横坐标，point.y 为纵坐标。默认坐标原点(0,0)位于窗口的左上角。nFlags 参数取值范围如下：

MK_LBUTTON：检查鼠标左键是否被按下。

MK_RBUTTON：检查鼠标右键是否被按下。

MK_MBUTTON：检查鼠标中键是否被按下。

MK_SHIFT：检查键盘上的 Shift 键是否被按下。

MK_CONTROL：检查键盘上的 Ctrl 键是否被按下。

表 8-3　鼠标消息

消息	说明	消息	说明
WM_LBUTTONDBLCLK	鼠标左键被双击	WM_RBUTTONDBLCLK	鼠标右键被双击
WM_LBUTTONDOWN	鼠标左键被按下	WM_RBUTTONDOWN	鼠标右键被按下
WM_LBUTTONUP	鼠标左键被释放	WM_RBUTTONUP	鼠标右键被释放
WM_MBUTTONDBLCLK	鼠标中键被双击	WM_MOUSEMOVE	鼠标被移动
WM_MBUTTONDOWN	鼠标中键被按下	WM_MOUSEWHEEL	鼠标滚轮被滚动
WM_MBUTTONUP	鼠标中键被释放		

如果想知道某个键是否被按下，可用对应的位屏蔽值与 nFlags 参数作按位逻辑"与"运算，所的结果若为非零值，则表示该按钮被按下，例如：

```
if (nFlags & MK_LBUTTON)
    AfxMessageBox("LButton is pressed down!")
else
    AfxMessageBox("LButton is pressed Up!");
```

两次单击和一次双击的区分取决于两次按下按钮之间的时间间隔，只有当时间间隔小于一定值时才被认为双击。Windows 默认的时间为 500ms，可以用 SetDoubleClickTime()函数来重新设置时间间隔值。若要使窗口函数能接收到鼠标双击产生的消息，在注册窗口类时，必须指明该窗口具有 CS_DBLCLKS 风格，否则，即使进行了双击操作，该窗口也只能收到两条"WM_LBUTTONDOWN"和"WM_LBUTTONUP"消息，例如：

```
wndclass.style=CS_HREDRAW|CS_VREDRAW|CS_DBLCLKS;
```

（2）橡皮筋技术

橡皮筋技术是在起点到不断变化的终点之间画出的直线或圆弧等,动态地显示用户的操作结果,最终显示的直线是起点到用户最后选择的终点之间的直线或圆弧。其间不断显示、不断擦除。如图 8-8 是国产软件电子图板 CAXA 连续画圆的情形。下面给出橡皮筋画圆的实现过程。

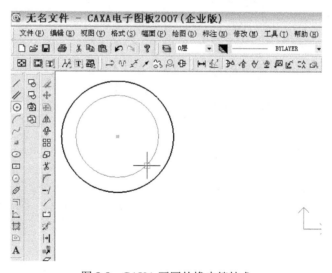

图 8-8　CAXA 画圆的橡皮筋技术

首先建立一个单文档类型的工程，名为建立 springtech。向视图类 CSpringtechView 中添加 protected 类型的成员变量

```
int m_pt; //取 0 表示鼠标左击点为圆心，取 1 表示鼠标左击点为圆周上的点
CPoint m_ptcircle; //圆周上点
CPoint m_ptyuanxin; //圆心
```

向视图类 CSpringtechView 中添加成员函数原型：

```
public:
    void DrawCircle(CDC* pDC, CPoint centpt, CPoint arcpt);
    int Radiuscalc(CPoint centpt, CPoint arcpt);
```

这两个函数分别用于画圆和计算圆的半径。

```
void CSpringtechView::DrawCircle(CDC *pDC, CPoint centpt, CPoint arcpt)
{
    int radius=Radiuscalc(centpt,arcpt);
    CRect rc(centpt.x-radius,centpt.y-radius,centpt.x+radius,centpt.y+radius);
    pDC->Ellipse(rc);    //内切于正方形的椭圆就是圆
}
int CSpringtechView::Radiuscalc(CPoint centpt, CPoint arcpt)
{
    int dx=centpt.x-arcpt.x;
    int dy=centpt.y-arcpt.y;
    return (int)sqrt(dx*dx+dy*dy);
}
```

再在视图类 springtechView.cpp 文件的构造函数中初始化成员变量：

```
CSpringtechView::CSpringtechView()
{
    m_ptyuanxin.x=0;
    m_ptyuanxin.y=0;
    m_ptcircle.x=0;
    m_ptcircle.y=0;
    m_pt=0;
}
```

在视图类的 OnDraw()函数中加入下列代码：

```
void CSpringtechView::OnDraw(CDC* pDC)
{
    CSpringtechDoc* pDoc = GetDocument();
    ASSERT_VALID(pDoc);
    pDC->SelectStockObject(NULL_BRUSH);  //注意该函数与 SelectObject()的区别：选用系统预
定义的 GDI 对象，用前者；选用程序自己定义的对象则用后者。因为 Ellipse(rc)画的是实心椭圆，故用空画刷
```

```
    DrawCircle(pDC,m_ptyuanxin,m_ptcircle);
}
```

最后在视图类中添加两个鼠标消息响应函数，其代码如下：

```
void CSpringtechView::OnLButtonDown(UINT nFlags, CPoint point)
{
    CDC *pDC=GetDC();
    pDC->SelectStockObject(NULL_BRUSH);
    if (!m_pt)
    {   m_ptyuanxin=m_ptcircle=point; //记录第一次单击鼠标位置，定圆心
        m_pt++;
    }
    else
    {   m_ptcircle=point;  //记录第二次单击鼠标的位置，定圆周上的点
        m_pt--;    // 为新绘图做准备
        DrawCircle(pDC,m_ptyuanxin,m_ptcircle);  //绘制新圆
    }
    ReleaseDC(pDC); //释放设备环境
    CView::OnLButtonDown(nFlags, point);
}
void CSpringtechView::OnMouseMove(UINT nFlags, CPoint point)
{
    CDC *pDC=GetDC();
    //DrawCursor(pDC,point);
    CPen Pen, *oldPen;
    Pen.CreatePen(PS_SOLID,1,RGB(0,255,0));
    oldPen=pDC->SelectObject(&Pen);
    int nDrawmode=pDC->SetROP2(R2_XORPEN ); //设置异或绘图模式，并保存原来绘图模式
    pDC->SelectStockObject(NULL_BRUSH);
    if(m_pt= =1)
    {
        CPoint prePnt,curPnt;
        prePnt=m_ptcircle;  //获得鼠标所在的前一位置
curPnt=point;
        //绘制橡皮筋线
        DrawCircle(pDC,m_ptyuanxin,prePnt); //用异或模式重复画圆，擦除所画的圆，颜色为白色
        DrawCircle(pDC,m_ptyuanxin,curPnt); //用当前位置作为圆周上的点画圆，颜色为粉红色
        m_ptcircle=point;
    }
    pDC->SetROP2(nDrawmode);  //恢复原绘图模式
    ReleaseDC(pDC);  //释放设备环境
```

```
//以下语句得到鼠标点坐标并显示在状态栏
CStatusBar* pStatus=(CStatusBar*)
AfxGetApp()->m_pMainWnd->GetDescendantWindow(ID_VIEW_STATUS_BAR);
if(pStatus)
{
    char tbuf[40];
    sprintf(tbuf,"(%4d,%4d)",point.x,point.y);
    pStatus->SetPaneText(0,tbuf);
}
CView::OnMouseMove(nFlags, point);
}
```

为了得到图 8-8 中粉红色的橡皮筋，上述代码中设置画笔的颜色为 RGB(0,255,0)，在绘图模式 R2_XORPEN 下，实际画图的像素颜色为 RGB(255,0,255)，即粉红色。R2_XORPEN 的含义：像素颜色是画笔颜色与背景色的异或结果。注意这里的背景色在第一次画图时是指屏幕的颜色，即白色 RGB(255,255,255)；第二次擦除画图时（擦除粉红色橡皮筋圆），背景色是第一次画图像素的颜色，擦除画圆时像素颜色应该为白色，即以白色在橡皮筋圆位置上重新画圆，这样才能显示橡皮筋的效果。RGB(255,0,255) 与 RGB(0,255,0) 异或即为 RGB(255,255,255)。最后黑色的圆是 OnLButtonDown() 在默认绘图模式后完成的。

下面的工作是为了定制光标。在工程中添加空白的光标资源 IDC_CURSOR1。在 CSpringtechView 类中增加 protected 型变量 m_prepoint，用于记录鼠标当前点；在类的构造函数中将 m_prepoint 初始化为点(-1,-1)；利用类向导在类中添加 WM_SETCURSOR() 消息响应函数 OnSetCursor()，加载空白光标。编写其代码如下：

```
BOOL CSpringtechView::OnSetCursor(CWnd* pWnd, UINT nHitTest, UINT message)
{
    SetCursor(AfxGetApp()->LoadCursor(IDC_CURSOR1));
    return TRUE;
}
```

在视类中添加 void DrawSys() 和 void DrawCursor()。在后者画十字光标，代码如下：

```
void CSpringtechView::DrawCursor(CDC* pDC,CPoint point)
{
    CPoint point1,point2,point3,point4,point11,point22,point33,point44;
    int nDrawMode=pDC->SetROP2(R2_NOT);
    point1.x=point.x+100;
    point1.y=point.y;
    point2.x=point.x-100;
    point2.y=point.y;
    point3.x=point.x;
    point3.y=point.y+100;
```

```
        point4.x=point.x;
        point4.y=point.y-100;
        point11.x=m_prepoint.x+100;
        point11.y=m_prepoint.y;
        point22.x=m_prepoint.x-100;
        point22.y=m_prepoint.y;
        point33.x=m_prepoint.x;
        point33.y=m_prepoint.y+100;
        point44.x=m_prepoint.x;
        point44.y=m_prepoint.y-100;
        pDC->MoveTo(point11);
        pDC->LineTo(point22);
        pDC->MoveTo(point33);
        pDC->LineTo(point44);
        pDC->MoveTo(point1);
        pDC->LineTo(point2);
        pDC->MoveTo(point3);
        pDC->LineTo(point4);
        pDC->SetROP2(nDrawMode);
        m_prepoint=point;
    }
```

编写 DrawSys(CDC* pDC)如下：

```
    void CSpringtechView::DrawSys(CDC* pDC)
    {
        //绘制先前的光标线，以避免在窗口切换时出现不应有的线
        CPoint point11,point22,point33,point44;
        point11.x=m_prepoint.x+100;
        point11.y=m_prepoint.y;
        point22.x=m_prepoint.x-100;
        point22.y=m_prepoint.y;
        point33.x=m_prepoint.x;
        point33.y=m_prepoint.y+100;
        point44.x=m_prepoint.x;
        point44.y=m_prepoint.y-100;
        pDC->MoveTo(point11);
        pDC->LineTo(point22);
        pDC->MoveTo(point33);
        pDC->LineTo(point44);
    }
```

在 OnMouseMove() 中调用 DrawCursor()；在 OnDraw() 中调用 DrawSys()。最后编译运行，检验是否达到预期效果。程序运行结果如图 8-9 所示。

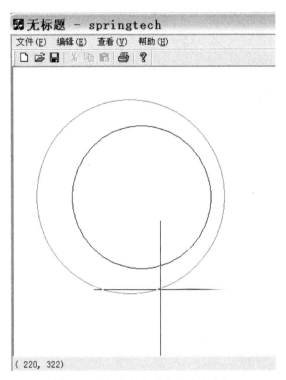

图 8-9 粉红色的橡皮筋及十字光标

（3）拖曳技术

使用拖曳技术拖曳所选对象来移动对象是交互式绘图的常用技术。被拖动对象跟随光标的当前位置移动。方法是确定新旧图形的定位点，不断擦除旧图形和显示新的图形。

（4）约束技术

常见的是水平和垂直方向的约束及图元特征点的约束。前者只能画水平线或垂直线。输入第一点后，移动鼠标准备输入第二点，当鼠标移动形成的轨迹与水平方向的夹角小于 45°时，画水平线；反之画垂直线。所谓特征点，即是线段端点、中点、垂足、圆弧或圆的圆心、交点等。当光标移动到特征点附近时，光标就被吸附到特征点。

（5）拾取技术

在交互图形系统中，需要选取一个或多个图形对象进行某些编辑操作。拾取的基本方法有点法和框法等。点法就是使当前鼠标点落在图形对象显示领域内，则该对象被拾取。框法有两种：一种是从左上向右下画框，对象要被选中的条件是必须完整地落在方框内；另一种是从右下向左上画框，凡与框相交或被框包围的对象即被选中。

CAXA 中的点法拾取图形对象采取的是另一种思路，即图形对象落在鼠标点一定范围内即被选中。这个范围是一个以鼠标点为中心的矩形框，称拾取盒。用户可以调节盒的大小，如图 8-10 所示。如果线段与拾取盒矩形对角线的交点在线段上或者线段的一个端点落在矩形内，则线段被成功拾取，如图 8-11 所示。

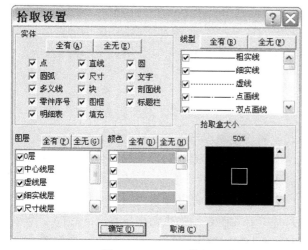

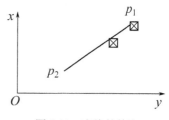

图 8-10　CAXA 拾取设置　　　　　　图 8-11　直线的拾取

判断矩形对角线与直线 p_1p_2 是否有交点的算法如下：

设直线段 p_1p_2 两个端点的坐标分别为 $p_1(x_1,y_1)$，$p_2(x_2,y_2)$，其方程为：

$$(y_1 - y_2)x - (x_1 - x_2)y - x_1(y_1 - y_2) + y_1(x_1 - x_2) = 0$$

将其转换为标准方程，则：

$$Ax + By + C = 0$$

判断矩形对角线的两个顶点是否分别在直线的两侧，可将对角线的顶点坐标分别代入方程左边表达式，如果两个表达式的积小于零，则对角线与直线段有交点。拾取点坐标为(x_0,y_0)，则其中一条对角线顶点坐标分别为(x_0+r,y_0+r)和(x_0-r, y_0-r)，r 为拾取半径，即拾取盒边长的一半。判别式为：

$$(A(x_0 - r) + B(y_0 - r) + C)(A(x_0 + r) + B(y_0 + r) + C) \leqslant 0$$

将上式化简得到：

$$\left|Ax_0 + By_0 + C\right| \leqslant \left|Ar + Br\right|$$

同理可得到另外一条对角线与直线段交点的判别式：

$$\left|Ax_0 + By_0 + C\right| \leqslant \left|Ar - Br\right|$$

再判断交点是否在直线段上，交点可用点(x_0, y_0)代替。判别式为：

$$\min(x_1, x_2) \leqslant x_0 \leqslant \max(x_1, x_2)\text{AND} \min(y_1, y_2) \leqslant y_0 \leqslant \max(y_1, y_2)$$

上式成立则交点在直线段上，拾取点是在直线段的显示领域内，直线段被拾取。

圆的拾取判断要简单得多。如果整个拾取盒落在圆周内或圆周外，则拾取失败；即四个顶点都在圆周内或圆周外，则拾取圆失败。判断顶点到圆心的距离与半径的大小关系即可得知顶点在圆内还是在圆外。

但是，交互式绘图时有多个图形元素，在拾取判断时是逐一判断所有图形元素是否拾取，尽管拾取点距离某些图形元素较远。因此，先判断拾取点是否落在图形元素的显示领域内，再进一步判断是否拾取，这样能避免不必要的计算，提高拾取速度。因此圆的拾取也要先判断拾取点是否在该圆的显示领域内。圆的显示领域是一个与外切于圆的矩形同心的矩形。两个矩形的边长差为 r，后者较大。

8.3.2 视图的缩放与平移技术

图形缩放指的是通过调整视图屏幕，使当前视图屏幕中的一部分区域放大（缩小）显示到整个视图屏幕中；图形平移指的是通过调整视图屏幕来显示图形的其他部分。缩放视图的缩放与平移的实质是从窗口到视口的坐标映射。

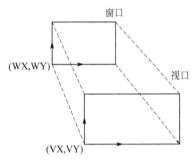

图 8-12 窗口逻辑坐标与视口设备坐标的映射

窗口指的是用户坐标系内的一个矩形区域；用户坐标系是符合右手定则的直角坐标系（一般向右为 x 轴正方向，向上为 y 轴正方向），用于确定用户作图的自然空间。视口指的是屏幕上的一个矩形区域。用窗口可以确定要显示的图形范围；用视口可以确定在屏幕的哪一个位置以及用多大的矩形区域。

设窗口的原点为（Worgx,Worgy），窗口宽度与高度分别为 WWD 和 WHT，视口的原点为（Vorgx,Vorgy），其宽度与高度分别为 VWD 和 VHT，见图 8-12。则窗口内的一点(WX,WY)对应视口中的点（VX,VY），其变换公式为：

$$\begin{cases} VX = \dfrac{VWD}{WWD}(WX - Worgx) + Vorgx \\ VY = \dfrac{VHT}{WWT}(WY - Worgy) + Vorgy \end{cases}$$

由上式可见，当窗口与视口的大小不变时，改变窗口与视口的原点，即改变它们的位置，视口中点的坐标也将改变，在效果上等同于图形位置发生了改变，即产生水平或垂直方向的移动，这就是图形平移的数学基础。

在窗口中的线段，其端点坐标分别为（WX_1,WY_1）和（WX_2,WY_2），该线段映射到视口后，其在水平 VL_x 和垂直方向 VL_y 的投影长度分别为：

$$\begin{cases} VL_x = VX_2 - VX_1 = \dfrac{VWD}{WWD}(WX_2 - WX_1) \\ VL_y = VY_2 - VY_1 = \dfrac{VHT}{WHT}(WY_2 - WY_1) \end{cases}$$

由上式可见，线段映射的长度与窗口及视口的位置无关，只与它们的映射比例有关。当窗口的尺寸（WWD 或 WHT）相对视口变大时，视口中的图形就变小。这就是全局图形缩放的数学基础。

8.3.3 图形数据的组织

绘图软件打开图形文件时，实质是重绘图形中的各种图形实体；保存在文件中的图形数据包括实体的几何数据和非几何数据。非几何数据主要指的是实体的颜色、线型、层及文字。这些数据量大而且种类较多，一般以双向链表的结构形式来存储。为了满足绘图的要求，绘图软件中采用了多个链表。

（1）图形实体链表

该链表记录世界坐标系下图形文件所有图形实体的全部信息。其结构如图 8-13 所示，每个结点由 5 个数据项组成，各项定义如下。

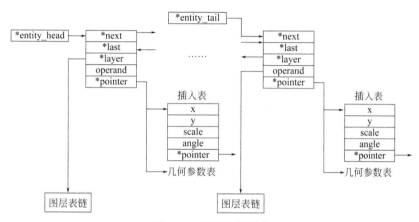

图 8-13　图形实体链表

*next：指向后面一个实体的指针。

*last：指向前面一个实体的指针。

*layer：指向实体所在的图层指针。

operand：实体分类号。如 0 为图块，1 为直线，2 为圆弧，3 为圆等。

*pointer：当 operand=0 时，*pointer 指向图块插入表，该表记录了图块的插入信息，各项定义如下。

x：图块插入点 x 坐标。

y：图块插入点 y 坐标。

scale：图块插入的比例因子。

angle：图块插入旋转角度。

当 operand=1～3 时，*pointer 分别指向直线、圆弧和圆等的几何参数表，该表采用单向链表结构，直线链表的结点由指向后一直线的指针、端点 1 和端点 2 的坐标等 3 个数据项组成；圆的链表结点则由指向后一圆的指针、圆的半径和圆心的坐标等 3 个数据项组成；圆弧链表结点则除了指针外，由半径、起点坐标、终点坐标和画弧方向等组成。

（2）图层链表

图层可以理解为一层透明的纸，上面画有不同非几何属性的图形实体。CAXA 中有 0 层、中心线层、虚线层、尺寸线层等。图层概念的引入一方面可以节省内存，另一方面也给系统图形的管理带来极大的方便。图层链表结构如图 8-14 所示。

该表为双向链表，各项定义如下。

*next：指向后面一个图层的指针。

*last：指向前面一个图层的指针。

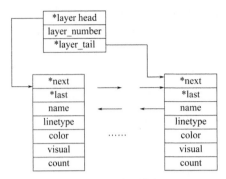

图 8-14 图层链表

name：图层名称。

linetype：线型代码。

color：颜色代码。

visual：可见性。

count：图层上实体数。

（3）图块链表

将 2 个以上的图形实体通过块定义形成图块。图块中的多个实体就如同一个实体，参与图形的编辑。图块链表的结构如图 8-15 所示。

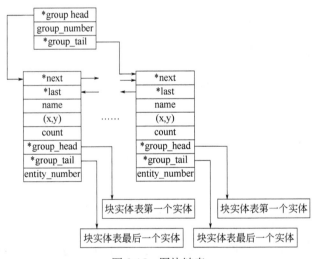

图 8-15 图块链表

该表为双向链表，负责记录图块插入信息及组成块的实体表位置，各项定义如下。

*next：指向后面一个图块的指针。

*last：指向前面一个图块的指针。

name：图块名称。

（x,y）：图块插入点坐标。

count：图块插入次数。

*group_head：指向图块中第一个实体的指针。

*group _tail：指向图块中最后一个实体的指针。

entity_nymber：图块中实体总数。

　　图块实体表是块定义时从图形实体表中移植过来的，与图形实体表具有相同的结构。图块实体表记录的数据是实体的原始数据，只有经过块的插入，其成员才具有实际的位置和大小，成为真正的实体。

第 9 章
CAXA 模拟系统开发

本章介绍一个简单的交互式二维绘图系统的开发过程。该系统界面模拟 CAXA 系统，能用不同的线型绘制直线、圆，能进行直线、圆的平移操作，能保存图形文件。读者经过本章的学习，可以提高 MFC 编程能力，了解目前流行的交互式绘图软件的内幕，将其基本技术应用到自己的开发工作中。

9.1 CAXA 界面"格式"主菜单的开发

9.1.1 颜色设置对话框的实现

CAXA 电子图板界面"格式"主菜单主要有"层控制""线型""颜色"等八个菜单项。在单击子菜单项后弹出对话框进行绘图格式的设置，包括层、颜色、线型、标注、文本和剖面图案的格式设置。本节主要介绍"层控制""线型""颜色"等三个主要对话框的模拟开发过程。它们的界面分别如图 9-1、图 9-2 和图 9-3 所示。其中"颜色设置"对话框与 WINDOWS 系统的颜色对话框很相似，是在后者的基础上改进而成的。

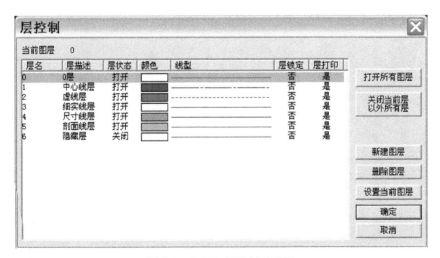

图 9-1　CAXA 层控制对话框

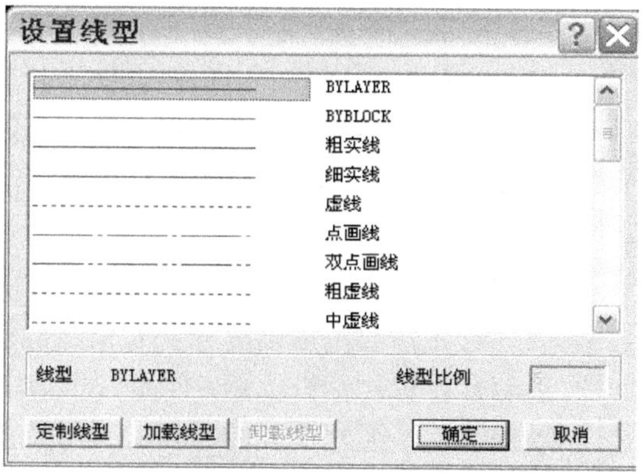

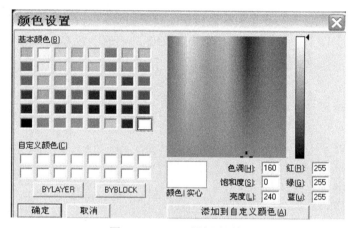

图 9-2　CAXA 线型对话框

图 9-3　CAXA 颜色对话框

（1）基本颜色对话框的实现

应用 MFC AppWizard(exe)，建立一个工程，名为"caxalayer.exe"。单击"完成"按钮，保留全部缺省选项，生成该工程。打开菜单资源 IDR_CAXALATYPE，在其中添加主菜单"格式"及子菜单项"层控制""颜色控制"和"线型控制"，其 ID 分别为 ID_LAYER_CONTROL、ID_COLOR_CONTROL 和 ID_LINETYPE_CONTROL。添加对话框资源，其 ID 为 IDD_DIALOG1，删除上面的"确定"和"取消"两个按钮。利用类向导为对话框 IDD_DIALOG1 添加对话框类，类名为 mycolordlg，类文件分别为 mycolordlg.cpp 和 mycolordlg.h；基类为 CColorDialog。在视类 CCaxalayerView 中添加菜单命令响应函数 OnColorControl()，并在视类文件 caxalayerView.cpp 的前面添加头文件包含语句 #include "mycolordlg.h"。在 OnColorControl()添加代码如下：

```
void CCaxalayerView::OnColorControl()
{
    mycolordlg m_colordlg;
    mycldlg.DoModal();
}
```

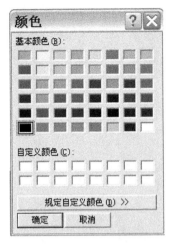

图 9-4 基本颜色对话框

编译运行该工程，单击子菜单"颜色控制"，得到如图 9-4 所示的结果。单击"规定自定义颜色"按钮，可展开该图，得到与图 9-3 基本相同的结果。比对两图，可以看到对话框标题不同，"规定自定义颜色"按钮由两个按钮"BYLAYER"和"BYBLOCK"代替。

（2）基本颜色对话框的修改

首先修改对话框标题。如果是自己创建的对话框资源，则很容易设置对话框标题；但是这里借用的是 CColorDialog 的对话框模板，因此在 IDD_DIALOG1 资源上修改标题，添加按钮都是无效的。

在 mycolordlg 中添加变量 m_titlestr，类型是 CString，并在类的构造函数中将其初始化为空。在 mycolordlg 类中添加消息 WM_INITDIALOG 的响应函数 OnInitDialog()。该函数代码如下：

```
BOOL mycolordlg::OnInitDialog()
{
    CColorDialog::OnInitDialog();
    SetWindowText(m_titlestr);
    return TRUE;
}
```

并在 OnColorControl() 对 m_titlestr 赋值如下：

```
m_colordlg.m_titlestr = _T("颜色设置");
```

到此完成标题的修改。

（3）删除原有按钮，添加新按钮

系统颜色对话框是个可伸缩的对话框，当单击按钮"规定自定义颜色（D）>>"时，对话框向右展开，变为图 9-3 所示的样子。通过设置 CColorDialog 类的成员 m_cc 中的 nFlags 值改变对话框的缺省打开方式，即以展开的方式打开对话框。m_cc 是一个 CHOOSECOLOR 结构型的数据。该结构定义为：

```
typedef struct {
    DWORD           lStructSize;
    HWND            hwndOwner;
    HWND            hInstance;
    COLORREF        rgbResult;
    COLORREF*       lpCustColors;
    DWORD           Flags;
```

```
        LPARAM              lCustData;
        LPCCHOOKPROC        lpfnHook;
        LPCTSTR             lpTemplateName;
} CHOOSECOLOR;
```

其中 Flags 的取值为 CC_FULLOPEN、CC_RGBINIT 及它们的组合。第一个标记的作用就是让颜色对话框完全展开；第二个标记是设置颜色对话框的初始颜色，对话框默认的初始颜色为黑色。

在 OnColorControl()中添加下面语句：

```
m_colordlg.m_cc.Flags|=CC_RGBINIT|CC_FULLOPEN;
```

即可将对话框完全展开，并且能改变初始颜色（下次打开对话框时，初始颜色为此次选择的颜色，不再是默认的黑色）。此时"规定自定义颜色（D）>>"按钮变灰。要在此按钮的位置添加两个新按钮，必须得到此按钮的窗口对应的矩形，将此矩形一分为二，再在这两个矩形的位置创建两个按钮。

在类 mycolordlg 中添加两个 CButton 型的保护型变量，即 bylayer 和 byblock。修改 OnInitDialog()如下：

```
BOOL mycolordlg::OnInitDialog()
{
    CColorDialog::OnInitDialog();
    CWnd *pwnd, *c;
    RECT crect,bRect2,bRect1;
    HWND hWnd,hwnd1, hBtn;
    int IDn = 0;
    hWnd=::FindWindow("#32770",NULL); //找到颜色对话框
    if(hWnd)
    {
        pwnd=FromHandle(hWnd);
        hBtn = ::FindWindowEx(hWnd,NULL,"Button","规定自定义颜色(&D) >>");
        //找到该按钮的窗口
        if(hBtn)
        {
            IDn = ::GetDlgCtrlID(hBtn);//取得 ID
        }
        else
        MessageBox(TEXT("找不到按钮窗口 111"));
    }
        else
```

```
            MessageBox(TEXT("找不到对话框窗口"));
      c=pwnd->GetDlgItem(IDn);
      c->GetWindowRect(&crect); //得到按钮控件的矩形
      c->DestroyWindow();
      pwnd->ScreenToClient(&crect); //转化为客户区坐标下的矩形
      bRect1.bottom = crect.bottom ;
      bRect1.top = crect.top ;
      bRect1.left = crect.left;
      bRect1.right = crect.left+0.5*(crect.right-crect.left) ;
      bRect2.bottom = bRect1.bottom;
      bRect2.top = bRect1.top ;
      bRect2.left = bRect1.right+10;
      bRect2.right = bRect1.right+0.5*(crect.right-crect.left)+10;
      bylayer.Create("BYLAYER",BS_PUSHBUTTON, bRect1, pwnd, ID_BYLAYER);
      byblock.Create("BYBLOCK",BS_PUSHBUTTON, bRect2, pwnd, ID_BYBLOCK);
      bylayer.ShowWindow(SW_SHOW);
      byblock.ShowWindow(SW_SHOW);
      SetWindowText(m_titlestr);
      return TRUE;
}
```

上述 Create 函数中第一个参数指定创建的按钮名称；第二个参数指定按钮的风格为用户单击时能向对话框窗口发出 WM_COMMMAND 消息；第三个参数是创建按钮所在的矩形；第四个参数指定按钮的父窗口；第五个参数指定按钮控件的 ID。此时编译运行工程，得到图 9-3 所示的结果。

要想保存用户此次选择的颜色，必须按下面内容修改 OnColorControl()，将颜色保存到 COLORREF 型变量 m_clr。m_clr 是视类的变量，在构造函数中初始化为 RGB(255,0,0)。

```
void CCaxalayerView::OnColorControl()
{
    mycolordlg m_colordlg;
    m_colordlg.m_cc.Flags|=CC_RGBINIT|CC_FULLOPEN;
    m_colordlg.m_cc.rgbResult=m_clr;
    m_colordlg.m_titlestr ="颜色设置";
    if(IDOK== m_colordlg.DoModal())
    {
    m_clr=m_colordlg.m_cc.rgbResult;
    }
}
```

（4）给按钮 BYLAYER 和 BYBLOCK 添加消息响应函数

此消息响应函数必须手工添加。打开 String Table 资源，在最后添加两条字符串 ID_BYLAYER 和 ID_BYBLOCK，Caption 设为"层颜色"和"块颜色"，Value 由系统自动给定。在 mycolordlg 类的 cpp 文件添加消息映射：

```
BEGIN_MESSAGE_MAP(mycolordlg, CColorDialog)
    //{{AFX_MSG_MAP(mycolordlg)
    //}}AFX_MSG_MAP
    ON_BN_CLICKED(ID_BYLAYER, OnBylayer)
    ON_BN_CLICKED(ID_BYBLOCK, OnByblock)
END_MESSAGE_MAP()
```

在 mycolordlg 的头文件中添加消息映射：

```
// Generated message map functions
//{{AFX_MSG(mycolordlg)
virtual BOOL OnInitDialog();
//}}AFX_MSG
afx_msg void OnBylayer();
afx_msg void OnByblock();
DECLARE_MESSAGE_MAP()
```

编写消息响应函数如下：

```
void mycolordlg::OnBylayer()
{
    MessageBox("layer_button clicked!");
}
void mycolordlg::OnByblock()
{
    MessageBox("block_button clicked!");
}
```

再次编译运行该工程，调出对话框后单击"bylayer"按钮和"byblock"按钮，能得到消息框，表明这两个按钮能接受单击消息了，达到了预期的目的。

9.1.2　线型对话框的实现

图 9-2 对话框主要由一个 CListBox 型列表框组成。该对话框不仅能选择线型，还能加载、定制和卸载线型。CAXA 系统自带有 21 种线型，这些线型不能卸载，其线型比例也不能修改，故当选择这些线型时，"卸载线型"按钮和"线型比例"按钮是灰色的。

参照图 9-2 在工程 caxalayer 中添加对话框资源，并设置其 ID 为 IDD_DIALOG2，Caption 为 "线型设置"。图 9-2 中列表框可选定 CListBox 控件，列表框下面用一个成组控件将三个静态文本型控件和一个编辑框控件框起来。去掉成组控件的标题，将组里第二个文本控件的 ID 改为 IDC_STATIC_LINE，将其属性"通知"勾选上。CListBox 控件属性中注意勾选"Single" "Variable" "Has strings" 及 "Notify" 选项。

为该对话框建立对话框类 CLinedlg，基类为 CDialog。CLinedlg 类文件分别为"Linedlg.h"和"Linedlg.cpp"。在该类中为 ListBox 控件添加控件型变量 m_LineCtrl，变量类型为 CLlistctrl，添加 int 型变量 lineindex、OnOK()函数和初始化函数 OnInitDialog()。初始化函数代码如下：

```
BOOL CLinedlg::OnInitDialog()
{
    CDialog::OnInitDialog();
    m_LineCtrl.ShowScrollBar(SB_VERT,TRUE); //设置垂直滚动条
    m_LineCtrl.AddItem(0,"BYLAYER");//1
    m_LineCtrl.AddItem(1,"BYBLOCK");//2
    m_LineCtrl.AddItem(2,"粗实线");//3
    m_LineCtrl.AddItem(3,"细实线");//4
    m_LineCtrl.AddItem(4,"虚线");//5
    m_LineCtrl.AddItem(5,"点画线");//6
    m_LineCtrl.AddItem(6,"双点画线");//7
    m_LineCtrl.AddItem(7,"粗虚线");//8
    m_LineCtrl.AddItem(8,"中虚线");//9
    m_LineCtrl.AddItem(9,"粗点画线");//10
    m_LineCtrl.AddItem(10,"中点画线");
    m_LineCtrl.AddItem(11,"粗双点画线");
    m_LineCtrl.AddItem(12,"中双点画线");
    m_LineCtrl.AddItem(13,"0.18mm线宽");
    m_LineCtrl.AddItem(14,"0.25mm线宽");
    m_LineCtrl.AddItem(15,"0.35mm线宽");
    m_LineCtrl.AddItem(16,"0.50mm线宽");
    m_LineCtrl.AddItem(17,"0.70mm线宽");
    m_LineCtrl.AddItem(18,"1.00mm线宽");
    m_LineCtrl.AddItem(19,"1.40mm线宽");
    m_LineCtrl.AddItem(20,"2.00mm线宽");
    return TRUE;
}
```

添加基于 CListBox 的新类 CLlistctrl，并在类中重载虚函数 DrawItem()。利用类向导添加消息响应函数 OnLButtonUp()和 MeasureItem()，添加 AddItem ()函数。MeasureItem()可以设置列表框的行高。OnLButtonUp()函数主要用于捕捉用户对线型的选择，并将线型名称在下方

的文本控件显示出来。在 AddItem () 函数调用 CListBox 的成员函数 AddString() 和 SetItemData()，这两者分别将 AddItem () 传来的线型号、线型名称字符串与表项关联起来。这样在 DrawItem() 函数中通过语句 GetItemData() 和 GetText() 分别得到线型号和线型名称，完成表项的绘制。

　　DrawItem() 完成列表框中线段图形和线段名称的绘制。在 gdiplus 中线段的属性由画笔的特性来描述，gdiplus 通过 DashStyle 枚举提供了五种常见的画笔线型样式。在 GdiplusEnums.h 文件中，DashStyle 枚举定义如下：

```
enum DashStyle
{
    DashStyleSolid,          // 0
    DashStyleDash,           // 1
    DashStyleDot,            // 2
    DashStyleDashDot,        // 3
    DashStyleDashDotDot,     // 4
    DashStyleCustom          // 5
};
```

　　上述各项分别对应实线、虚线、点线、点画线、双点画线及用户自定义线型。决定线型虚实样式的数据保存在一个实数数组里。其格式为：

画线部分长度，间隔长度，画线部分长度，间隔长度……

数组的大小由用户自己定义。

　　这里也采用枚举类型预先定义系统的 21 种线段样式。因为这些数据在层对话框里也要用到，因此将其设为全局变量。在"caxalayer.h"文件的包含语句后面添加如下代码：

```
using namespace Gdiplus;
extern REAL mydashvalue[21][7];
extern enum Ltype
{
    BYLAYER,//0
    BYBLOCK,//1
    CUSHIXIAN,//2 粗实线
    XISHIXIAN,//3 细实线
    XUXIAN,//4 虚线
    DIANHUAXIAN,//5 点画线
    DDIANHUAXIAN,//7 双点画线
    CUXUXIAN,//8 粗虚线
    MXUXIAN,//9 中虚线,
```

```
    CUDIANHUAXIAN,//10 粗点画线,
    MDIANHUAXIAN,//11 中点画线,
    CUDDIANHUAXIAN,//12 粗双点画线,
    MDDIANHUAXIAN,//13 中双点画线,
    THICK1,//0.18,mm 线宽,
    THICK2,//0.25mm 线宽,
    THICK3,//0.35mm 线宽,
    THICK4,//0.50mm,线宽,
    THICK5,//0.70mm 线宽,
    THICK6,//1.00mm 线宽,
    THICK7,//1.40mm 线宽,
    THICK8,//2.00mm 线宽,
};
```

在 "caxalayer.cpp" 中对 mydashvalue[21][7]初始化，定义枚举 Ltype 型变量 linetype。并在相关的对话框的实现文件中加上#include "caxalayer.h "语句。

编写 DrawItem()函数如下：

```
void CLlistctrl::DrawItem(LPDRAWITEMSTRUCT lpDrawItemStruct)
{
    ASSERT(lpDrawItemStruct->CtlType == ODT_LISTBOX ); //验证是否为列表框控件
    CDC dc ;
    CPoint point;
    CString szText; //线段名称
    dc.Attach(lpDrawItemStruct->hDC);
    int  yscreen=GetSystemMetrics(SM_CYSCREEN);//得到显示器垂直方向的分辨率
    int  nHeight=dc.GetDeviceCaps(VERTSIZE);//得到显示器垂直方向的实际高度
    float scale=(float) yscreen/nHeight;// 比例因子，将像素转化为mm
    CRect itemRC (lpDrawItemStruct->rcItem); //得到列表框里 rcItem 行的矩形
    int nIndex = lpDrawItemStruct->itemID;
    int linetype = GetItemData(nIndex);//得到线型
    GetText (nIndex, szText); //得到线型名称
    // 将每个表项分成线段显示区和线段名称区
    CRect itemRC1(itemRC.left+2,itemRC.top+4,2*itemRC.right/3-2,itemRC.bottom-4);
    CRect itemRC2(2*itemRC.right/3+40,itemRC.top+4,itemRC.right-2,itemRC.bottom-2);

    using namespace Gdiplus;
    Point Point1(itemRC1.left,(itemRC1.top+itemRC1.bottom)/2);
    Point Point2(itemRC1.right,(itemRC1.top+itemRC1.bottom)/2);
    Graphics graphics(dc.m_hDC);
```

```
Pen blackPen(Color(255,0,0), 1);
COLORREF bk =    dc.GetBkColor();//背景颜色
int nState = lpDrawItemStruct->itemState;
if(nState & ODS_SELECTED)//该项被选中
{
    bk = RGB(180,180,0 );//背景颜色
    CRect rect;
    itemRC1.right +=25;
    CBrush brush(bk);
    dc.FillRect(&itemRC1,&brush); //高亮显示被选中的表项
}
else //将已选中的表项的高亮去掉
{
    CBrush brush(bk);
    itemRC1.right +=25;
    dc.FillRect(&itemRC1,&brush);
}
// 绘制线段名称
dc.DrawText(szText, itemRC2, DT_LEFT |DT_VCENTER|DT_SINGLELINE);
int i=linetype;
for(int j=0;j<6;j++)
DashValues[j]=mydashvalue[i][j]; //得到对应线型的虚实数据
float  penwidth=mydashvalue[i][6];//得到对应线型的笔宽
if(i>12) //后面的几种笔宽是以mm为单位，故乘以比例因子
penwidth=mydashvalue[i][6]*scale;
blackPen.SetWidth(penwidth);
blackPen.SetDashPattern(DashValues,6);
graphics.DrawLine(&blackPen, Point1, Point2);
dc.Detach();
}
```

将以下语句加进 OnLButtonUp()函数中，编译运行工程，得到类似图 9-2 的对话框图 9-5。可以看出线性显示笔宽与 CAXA 有所区别。

```
void  CLlistctrl::OnLButtonUp(UINT nFlags, CPoint point)
{
    BOOL bOutside = FALSE;
    UINT uItem = ItemFromPoint(point, bOutside);
    char lpstr[20];
```

```
        GetText( uItem, lpstr );
        GetParent()->GetDlgItem(IDC_STATIC_LINE)->SetWindowText(lpstr);
        CListBox::OnLButtonUp(nFlags, point);
    }
```

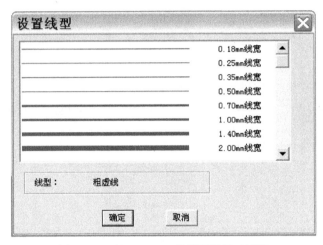

图 9-5　工程 caxalayer 的线型设置对话框

9.1.3　层控制对话框的实现

（1）创建 CListCtrl 控件的增强型 NewListCtrl 类

MFC 提供的 CListCtrl 控件没有编辑功能，无法满足图 9-1 中可以修改各列内容的要求。因此创建增强型的 CListCtrl 控件。基本思想还是与第 6 章创建可编辑的网格控件的技术一样，将 CEdit 和 CListCtrl 进行封装。具体方法是，先建一个基于对话框的工程，在对话框资源里添加一个 CListCtrl 控件，并关联一个控件型变量。将该变量的控件类型从 CListCtrl 改成 CNewListCtrl，并加上包含头文件的语句#include "NewListCtrl"。在 OnInitDialog()函数中添加列表的行、列形成的语句以测试 CNewListCtrl 控件。

在工程中添加新类 CNewListCtrl，该类的基类为 CLlistCtrl，类的文件名分别为 NewListCtrl.cpp 和 NewListCtrl.h。再添加基于 CEdit 类的类 CMyEdit，类文件名还是 NewListCtrl.cpp 和 NewListCtrl.h。

利用 PreSubclassWindow()设置控件的风格，在类 CNewListCtrl 中添加下面的变量：

```
BOOL m_bEditing; // 是否有表项在编辑
CMyEdit m_edit; //编辑控件
int m_nItem; //被编辑的表项的行号
int m_nSubItem; //被编辑的表项的列号
```

编写 OnLButtonDown()。该函数的主要功能是得到用户鼠标单击的位置，即编辑的表项的行号、列号。

　　编写 MyBeginEdit()和 MyEndEdit()函数。这两个函数分别完成编辑前和结束编辑的工作。这两个函数都在 CNewListCtrl 类中。

　　最后为类 CMyEdit 添加 OnCreate()、OnKillFocus()和 PreTranslateMessage()。第一个函数主要进行字体处理，使得编辑的字体与列表表项字体一致；第二个函数主要处理编辑结束过程；第三个函数处理用户在编辑时按下的回车与 Esc 键的消息，这两个消息被对话框窗口处理时当作用户单击了"OK"和"Cancel"按钮，显然要在编辑控件中拦截这两个消息，并处理。

　　至此，增强型 NewListCtrl 类已经创建完毕。在其 cpp 文件中保留"stdafx.h"和"NewListCtrl.h"文件的包含语句，删除其余的包含语句。由此得到 NewListCtr.cpp 和 NewListCtrl.h 两个文件。将它们插入工程"caxalayer.exe"中，以 NewListCtrl 作为层控制对话框中列表控件的类。

　　（2）对话框的初始化

　　参照图 9-1 在工程 caxalayer 中添加对话框资源，并设置其 ID 为 IDD_LAYER_DIALOG，Caption 为"层控制"。图中共有 7 个 CButton 型按钮，两个静态文本控件（"当前图层"后面的也是静态文本控件，设置其属性"通知"，这样才能显示当前图层名称）和一个 List Control。设置列表控件的 Report 属性。为该对话框建立对话框类 CLayerdlg，类文件分别为 Layerdlg 和 Layerdlg.cpp。在该类中为 List Control 控件添加控件型变量 m_ListCtrl，控件类型为 CNewListCtrl。利用类向导在 CLayerdlg 中添加 WM_INITDIALOG 响应消息函数 OnInitDialog()。编写该函数如下，完成层控制对话框的初始化工作。

```
BOOL CLayerdlg::OnInitDialog()
{
    CDialog::OnInitDialog();
    m_ListCtrl.InsertColumn(0,"层名",LVCFMT_LEFT,75);
    m_ListCtrl.InsertColumn(1,"层描述",LVCFMT_LEFT,50);
    m_ListCtrl.InsertColumn(2,"层状态",LVCFMT_LEFT,50);
    m_ListCtrl.InsertColumn(3,"颜色",LVCFMT_LEFT,50);
    m_ListCtrl.InsertColumn(4,"层名",LVCFMT_LEFT,50);
    m_ListCtrl.InsertColumn(5,"线型",LVCFMT_LEFT,150);
    m_ListCtrl.InsertColumn(6,"层锁定",LVCFMT_LEFT,50);
    m_ListCtrl.InsertColumn(7,"层打印",LVCFMT_LEFT,50);
    return TRUE;
}
```

　　编译运行工程，适当调节 IDD_LAYER_DIALOG 对话框中 CListCtrl 控件的宽度，以刚好排列 7 栏为宜。宽度不够，则出现水平滚动条；过宽则有空白，不美观。

　　（3）在列表框里添加列表项

　　图 9-1 显示了 7 个图层，这是系统自带的图层；当打开一个 CAXA 图形文件时，图 9-1 显示的是该文件所拥有的图层，而图形文件里有一个由图层特性组成的链表。当该链表为空时，即打开空白 CAXA 系统时，图 9-1 显示系统自带的图层。

　　将图层各列的数据形成一个结构，每层的数据形成一个结点，建立结点链表。图层结构体如下：

```
struct LAYER
{
    CString layername; //层名
    CString layerdetail;//层含义
    CString layerstate;//层状态
    COLORREF layercolor; //层颜色
    int linetype; //层线型
    CString layerlock; //层锁状态
    CString layerprint; //层打印状态
};
```

　　将上述代码插入文件 Layerdlg.h 的最前面。将各图层数据写进记事本文件 layerinit.dat，其中颜色数据是以 RGB 的三个分量分别记录的，layerstate 只有"打开"和"关闭"两种取值，layerlock 与 layerprint 也只有"是"和"否"两种取值。在类 CLayerdlg 中增加层链表变量 m_LayerList、CPtrList 型。完整的 OnInitDialog()如下：

```
BOOL CLayerdlg::OnInitDialog()
{
    CStdioFile file;
    CString str;
    int color[3];
    POSITION pos;
    CRect rect;
    CDialog::OnInitDialog();
    SetIcon(m_hIcon, TRUE);
    SetIcon(m_hIcon, FALSE);// Set small icon
    CImageList imagelist;
    imagelist.Create(1, 20, ILC_COLOR, 1, 1); // 建立一个空的图像系列，图像为1×20，
以设置列表框的行高，即20
    m_ListCtrl.SetImageList(&imagelist);
    m_ListCtrl.InsertColumn(0,"层名",LVCFMT_LEFT,50);
    m_ListCtrl.InsertColumn(1,"层描述",LVCFMT_LEFT,70);
    m_ListCtrl.InsertColumn(2,"层状态",LVCFMT_LEFT,70);
    m_ListCtrl.InsertColumn(3,"颜色",LVCFMT_LEFT,80);
    m_ListCtrl.InsertColumn(4,"线型",LVCFMT_LEFT,150);
    m_ListCtrl.InsertColumn(5,"层锁定",LVCFMT_LEFT,50);
    m_ListCtrl.InsertColumn(6,"层打印",LVCFMT_LEFT,50);
```

```
if(m_LayerList.GetCount()==0)  //如果未打开文件，则启用系统自带的图层数据
{
if(!file.Open(".\\layerinit.dat",CFile::modeRead|CFile::typeText))
{
    MessageBox("can not open file!");
    return true;
}
else
{
    file.SeekToEnd();
    DWORD l1 = file.GetPosition();
    file.SeekToBegin();
    DWORD l2 = file.GetPosition();
    while(l2<l1)  //将文件中各图层的数据读进图层链中
    {
        LAYER* m_layer = new LAYER;
        file.ReadString(str);
        m_layer->layername=str;
        file.ReadString(str);
        m_layer->layerdetail=str;
        ile.ReadString(str);
        m_layer->layerstate=str;
        for(int i=0;i<3;i++)
        {
            file.ReadString(str);
            color[i] =atoi((char*)(LPCTSTR)str);
        }
        m_layer->layercolor=RGB(color[0],color[1],color[2]);
        file.ReadString(str);
        m_layer->linetype=atoi((char*)(LPCTSTR)str);
        file.ReadString(str);
        m_layer->layerlock=str;
        file.ReadString(str);
        m_layer->layerprint=str;
        file.Seek(0,CFile::current);
        l2=file.GetPosition();
        m_LayerList.AddTail(m_layer);
    }
    file.Close();
}
```

```
//将图层链中的数据填进图层列表里
pos = m_LayerList.GetHeadPosition ();
for ( int i=0;i<m_LayerList.GetCount();i++)//遍历链表
{
    LAYER *m_layer=(LAYER*)m_LayerList.GetNext(pos);
    int IDX = m_ListCtrl.InsertItem(i, _T(""));
    m_ListCtrl.SetItemText(IDX,0,m_layer->layername);
    m_ListCtrl.SetItemText(IDX,1,m_layer->layerdetail);
    m_ListCtrl.SetItemText(IDX,2,m_layer->layerstate);
    m_ListCtrl.SetItemText(IDX,5,m_layer->layerlock);
    m_ListCtrl.SetItemText(IDX,6,m_layer->layerprint);
    m_ListCtrl.SetItemBkColor(IDX, 3, m_layer->layercolor);
    m_ListCtrl.SetItemlinetype(IDX, 4,m_layer->linetype);
}
}
```

InsertItem(i, _T("")是重载基类的同名函数，定义如下：

```
int CNewListCtrl::InsertItem(int nIndex, LPCTSTR lpText)
{
    int IDX = CListCtrl::InsertItem(nIndex, lpText);
    if (IDX >= 0)
    _AllocItemMemory(IDX); //在此函数里完成表项数据的存储
    return IDX;
}
```

SetItemBkColor()和SetItemlinetype()两个函数是为了完成图9-1中第三列和第四列的绘制工作，也是整个对话框开发编程的重点与难点，涉及列表控件的自绘。这两个函数的定义语句类似，其中 SetItemBkColor（）函数代码如下：

```
void CNewListCtrl::SetItemBkColor(int nItem, int nSubItem, COLORREF color)
{
    const int ROWS = GetItemCount();
    const int COLS = GetColumnCount();
    BOOL bRowValid = nItem >= 0&& nItem < ROWS;
    BOOL bColValid = nSubItem >= 0 && nSubItem < COLS;
    if (bRowValid && bColValid)
    {
    CItemData * p= (CItemData*)(CListCtrl::GetItemData(nItem));
    ASSERT(p != NULL);
    p->aBkColors[nSubItem] = color;
    RedrawWindow();
    }
}
```

该函数的主要作用是将要自绘的表项的行号、列号及颜色保存到表项数据结构里。CItemData 类的定义为：

```
#include <afxtempl.h>
class CItemData
{
    public:
    CItemData();
    DWORD dwData;
    CArray<INT, INT> linetype; // 保存表项的线型
    CArray<COLORREF, COLORREF> aBkColors;// 保存表项颜色的数组
    private:
};
```

要得到表项的数据，必须先将表项的数据设置好，为此在插入表项时要调用_AllocItemMemory()。

```
void CNewListCtrl::_AllocItemMemory(int nItem)
{
    const int COLS = GetColumnCount();
    ASSERT(COLS > 0);
    CItemData* pData = new CItemData;      //分配给表项的数据指针
    pData->dwData = CListCtrl::GetItemData(nItem);
    pData->linetype.SetSize(COLS);
    pData->aBkColors.SetSize(COLS);
    for (int i = 0; i < COLS; i++)
    {
    pData->linetype[i] = 0;
    pData->aBkColors[i] = ::GetSysColor(COLOR_WINDOW);
    }
    CListCtrl::SetItemData(nItem, (DWORD)pData);//将指针与表项发生联系，此语句与
SetItemBkColor()函数中的 GetItemData(nItem)函数相对应，即将此处的 pData 传递给上述的 p。如果无
此语句，则调试时总发生 ASSERT(p != NULL)的诊断错误
    }
```

完成上述工作就可以开始表项的自绘了。在 NewListCtrl.h 文件中添加自绘消息函数
afx_msg void OnCustomDraw(NMHDR* pNMHDR, LRESULT* pResult);
在 NewListCtrl.cpp 中添加消息映射宏如下：

```
ON_NOTIFY_REFLECT(NM_CUSTOMDRAW, OnCustomDraw)
```

在 NewListCtrl.cpp 中编辑 OnCustomDraw()，其代码为：

```
void CNewListCtrl::OnCustomDraw(NMHDR* pNMHDR, LRESULT* pResult)
{
    LPNMLVCUSTOMDRAW lplvcd = (LPNMLVCUSTOMDRAW)pNMHDR;
    CRect itemRC1,itemRC2;
    float DashValues[6];
    CDC* pDC = CDC::FromHandle ( lplvcd-> nmcd.hdc );
    int yscreen=GetSystemMetrics(SM_CXSCREEN);
    int nWidth=pDC->GetDeviceCaps(HORZSIZE);
    float scale=(float) yscreen/nWidth;
    GetSubItemRect(lplvcd->nmcd.dwItemSpec,3,LVIR_BOUNDS,itemRC1);
    GetSubItemRect(lplvcd->nmcd.dwItemSpec,4,LVIR_BOUNDS,itemRC2);
    CRect itemRC11(itemRC1.left+2,itemRC1.top+4,itemRC1.right-2,itemRC1.bottom-4);
    CRect itemRC22(itemRC2.left+2,itemRC2.top+4,itemRC2.right-2,itemRC2.bottom-4);
    if (lplvcd->nmcd.dwDrawStage == CDDS_PREPAINT)
    {
        *pResult = CDRF_NOTIFYITEMDRAW;
    }
    else if (lplvcd->nmcd.dwDrawStage == CDDS_ITEMPREPAINT)
    {
        *pResult = CDRF_NOTIFYSUBITEMDRAW;
    }
    else if (lplvcd->nmcd.dwDrawStage == (CDDS_ITEMPREPAINT | CDDS_SUBITEM))
    {
    CItemData* p = (CItemData*)(CListCtrl::GetItemData(lplvcd->nmcd.dwItemSpec));
    ASSERT(p != NULL);
    ASSERT(lplvcd->iSubItem >= 0 && lplvcd->iSubItem < p->aBkColors.GetSize());
    COLORREF clrbk =p->aBkColors[3];
    pDC->FillSolidRect(&itemRC11,clrbk);
pDC->FrameRect (&itemRC11,&CBrush(RGB(0,0,0)));
    using namespace Gdiplus;
    Graphics graphics(pDC->m_hDC);
    Pen blackPen(Color(255,0,0), 1);
    int i=p->linetype[4];
    for(int j=0;j<6;j++)
    DashValues[j]=mydashvalue[i][j];
    float penwidth=mydashvalue[i][6];
    if(i>12)
    penwidth=penwidth*scale;
```

```
blackPen.SetWidth(penwidth);

blackPen.SetDashPattern(DashValues,6);

blackPen.SetDashStyle((DashStyle)i);

Point Point1(itemRC22.left,(itemRC22.top+itemRC22.bottom)/2);

Point Point2(itemRC22.right,(itemRC22.top+itemRC22.bottom)/2);

graphics.DrawLine(&blackPen, Point1, Point2);

*pResult = CDRF_DODEFAULT;

}

}
```

函数参数 NMHDR，在 CUSTOMDRAW 的通知下被转换成为 NMLVCUSTOMDRAW 结构，该结构包含了列表控件中需要自绘区域的全部信息。

```
typedef struct tagNMLVCUSTOMDRAW {

    NMCUSTOMDRAW nmcd;

    COLORREF clrText; // 列表中文字的颜色

    COLORREF clrTextBk; // 列表中文字的背景色

#if (_WIN32_IE >= 0x0400)

    int iSubItem;

#endif

} NMLVCUSTOMDRAW, *LPNMLVCUSTOMDRAW;
```

其中 NMCUSTOMDRAW 结构定义为：

```
typedef struct tagNMCUSTOMDRAWINFO {

    NMHDR  hdr; //含有通知信息的 NMHDR 结构

    DWORD  dwDrawStage ; //目前绘制的步骤

    HDC    hdc; //设备上下文句柄

    RECT   rc; //绘制的区域

    DWORD  dwItemSpec; //绘制项的说明

    UINT   uItemState; //当前表项的状态

    LPARAM lItemlParam; //应用程序定义与表项相关的数据,

} NMCUSTOMDRAW, FAR * LPNMCUSTOMDRAW;
```

至此，编译、运行工程可以得到图 9-1 类似的界面。下面实现各按钮单击和图层各项数据的可编辑功能。

（4）各按钮功能实现

首先在层对话框添加按钮"设置当前层"单击响应函数。该函数先是搜寻到被选中的图层，然后得到其图层名，在传递给静态文本控件。

```
void CLayerdlg::OnSetcrntLayer()
{   CString layername;
//搜寻被选中的行
for(int i=0;i<m_ListCtrl.GetItemCount();i++)
{
    if(LVIS_SELECTED==m_ListCtrl.GetItemState(i,LVIS_SELECTED ))
    break;
}
    layername=m_ListCtrl.GetItemText(i,0);
    GetDlgItem(IDC_STATIC_LAYER)->SetWindowText(layername);
}
```

再添加"确定"按钮的响应函数 OnOK()。该函数的主要功能是保存好图层设置情况。与 OnInitDialog()函数功能相反。下面代码中文件 layerend.dat 应该与 OnInitDialog()中打开的文件是同一个文件，取不同的文件名是为了调试方便。

```
void CLayerdlg::OnOK()
{
    CStdioFile file;
    POSITION pos;
    COLORREF clr;
    int clrint[3],ltype;
    CString str;
    CArray <CString,CString> strwr;
    m_LayerList.RemoveAll();
    int COLS=m_ListCtrl.GetColumnCount();
    strwr.SetSize(COLS);
    for(int i=0;i<m_ListCtrl.GetItemCount();i++)
    {
        for(int j=0;j<COLS;j++)
        {
            if(j!=3&&j!=4)
            strwr[j]=m_ListCtrl.GetItemText(i,j);
        }
        clr=m_ListCtrl.GetItemBkColor(i,3);
        ltype=m_ListCtrl.GetItemlinetype(i,4);
        LAYER* m_layer = new LAYER;
        m_layer->layername=strwr[0];
        m_layer->layerdetail=strwr[1];
```

```
        m_layer->layerstate=strwr[2];

        m_layer->layercolor=clr;

        m_layer->linetype=ltype;

        m_layer->layerlock=strwr[5];

        m_layer->layerprint=strwr[6];

        pos=m_LayerList.AddTail(m_layer);

    }

    if(!file.Open(".\\layerend.dat",CFile::modeCreate |CFile::modeWrite|CFile::
typeText))//以创建的形式打开文件，将对话框中各个图层数据写进文件

    {

    MessageBox("can not open file!");

    }

    pos = m_LayerList.GetHeadPosition();

    for ( i=0;i<m_LayerList.GetCount();i++)//遍历链表

    {

        LAYER* m_layer1=(LAYER*)m_LayerList.GetNext(pos);

        file.WriteString(m_layer1->layername);

        file.WriteString("\n");

        file.WriteString(m_layer1->layerdetail);

        file.WriteString("\n");

        file.WriteString(m_layer1->layerstate);

        file.WriteString("\n");

        clr=m_layer1->layercolor;

        clrint[0] =GetRValue(clr);

        clrint[1] =GetGValue(clr);

        clrint[2] =GetBValue(clr);

        str.Format("%d",clrint[0]);

        file.WriteString(str);

        file.WriteString("\n");

        str.Format("%d",clrint[1]);

        file.WriteString(str);

        file.WriteString("\n");

        str.Format("%d",clrint[2]);

        file.WriteString(str);

        file.WriteString("\n");

        ltype=m_layer1->linetype;

        str.Format("%d",ltype);

        file.WriteString(str);

        file.WriteString("\n");

        file.WriteString(m_layer1->layerlock);
```

```
          file.WriteString("\n");
          file.WriteString(m_layer1->layerprint);
          file.WriteString("\n");
      }
      file.Close();
      CDialog::OnOK();
  }
```

添加"创新建图层"的响应函数 OnNewLayer()。这里模拟 CAXA 的情形，新建图层取名"newlayerX"，X 代表数字，而层描述设为"新建层 X"，层颜色默认为红色，线型默认为细实线，线型代码为 4。具体代码如下。

```
  void CLayerdlg::OnNewLayer()
  {
      CString strname;
      int  i=m_ListCtrl.GetItemCount();
      int IDX = m_ListCtrl.InsertItem(i, _T(""));
      LAYER* m_layer = new LAYER;
      strname.Format("newlayer%d",i-3);  //系统自带四个图层，但行号为 3
      m_layer->layername=strname;
      strname.Format("新建层%d",i-3);
      m_layer->layerdetail=strname;
      m_layer->layerstate="打开";
      m_layer->layerlock="否";
      m_layer->layerprint="是";
      m_layer->layercolor=RGB(255,0,0);
      m_layer->linetype=4;
      m_ListCtrl.SetItemText(IDX,0, m_layer->layername);
      m_ListCtrl.SetItemText(IDX,1, m_layer->layerdetail);
      m_ListCtrl.SetItemText(IDX,2, m_layer->layerstate);
      m_ListCtrl.SetItemBkColor(IDX, 3, m_layer->layercolor);
      m_ListCtrl.SetItemlinetype(IDX, 4,m_layer->linetype);
      m_ListCtrl.SetItemText(IDX,5, m_layer->layerlock);
      m_ListCtrl.SetItemText(IDX,6, m_layer->layerprint);
  }
```

"删除图层"的响应函数由读者自己完成。

图层数据的编辑工作在函数 MyBeginEdit()中完成。"层名"及"层描述"本身是字符串，编辑工作很容易完成；"层状态""层打印"和"层锁定"在框里只有两种显示值，因此也容易实现（这些改变引起图形元素的显示与隐藏等工作暂时不考虑）。在该函数中添加修改代码如下：

```
    if(m_nSubItem!=3&&m_nSubItem!=4)
    {
        CString txtItem=GetItemText(m_nItem,m_nSubItem);
        if(txtItem=="打开")
        txtItem="关闭";
        else if(txtItem=="关闭")
        txtItem="打开";
        if(txtItem=="是")
        txtItem="否";
        else if(txtItem=="否")
        txtItem="是";
        m_edit.SetWindowText(txtItem);
        m_edit.SetFocus();
        m_edit.SetSel(0,-1);
        m_edit.ShowWindow(SW_SHOW);
    }
    else if(m_nSubItem==3)
    {
        mycolordlg dlg;
        dlg.m_cc.Flags|=CC_RGBINIT|CC_FULLOPEN;
        dlg.m_cc.rgbResult= CNewListCtrl::GetItemBkColor(m_nItem,3);//RGB(0,255,0);
        if(dlg.DoModal()==IDOK)
        CNewListCtrl::SetItemBkColor(m_nItem, 3,dlg.GetColor());
        m_edit.SetFocus();
    }
    else if(m_nSubItem==4)
    {
        using namespace Gdiplus;
        CLinedlg dlg;
        int i;
        if( dlg.DoModal()==IDOK)
          {
            i=dlg.lineindex;
            CNewListCtrl::SetItemlinetype(m_nItem, 4,(Ltype)i);
          }
        m_edit.SetFocus();
    }
    return TRUE;
}
```

编译运行工程，单击"格式\层对话框"，得到图 9-6。编辑各列数据，检查是否达到预期目标。三次单击对话框中"创建新图层"，再单击"确定"按钮，退出对话框。将 CLayerdlg::OnInitDialog()函数中用 open（）函数打开的文件名改为 layerend.dat，编译运行工程，可得到图 9-7，发现新增的图层数据保存无误。

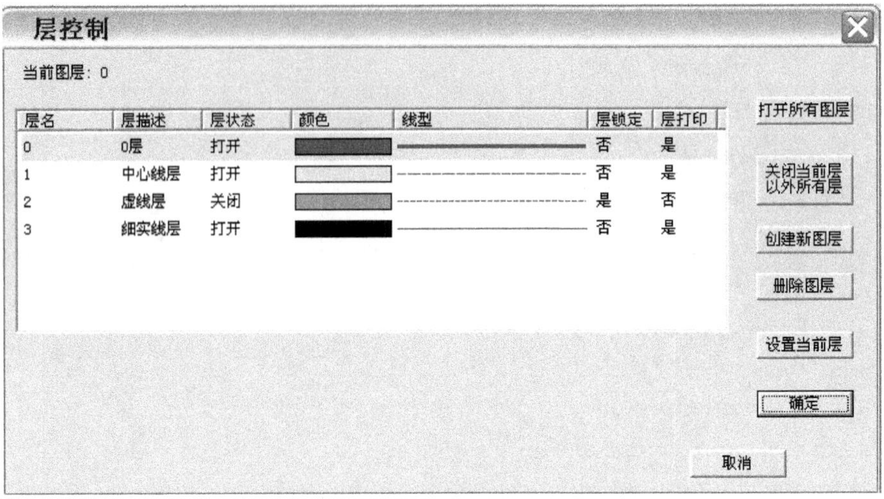

图 9-6　工程 caxalayer 的层设置对话框

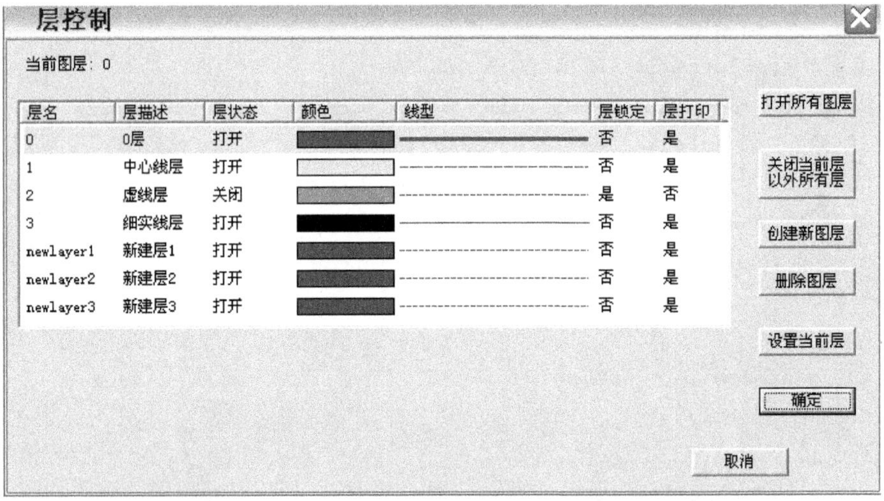

图 9-7　工程 caxalayer 的增加图层后的层设置对话框

CAXA 系统里上述"格式"菜单的三个对话框功能还能由工具条实现。工具条使用相比菜单要快捷方便得多。

9.2 CAXA 界面"绘图"主菜单的开发

打开工程 caxalayer，在主菜单"格式"后面添加菜单项"绘图"，在"绘图"下添加"直线""圆"菜单项，其 ID 分别为 ID_DRAW_LINE 和 ID_DRAW_CIRCLE，在菜单项属性对话框的提示框里加入提示文字"Draw a line\nLine"和"Draw a circle\nCircle"。在一般情况下，可利用类向导分别添加单击这两个菜单项的消息响应函数，这里统一添加一个消息响应函数 afx_msg void OnCreateEntity(int m_nID)。m_nID 代表 ID_DRAW_LINE 或 ID_DRAW_CIRCLE，其整数值在工程的"String Table"中定义。在 caxalayerView.cpp 添加消息映射宏：

```
ON_COMMAND_RANGE(ID_DRAW_LINE, ID_DRAW_CIRCLE,OnCreateEntity)
```

其中第一个命令 ID 对应"绘图"菜单里的第一个菜单项，第二个命令 ID 对应"绘图"菜单里的最后一个菜单项。

9.2.1　总体思路及全局变量设置

从第 8 章可知，图形系统通过实体链表管理图形数据。各种图形对象由图元类产生，图元类都有一个共同的实体基类。将对图元的各种操作包括生成、绘制、平移、旋转及镜像等封装在各种图元类中，所有的这些操作都有各自的类，这些类继承于一个命令基类。

交互式绘图过程中，无论绘制何种图元，都要处理三种鼠标响应函数，它们是 OnLButtonDown()、OnMouseMove() 和 OnRButtonDown()。图元编辑也存在这个问题。如何实时响应这三个函数呢？显然在视类中只能有一组鼠标响应函数。图元编辑时图元的数据已有，而数据的保存与管理由文档类完成，因此图元编辑的功能主要放在文档类中；图元的生成与绘制的主要工作由各个命令类完成。这样在视类中的每一个鼠标响应函数兵分两路，分别转到文档类和命令类的响应函数中。这几个函数代码如下。

```
void CCaxalayerView::OnCreateEntity(int m_nID)
{
    if(m_pCmd)  //如果当前处在命令状态
    {
        m_pCmd->Cancel();  //取消该命令的操作
        delete m_pCmd; //删除该命令对象
        m_pCmd=NULL; //将命令指针设为空
    }
    switch(m_nID)
    {
        case ID_DRAW_LINE:
            m_pCmd=new CCreateLine();
            break;
        case ID_DRAW_CIRCLE:
            m_pCmd=new CCreateCircle();
            break;
    }
}
void CCaxalayerView::OnLButtonDown(UINT nFlags, CPoint point)
{
```

```
        CCaxalayerDoc* pDoc=GetDocument();
        ASSERT_VALID(pDoc);
        CPoint pos;
        ScreentoWorld(point,pos); //将设备坐标转换为世界坐标
        if(m_pCmd)
        m_pCmd->OnLButtonDown(nFlags, pos);
        //else
        //pDoc->OnLButtonDown(nFlags, pos);
        CView::OnLButtonDown(nFlags, point);
    }


    void CCaxalayerView::OnMouseMove(UINT nFlags, CPoint point)
    {
        CCaxalayerDoc* pDoc=GetDocument();
        ASSERT_VALID(pDoc);
        CPoint pos;
        ScreentoWorld(point,pos);
        if(m_pCmd)
        m_pCmd->OnMouseMove(nFlags, pos);
        //else
        // pDoc->OnMouseMove(nFlags, pos);
        CView::OnMouseMove(nFlags, point);
    }
    void CCaxalayerView::OnRButtonDown(UINT nFlags, CPoint point)
    {
        CPoint pos;
        ScreentoWorld(point,pos);
        if(m_pCmd)
        m_pCmd->OnRButtonDown(nFlags, pos);
        CView::OnRButtonDown(nFlags, point);
    }
    void CCaxalayerView::OnRButtonDblClk(UINT nFlags, CPoint point)
    {
        CPoint pos;
        ScreentoWorld(point,pos);
        if(m_pCmd)
        m_pCmd->OnRButtonDblClk( nFlags,pos) ;
        CView::OnRButtonDblClk(nFlags, point);
    }
```

构造实体基类 CEntity。注意 CEntity 是自己定义的类，利用类向导添加类时，在 "New Class" 对话框的 "Class Type" 组合框中选择 "Generic Class"；在 "Base Class(es)" 框中，单击 "Derived From" 下面的高亮区域，并键入 "CObject"。实体基类中除包含图元的基本

属性数据（如图元类型、颜色、线型和线宽）外，还应包括图元的基本操作，如"绘制""移动""旋转"等函数成员。为了保存图元，还要加入串行化函数。CEntity 的头文件和实现文件如下。

```cpp
// Entity.h: interface for the CEntity class.
#if !defined(AFX_ENTITY_H__778444D5_6208_4E2C_9956_112739D4C0DB__INCLUDED_)
#define AFX_ENTITY_H__778444D5_6208_4E2C_9956_112739D4C0DB__INCLUDED_
#if _MSC_VER > 1000
#pragma once
#endif // _MSC_VER > 1000
typedef struct box2d  BOX2D;
struct box2d
{
double min[2],max[2];
};
class CEntity :public CObject
{
DECLARE_SERIAL(CEntity)
public:
    CEntity();
    virtual     ~CEntity();
    UINT        m_nType;
    COLORREF    m_nColor;
    UINT        m_nLineType;
    int         m_nLineWidth;
    UINT        m_nLayerindex;
    CString     layername;

virtual CEntity* Copy(){return NULL;}
virtual void Draw(CDC* pDC,UINT nColor=0,UINT nLineType=0,UINT nLayerindex=0){}
virtual BOOL Pick(const CPoint& pos, const double pick_radius){return FALSE;}
virtual void GetBox(BOX2D* pBox){}
virtual void Move(const CPoint& basePos,const CPoint& desPos){}
virtual void Rotate(const CPoint& basePos,const double angle){}
virtual void Mirror(const CPoint& pos1,const CPoint& pos2){}
virtual void Serialize(CArchive& ar);
};
#endif
// !defined(AFX_ENTITY_H__778444D5_6208_4E2C_9956_112739D4C0DB__INCLUDED_)
// Entity.cpp: implementation of the CEntity class.
```

```
#include "stdafx.h"
#include "caxalayer.h"
#include "Entity.h"
#ifdef _DEBUG
#undef THIS_FILE
static char THIS_FILE[]=__FILE__;
#define new DEBUG_NEW
#endif


//////////////////////////////////////////////////////////////////
// Construction/Destruction
//////////////////////////////////////////////////////////////////
IMPLEMENT_SERIAL(CEntity,CObject,0)
CEntity::CEntity()
{
    m_nType=0;
}
CEntity::~CEntity()
{
}
void CEntity::Serialize(CArchive& ar)
{
 if(ar.IsStoring())
ar<<layername<<m_nLayerindex<<m_nColor<<m_nLineType<<m_nType;
else
ar>>layername>>m_nLayerindex>>m_nColor>>m_nLineType>>m_nType;
}
```

在文档类中添加公有变量 CObList m_EntityList。该链相当于一个双向链，保存了已经绘制的图像对象的指针。

构造命令基类 CCommand。建立文件 Command.h，在该文件中申明命令基类。

```
#ifndef _Command_h_
#define _Command_h_
class CCommand
{
    protected:
        int m_nstep; //命令操作步骤
    public:
        CCommand(){}
```

```
        ~CCommand(){}
        virtual int GetType()=0;
        virtual int OnLButtonDown(UINT nFlags,const CPoint& pos)=0;
        virtual int OnMouseMove(UINT nFlags,const CPoint& pos)=0;
        virtual int OnRButtonDown(UINT nFlags,const CPoint& pos)=0;
        virtual int OnRButtonDblClk(UINT nFlags,const CPoint& pos)=0;
        virtual int Cancel()=0;
    };
    #endif
```

全局变量的考虑：

（1）与视类相关的全局变量

图元类和命令类中的很多函数都会和文档或视发生关系，如在绘制直线时要将该直线保存在文档图线元素的链表中，而为了在屏幕上显示，就要从视类得到设备环境指针。因此，将文档和视的指针设置为全局变量，具体处理如下。

在 caxalayer.h 中申明文档和视的指针，该申明位于类 CcaxalayerApp 的外面。

```
    extern class CCaxalayerView* g_pView;
    extern class CCaxalayerDoc* g_pDoc;
```

在 caxalayer.cpp 中对其初始化。

```
    CCaxalayerView* g_pView=NULL;
    CCaxalayerDoc* g_pDoc=NULL;
```

在文档类和视类的构造函数中得到视指针和文档指针的实际值。

```
    g_pView=this;
    g_pDoc=this;
```

（2）与系统状态相关的全局变量

系统当前的状态指系统的捕捉、正交、网格的开关状态，系统当前层、系统当前颜色、线型等。由于这些信息在系统中要随时得知，所以设置为全局变量。为了简便，本系统不考虑捕捉、正交及网格等功能。在类 CcaxalayerApp 申明的前面添加如下变量。

```
    extern UINT        g_nCurColor; //当前颜色
    extern UINT        g_nCurLineType; //当前线型
    extern Cstring     g_nCurlayer; // 当前层
    extern BOOL m_blbylayer; // 颜色、线型是否 bylayer 的标志
    extern CStringArray laystate; // 层打开与关闭状态
```

```
extern UINT g_nLayerindex; // 层序号
extern void GetCurlayercl(HWND hWnd,CString layername); //得到当前层
```

在类 CcaxalayerApp 的定义的前面对上述变量进行初始化如下:

```
UINT      g_nCurColor=BYLAYER;
UINT      g_nCurLineType=BYLAYER;
BOOL m_blbylayer=FALSE;
Cstring g_nCurlayer="0";
CStringArray laystate;
UINT g_nLayerindex;
```

其中,布尔变量 m_blbylayer 是颜色和线型是否由当前层决定的标志。绘图总在当前层上,但是颜色和线型可以任意组合。如果用户在颜色对话框和线型对话框中没有选定"Bylayer",则当前颜色和线型不由层决定,m_blbylayer 值为 false,否则为 true。 为此先修改 CCaxalayerView 中的 OnColorControl()函数。

```
void CCaxalayerView::OnColorControl()
    {
        mycolordlg m_colordlg;
        m_colordlg.m_cc.Flags|=CC_RGBINIT|CC_FULLOPEN;
        m_colordlg.m_cc.rgbResult=m_clr;
        m_colordlg.m_titlestr ="颜色设置";
        if(IDOK== m_colordlg.DoModal())
        {
            if( m_blbylayer!=TRUE) //用户没有单击"BYLAYER"按钮
            {
            m_clr=m_colordlg.m_cc.rgbResult;
            g_nCurColor=m_clr;
            }
        }
        m_blbylayer=false; //用户单击"BYLAYER"按钮后恢复其初始值
    }
```

修改颜色对话框中单击按钮"BYLAYER"的消息响应函数 OnBylayer()。该函数先从层文件中读出层数据,并形成层链表。从最后一行读出当前层名,依据层名检索层链表,得到当前层的颜色。

```
void mycolordlg::OnBylayer()
    {
```

```
CptrList m_LayerList;
CstdioFile file;
Cstring str;
int color[3];
POSITION pos;
m_blbylayer=true;
if(m_LayerList.GetCount()==0)
{
    if(!file.Open(".\\layerend.dat",CFile::modeRead|CFile::typeText))
    MessageBox("can not open file!");
    else
    {
        file.SeekToEnd();
        DWORD l1 = file.GetPosition();
        file.SeekToBegin();
        DWORD l2 = file.GetPosition();
        while(l2<l1)
        {
            LAYER* m_layer = new LAYER;
            file.ReadString(str);
            if(str=="")  // 层的数据已读完，跳出 while 循环，后面一行是当前层的层名
            break;
            m_layer->layername=str;
            file.ReadString(str);
            m_layer->layerdetail=str;
            file.ReadString(str);
            m_layer->layerstate=str;
            for(int i=0;i<3;i++)
            {
                file.ReadString(str);
                color[i] =atoi((char*)(LPCTSTR)str);
            }
            m_layer->layercolor=RGB(color[0],color[1],color[2]);
            file.ReadString(str);
            m_layer->linetype=atoi((char*)(LPCTSTR)str);
            file.ReadString(str);
            m_layer->layerlock=str;
            file.ReadString(str);
            m_layer->layerprint=str;
            file.Seek(0,Cfile::current);
```

```
                    l2=file.GetPosition();
                    m_LayerList.AddTail(m_layer);
                }
        file.ReadString(str); //读出当前层
        g_nCurlayer=str;
        file.Close();
                }
        pos = m_LayerList.GetHeadPosition ();
        for ( int i=0;i<m_LayerList.GetCount();i++)//遍历链表
        {
        LAYER *m_layer=(LAYER*)m_LayerList.GetNext(pos);
        if(m_layer->layername==g_nCurlayer)
        {
        g_nCurColor= m_layer->layercolor; //将当前层颜色赋给当前颜色
        break;
        }
        }
    }
}
```

全局函数 GetCurlayercl(HWND hWnd,CString layername)的功能是将当前层的颜色、线型赋给当前颜色和线型；并得到当前层的层序号。其代码与函数 OnBylayer()基本一样。

变量 laystate 是一个字符型数组，用来保存各层的"打开"与"关闭"状态。当层关闭时，层上各个图形元素应该"消失"。所谓"消失"，就是用与窗口背景一致的颜色绘图，这样就看不见了。在 CAXA 系统中绘图窗口的背景颜色是可以选择的（主菜单工具\选项\系统配置对话框\颜色设置），这里保留窗口的背景色白色不变。当用户将层关闭时，层上各个图形元素用白色绘制，否则，用保存的颜色绘制。

变量 g_nLayerindex 是 UINT 型，保存层序号，是变量 laystate 的下标。通过检索层链表得到层的开关状态及层序号。

函数 Prompt()用于在状态栏给出提示文字。在文件 MainFrm.h 中类 CmainFrame 申明之外，添加语句 void Prompt(char* pmt);，在 MainFrm.cpp 文件中定义函数 Prompt()如下：

```
void Prompt(char* pmt)
{
    CStatusBar*
    pStatus=(CStatusBar*)AfxGetApp()->m_pMainWnd->GetDescendantWindow
(ID_VIEW_STATUS_BAR);
    ASSERT(pStatus);
    if(pStatus)
    pStatus->SetPaneText(0,pmt,TRUE);
}
```

9.2.2　直线类及直线命令类的实现

直线类主要完成直线的绘制、编辑及数据保存工作；直线命令类主要响应绘制直线时鼠标的动作，得到两个端点。

利用类向导向工程中添加类 CLine。保留默认文件名 Line.h 和 Line.cpp。下面给出这两个文件的内容：

```
// Line.h: interface for the CLine class.
#if !defined(AFX_LINE_H__A35C7022_E127_4B45_9A3D_74D05355568B__INCLUDED_)
#define AFX_LINE_H__A35C7022_E127_4B45_9A3D_74D05355568B__INCLUDED_
#if _MSC_VER > 1000
#pragma once
#endif // _MSC_VER > 1000
#include "Entity.h"
class CLine : public CEntity
{
    DECLARE_SERIAL(CLine)
    protected:
    CPoint m_begin,m_end;
    public:
    CLine();
    CLine(const CPoint& begin,const CPoint& end);
    ~CLine();
    void Draw(CDC* pDC,UINT nColor=0,UINT nLineType=0,UINT nLayerindex=0);
    void Serialize(CArchive& ar);
    };
    #endif
    // !defined(AFX_LINE_H__A35C7022_E127_4B45_9A3D_74D05355568B__INCLUDED_)

    // Line.cpp: implementation of the CLine class.
    #include "stdafx.h"
    #include "caxalayer.h"
    #include "Line.h"
    #include "math.h"
    #include "caxalayerDoc.h"
    #include "caxalayerView.h"
    #include "gdiplus.h"
    #ifdef _DEBUG
    #undef THIS_FILE
    static char THIS_FILE[]=__FILE__;
```

```cpp
#define new DEBUG_NEW
#endif
IMPLEMENT_SERIAL(CLine,CEntity,0)
CLine::CLine()
{
}
CLine::CLine(const CPoint& begin,const CPoint& end)
{
    m_begin=begin;
    m_end=end;
    m_nType=ID_DRAW_LINE;
    m_nColor=g_nCurColor;
    m_nLineType=g_nCurLineType;
    m_nLayerindex=g_nLayerindex;
}
CLine::~CLine()
{
}
void CLine::Draw(CDC* pDC,UINT nColor,UINT nLineType,UINT nLayerindex)
{
    CPoint pt_begin,pt_end;
    g_pView->WorldtoScreen(m_begin,pt_begin);
    g_pView->WorldtoScreen(m_end,pt_end);
    LOGBRUSH logBrush;
    memset(&logBrush, 0, sizeof(logBrush));
    logBrush.lbStyle = BS_SOLID;
    logBrush.lbColor = m_nColor;
    DWORD DashValues[6];
    int n=GetROP2(pDC->GetSafeHdc());
    int i=m_nLineType;
    for(int j=0;j<6;j++)
    DashValues[j]=mydashvalue[i][j]*3;
    float penwidth=mydashvalue[i][6];
    if(i>12)
    penwidth=penwidth*3.937; //0.01inch=0.254mm, 1/0.254=3.937 以mm为单位的笔宽
    CPen pen;
    if(laystate.GetAt(m_nLayerindex)=="关闭")
    {
    pen.CreatePen( PS_SOLID, 2, pDC->GetBkColor());
    }
```

```
        else
        {
        pen.CreatePen(PS_USERSTYLE|PS_ENDCAP_FLAT
        |PS_GEOMETRIC ,penwidth,&logBrush, 6,DashValues);
        }
        CPen* pOldPen=pDC->SelectObject(&pen);
        pDC->SetMapMode(MM_LOENGLISH);
        pDC->MoveTo(pt_begin);
        pDC->LineTo(pt_end);
        pDC->SelectObject(pOldPen);
        pDC->SetROP2(n);
        }
    void CLine::Serialize(CArchive& ar)
    {
        CEntity::Serialize(ar);
        if(ar.IsStoring())
        {
        ar<<m_begin.x<<m_begin.y;
        ar<<m_end.x<<m_end.y;
        }
        else
        {
        ar>>m_begin.x>>m_begin.y;
        ar>>m_end.x>>m_end.y;
        }
    }
```

函数 void CLine::Serialize(CArchive& ar)先调用基类的序列化函数，将直线所在的层、颜色、线型等保存下来；再保存直线的两个端点数据。

直线的命令类从命令基类派生。首先建一个文件 CreateCmd.h，用于声明创建图元对象的类，即创建直线、圆弧、矩形等的命令类共用一个头文件。

```
    #ifndef _CreateCmd_h_
    #define _CreateCmd_h_
    #ifdef __cplusplus
    class CCreateLine: public CCommand {
        private:
            CPoint m_begin;
            CPoint m_end;
        public:
            CCreateLine();
```

```
            ~CCreateLine();
            int OnLButtonDown(UINT nFlags, const CPoint& pos);
            int OnMouseMove(UINT nFlags, const CPoint& pos);
            int OnRButtonDown(UINT nFlags, const CPoint& pos);
            int OnRButtonDblClk(UINT nFlags,const CPoint& pos);
            int Cancel();
    };
    class CCreateCircle: public CCommand
    {
        private:
            CPoint m_center, m_arcpt;
        public:
            CCreateCircle();
            ~CCreateCircle();
            int OnLButtonDown(UINT nFlags, const CPoint& pos);
            int OnMouseMove(UINT nFlags, const CPoint& pos);
            int OnRButtonDown(UINT nFlags, const CPoint& pos);
            int OnRButtonDblClk(UINT nFlags,const CPoint& pos);
            int Cancel();
    };
    #endif
    #endif
```

建立文件 CreateLine.cpp，在该文件中完成直线命令类。

```
    #include "stdafx.h"
    #include "math.h"
    #include "caxalayer.h"
    #include "caxalayerDoc.h"
    #include "caxalayerView.h"
    #include "MainFrm.h"
    #include "Line.h"
    #include "Command.h"
    #include "CreateCmd.h"
    #ifdef _DEBUG
    #define new DEBUG_NEW
    #undef THIS_FILE
    static char THIS_FILE[] = __FILE__ ;
    #endif
    CCreateLine::CCreateLine():m_begin(0,0),m_end(0,0)
```

```
{
    m_nstep=0;
}

    CCreateLine::~CCreateLine()
{
}
    int CCreateLine::GetType()
{
    return ctCreateLine;
}
int CCreateLine::OnLButtonDown(UINT nFlags, const CPoint& pos)
{
    m_nstep++;  //每次单击鼠标左键操作步骤加 1
    switch(m_nstep)
    {
        case 1:
        {
            m_begin=m_end=pos;
            ::Prompt("请输入直线的末端点 LLL: ");
            break;
        }
      case 2:
      {
        CDC*pDC=g_pView->GetDC();
        m_end=pos;
        CLine* pNewLine=new CLine(m_begin,m_end);
        pNewLine->Draw(pDC);
        g_pDoc->m_EntityList.AddTail(pNewLine);  //将直线指针添加到图元链表
        g_pDoc->SetModifiedFlag(TRUE);//设置文档修改标记，以弹出对话框提示用户保存文件
        g_pView->ReleaseDC(pDC);  //释放设备环境指针
        m_nstep=0;  //将操作步骤重置为 0
        ::Prompt("请输入直线的起点 LL: ");
        break;
      }
    }
    return 0;
}
int CCreateLine:: OnMouseMove(UINT nFlags, const CPoint& pos)
{
    switch(m_nstep)
    {
        case 0:
```

```
                ::Prompt("请输入直线的起点M：");//直线的起点，即m_begin点
                break;
                case 1:
                CPoint prePos,curPos;
                prePos=m_end; //鼠标的前一个位置
                curPos=pos; //鼠标的当前位置
                CDC*pDC=g_pView->GetDC();
                int nDrawmode=pDC->SetROP2(R2_NOT  );
                CLine* pTempLine1=new CLine(m_begin,prePos);
                pTempLine1->Draw(pDC);
                delete pTempLine1;
                CLine* pTempLine2=new CLine(m_begin,curPos);
                pTempLine2->Draw(pDC);
                delete pTempLine2;
                g_pView->ReleaseDC(pDC);
                m_end=curPos;
                break;
        }
    return 0;
    }
int CCreateLine:: OnRButtonDown(UINT nFlags, const CPoint& pos)
{
        if(m_nstep==1)
          {
            CDC* pDC=g_pView->GetDC();
            CPoint prePos=m_end;
            CLine* pTempLine=new CLine(m_begin,prePos);
            pTempLine->Draw(pDC);
            delete pTempLine;
            g_pView->ReleaseDC(pDC);
          }
        m_nstep=0;
        ::Prompt("请输入直线的起点RRR：");
        return 0;
}
int CCreateLine:: OnRButtonDblClk(UINT nFlags,const CPoint& pos)
{
        Cancel();
        return 0;
}
int CCreateLine::Cancel()
{
        if(m_nstep==1)
```

```
        {
            CDC* pDC=g_pView->GetDC();
            CPoint prePos=m_end;
            CLine* pTempLine=new CLine(m_begin,prePos);
            pTempLine->Draw(pDC);
            delete pTempLine;
            g_pView->ReleaseDC(pDC);
        }
    m_nstep=0;
    ::Prompt("就绪：");
    return 0;
}
```

直线绘制过程与 CAXA 系统稍有不同。CAXA 系统在用户输入直线命令后马上提示用户"第一点"，而本系统是在用户输入直线命令移动鼠标时才提示用户输入直线第一点。另外，本系统鼠标右键两次连击结束直线绘制过程，回到"就绪"状态，即等待新的命令；右键单击又开始直线绘制。而 CAXA 系统右键单击结束当前的直线绘制命令，回到等待状态，再一次右键单击可启动直线绘制命令。

在视类中添加命令基类的保护型成员变量：

```
class CCommand* m_pCmd;
```

在视类的构造函数中初始化该命令指针：

```
m_pCmd=NULL;
```

在视类的析构函数中清除该指针：

```
CCaxalayerView::~CCaxalayerView()
{
    if(m_pCmd)
        delete m_pCmd;
}
```

并在视类的头文件和定义文件前面加上下面的包含语句：

```
#include "Command.h"
```

编译运行工程，发现可以绘制直线，但是窗口放大后直线不见了。这就是所谓的重画问题。

在视类的 OnDraw() 函数中调用文档类的 Draw() 函数。添加下面的一行语句即可：

```
    pDoc->Draw(pDC);
```

在文档类中添加公有成员函数 Draw()，其定义为：

```
void CCaxalayerDoc::Draw(CDC*pDC)
{
    POSITION pos=m_EntityList.GetHeadPosition ();
    while(pos!=NULL)
    {
        CEntity* pEntity=(CEntity*)m_EntityList.GetNext(pos);
        pEntity->Draw(pDC);
    }
}
```

在 CLayerdlg::OnOK()函数的倒数第一行前面加上下面语句：

```
g_pDoc->UpdateAllViews(NULL);
```

这样当层关闭或打开时，重画视图，将关闭层的图元删除或重绘出来。

仿照直线类及直线命令类，完成圆类和圆命令类的定义和申明。其文件分别为 Circle.h、Circle.cpp、CCreateCircle.cpp。

编译并运行工程，部分结果如图 9-8、图 9-9 所示。

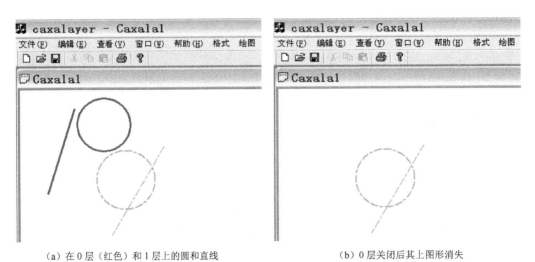

(a) 在 0 层（红色）和 1 层上的圆和直线　　　　　　　(b) 0 层关闭后其上图形消失

图 9-8　层关闭后图形的变化

绘制图 9-9 后关闭程序，系统询问是否保存文件。单击"确定"按钮后，系统弹出"保存文件"对话框，在文件名编辑框中输入文件名"Caxala1"，单击"确定"按钮关闭对话框，并关闭系统。再次运行程序，打开文件 Caxala1，能再次看到图 9-9，表明系统具备图形读写功能。

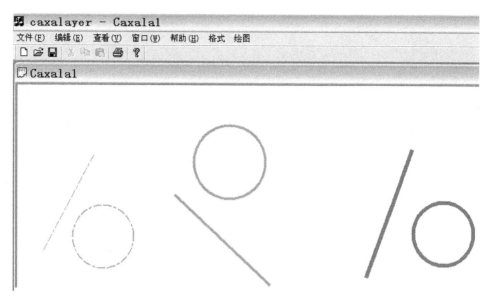

图 9-9　分别以当前层上线型、1.4mm 实线和 2mm 实线绘圆和直线

9.3　CAXA 界面"编辑"主菜单的开发

9.3.1　总体思路及选择集的实现

打开工程 caxalayer，在主菜单"绘图"后面添加菜单项"修改"，在"修改"下添加"拾取""平移""旋转"和"镜像" 菜单项，其 ID 分别为 ID_PICK、ID_MOVE 、ID_ROTATE 和 ID_MIRROR。在菜单项属性对话框的提示框里加入提示文字"pick entity""Move entity" "Rotate entity"和"Mirror entity"。在 caxalayerView.h 添加一个消息响应函数：

afx_msg void OnModifyEntity(int m_nID);

在 caxalayerView.cpp 文件中添加消息颜色宏：

```
ON_COMMAND_RANGE(ID_MOVE,ID_MIRROR,OnModifyEntity)
```

在 caxalayerView 类中利用类向导添加"拾取"菜单的单击消息响应函数 OnPick()。其代码为：

```
void CCaxalayerView::OnPick()
{
    if(m_pCmd) //先绘制图形后再编辑，所以 m_pCmd 不为空
    {
        m_pCmd->Cancel(); //结束当前命令
        delete m_pCmd;
```

```
        m_pCmd=NULL; //指针置空
    }
}
```

　　用户在单击"拾取"菜单后，要移动鼠标到客户窗口，该鼠标移动的消息首先由视类的 OnMouseMove() 处理。由第 9.2.1 节可知，该消息应该传递到文档类处理。所以应该去掉第 9.2.1 节中视类函数 OnMouseMove() 和 OnLButtonDown() 中的注释符号，使被注释的行生效。

　　在 CCaxalayerDoc 类中添加 OnMouseMove() 和 OnLButtonDown() 函数。前者先给出提示"拾取一个图元或按 Ctrl 键拾取多个图元"，提示用户选取要编辑的实体；然后遍历实体链，寻找被拾取的实体，找到被拾取实体后高亮显示之。后者主要是将拾取的实体放入选择集中。

　　在 CCaxalayerDoc 类添加下面两个变量，并在类的构造函数中初始化第二个变量为 NULL。

```
CObArray m_selectArray; // 选择集
CEntity *m_pPmtEntity; //高亮显示的实体
编辑函数 OnMouseMove() 和 OnLButtonDown() 代码。
void CCaxalayerDoc::OnLButtonDown(UINT nFlags,const CPoint& pos )
{
    CDC* pDC=g_pView->GetDC();
    if(m_pPmtEntity) //如果已有提示图元,当按下鼠标左键,将图元加入选择集中
    {
        if(!(nFlags&MK_CONTROL))
        RemoveAllSelected(); //没有按下 Ctrl 键,则先清空选择集
        m_pPmtEntity->Draw(pDC,RGB(255,0,0));//选中状态用红色
        m_selectArray.Add(m_pPmtEntity); //将图元放入选择集中
    }
    else
    {
        if(!(nFlags&MK_CONTROL)) //没有按下 Ctrl 键,则先清空选择集
        RemoveAllSelected();
    }
    m_pPmtEntity=NULL;
    g_pView->ReleaseDC(pDC);
}
void CCaxalayerDoc::OnMouseMove(UINT mFlags, const CPoint& pos)
{
    if(m_EntityList.GetCount()==0)
    return;
    ::Prompt("拾取一个图元或按 Ctrl 键拾取多个图元");
    BOOL bPicked=FALSE;
```

```
CEntity* pickedentity=NULL;
POSITION   pos1=m_EntityList.GetHeadPosition();
while(pos1!=NULL)  //遍历实体链表，找出被拾取图元
{
CEntity* pEntity=(CEntity*)m_EntityList.GetNext(pos1);
double curRadius=PICK_RADIUS/g_pView->scale;
if(pEntity->Pick(pos,curRadius))  //如果有图元被拾取，则推出循环
  {
     bPicked=TRUE;
     pickedentity= pEntity;
     break;
  }
}
CDC* pDC=g_pView->GetDC();
if(bPicked)  //如果有图元被拾取
    {
    if(m_pPmtEntity)
    {
        m_pPmtEntity->Draw(pDC);
        m_pPmtEntity=NULL;
    }
    m_pPmtEntity=pickedentity;//将拾取到的图元设置为提示图元
    if(!IsSelected(m_pPmtEntity))
    {
    m_pPmtEntity->Draw(pDC,RGB(0,255,255),0,0);  //如果拾取到的图元不在选择集里，则高
                                                    亮显示
    }
    else  //如果拾取到的图元已在选择集里，则恢复为空
    m_pPmtEntity=NULL;
  }
else  //如果没有图元被拾取
    {
        if(m_pPmtEntity)
        {
        m_pPmtEntity->Draw(pDC);
        m_pPmtEntity=NULL;
        }
    }
g_pView->ReleaseDC(pDC);
}
```

函数 IsSelected()主要作用是判断图元是否在选择集中，其代码如下：

```
BOOL CCaxalayerDoc::IsSelected(CEntity* pEntity)
{
    if(pEntity)
    {
        for(int i=0;i<m_selectArray.GetSize();i++)
        {
            if(pEntity==(CEntity*)m_selectArray[i])
            return TRUE;
        }
    }
    return FALSE;
}
```

函数 RemoveAllSelected()用于清空选择集，其代码如下：

```
void CCaxalayerDoc::RemoveAllSelected()
{
    CDC*pDC=g_pView->GetDC();
    for(int i=0;i<m_selectArray.GetSize();i++)
    {
        CEntity* pselEntity=(CEntity*)m_selectArray[i];
        pselEntity->Draw(pDC);
    } //将选择集中图元正常显示
    m_selectArray.RemoveAll();
    g_pView->ReleaseDC(pDC);
}
```

9.3.2 编辑命令类的实现

建立一个新文件 ModifyCmd.h，在该文件中申明平移类、旋转类及镜像类等。这几个类共用一个头文件，但是其定义体在各自的.cpp 中。编辑命令也要响应鼠标左键单击、移动及右键单击等消息，因此在各个编辑类中分别定义这些响应函数是其主要功能。该文件详细代码如下：

```
#ifndef _ModifyCmd_h_
#define _ModifyCmd_h_
class CMove:public CCommand
{
```

```
private:
    CPoint m_basePos;  //移动的起点
    CPoint m_desPos;  //移动的终点
public:
    CMove();
    ~CMove();
    int OnLButtonDown(UINT nFlags, const CPoint& pos);
    int OnMouseMove(UINT nFlags, const CPoint& pos);
    int OnRButtonDown(UINT nFlags, const CPoint& pos);
    int OnRButtonDblClk(UINT nFlags,const CPoint& pos);
    int Cancel();
};
#endif
```

新建文件 MoveCmd.cpp，并将文件添加到工程中。在文件中完成平移类中各个函数的定义。

```
#include "stdafx.h"
#include "Line.h"
#include "MainFrm.h"
#include "caxalayer.h"
#include "caxalayerDoc.h"
#include "caxalayerView.h"
#include "Command.h"
#include "ModifyCmd.h"
#ifdef _DEBUG
#define new DEBUG_NEW
#undef THIS_FILE
static char THIS_FILE[] = __FILE__ ;
#endif

CMove::CMove():m_basePos(0,0),m_desPos(0,0)
{
    m_nstep=0;
}
CMove::~CMove()
{

}
int CMove::OnLButtonDown(UINT nFlags, const CPoint& pos)
```

```cpp
{
    m_nstep++;
    switch(m_nstep)
    {
        case 1:
        m_basePos=m_desPos=pos;
        ::Prompt("请输入平移的目标点：单击鼠标右键取消");
        break;
        case 2:
    {
    m_desPos=pos;
    CDC*pDC=g_pView->GetDC();
    CLine* pTempleLine=new CLine(m_basePos,m_desPos);
    int mode=pDC->SetROP2(R2_XORPEN);  //显示平移轨迹，并清除
    pTempleLine->Draw(pDC,RGB(192,192,0));
    delete pTempleLine;
    int i,n;
    for(n=g_pDoc->m_selectArray.GetSize(),i=0;i<n;i++)
    {
    CEntity* pEntity=(CEntity*)g_pDoc->m_selectArray[i];
    pDC->SetROP2(R2_COPYPEN);  //清除选择集中未平移前的图元
    pEntity->Draw(pDC,pDC->GetBkColor(),0,0);
    pEntity->Move(m_basePos,m_desPos);  //将图元平移
    pDC->SetROP2(mode);
    pEntity->Draw(pDC);  //在新位置绘制图元
    }
    g_pDoc->m_selectArray.RemoveAll();  //清空选择集
    g_pDoc->SetModifiedFlag(TRUE);  //设置文档修改标志
    g_pView->ReleaseDC(pDC);
    m_nstep=0;
        break;
    }
    default:
        break;
    }
    return 0;
}
int  CMove::OnMouseMove(UINT nFlags, const CPoint& pos)
{
    switch(m_nstep)
```

```
{
    case 0:
        ::Prompt("请输入移动的起点 M：");
        break;
    case 1:
    {   CPoint prePos,curPos;
        prePos=m_desPos;
        curPos=pos;
        CDC*pDC=g_pView->GetDC();
        CLine* pTempleLine1=new CLine(m_basePos,prePos);
        pDC->SetROP2(R2_XORPEN);  //清除鼠标移动过程中的轨迹
        pTempleLine1->Draw(pDC,RGB(192,192,0));
        delete pTempleLine1;
        CLine* pTempLine2=new CLine(m_basePos,curPos);
        pDC->SetROP2(R2_XORPEN);  //在当前位置绘制橡皮线
        pTempLine2->Draw(pDC,RGB(192,192,0));
        delete pTempLine2;
        int i,n;
        for(n=g_pDoc->m_selectArray.GetSize(),i=0;i<n;i++)
        {
        CEntity* pEntity=(CEntity*)g_pDoc->m_selectArray[i];
        pDC->SetROP2(R2_COPYPEN);
        pEntity->Draw(pDC,RGB(255,255,0));  //以黄色显示要平移的图元
        CEntity * pCopyEntity1=pEntity->Copy();  //复制图元
        pCopyEntity1->Move(m_basePos,prePos);//移动图元到上一个位置
        pDC->SetROP2(R2_XORPEN);
        pCopyEntity1->Draw(pDC,RGB(192,192,0));  //在新位置绘制图元
        delete pCopyEntity1;
        CEntity * pCopyEntity2=pEntity->Copy();
        pCopyEntity2->Move(m_basePos,curPos);
        pDC->SetROP2(R2_XORPEN);
        pCopyEntity2->Draw(pDC,RGB(192,192,0));  //在当前绘制图元
        delete pCopyEntity2;
        }

    g_pView->ReleaseDC(pDC);
    m_desPos=pos;
    break;
    }
    default:
```

```
            break;
        }
            return 0;
        }
int CMove::OnRButtonDown(UINT nFlags, const CPoint& pos)
{
    CPoint prePos=m_desPos;
    if(m_nstep==1)
{

    CDC*pDC=g_pView->GetDC();
    CLine* pTempLine=new CLine(m_basePos,prePos);
    pDC->SetROP2(R2_XORPEN);
    pTempLine->Draw(pDC,RGB(192,192,0));  //清除橡皮筋
    delete pTempLine;
    int i,n;
    for(n=g_pDoc->m_selectArray.GetSize(),i=0;i<n;i++)
    {
        CEntity* pEntity=(CEntity*)g_pDoc->m_selectArray[i];
        CEntity * pCopyEntity=pEntity->Copy();
        pCopyEntity->Move(m_basePos,prePos);
        pDC->SetROP2(R2_XORPEN);  //清除临时图元
        pCopyEntity->Draw(pDC,RGB(192,192,0));
        delete pCopyEntity;
        pEntity->Draw(pDC);//重绘选择集中的图元
    }
    g_pView->ReleaseDC(pDC);
}
m_nstep=0;  //初始化操作步骤
::Prompt("请输入移动的起点R: ");
return 0;
}
int CMove::Cancel()
{
    CPoint prePos=m_desPos;
    if(m_nstep==1)
        {
            CDC*pDC=g_pView->GetDC();
            CLine* pTempLine=new CLine(m_basePos,prePos);
            pTempLine->Draw(pDC);
            delete pTempLine;
```

```
            int i,n;
            for(n=g_pDoc->m_selectArray.GetSize(),i=0;i<n;i++)
        {
            CEntity* pEntity=(CEntity*)g_pDoc->m_selectArray[i];
            CEntity * pCopyEntity=pEntity->Copy();
            pCopyEntity->Move(m_basePos,prePos);
            pCopyEntity->Draw(pDC);
            delete pCopyEntity;
            pEntity->Draw(pDC);
        }
            g_pView->ReleaseDC(pDC);
    }
     m_nstep=0;
    ::Prompt("就绪: ");
    return 0;
    }
int CMove:: OnRButtonDblClk(UINT nFlags,const CPoint& pos)
{
    Cancel();
    g_nEndcmd=-1;
    return 0;
    }
```

单击鼠标右键的作用是结束正在进行的平移命令，而双击鼠标右键也是结束本次的平移操作，不同的是前者仍处于平移命令状态，后者则完成退出命令。为了达到此目的，增加全局变量 int 型 g_nEndcmd。在每个命令类的 OnRButtonDblClk()函数增加语句 g_nEndcmd=-1，在每个命令类的:OnRButtonDown 函数增加语句 g_nEndcmd=0。修改视类 OnMouseMove（）函数的 if 语句块：

```
if(m_pCmd && g_nEndcmd !=-1)
    m_pCmd->OnMouseMove(nFlags, pos);
else if(m_pCmd==NULL&& g_nEndcmd==1)
     pDoc->OnMouseMove(nFlags, pos);
```

并且修改在 OnPick()函数的 if 语句块后面添加语句 g_nEndcmd =1;。

9.3.3　直线类和圆类平移功能的实现

在直线类 CLine 中增加成员函数 Move()、Rotate()、Mirror()。增加 Pick()函数用于直线的拾取，增加辅助拾取函数 GetBox()。直线的拾取采用第 8 章中介绍的算法。具体代码如下：

```
    BOOL CLine::Pick(const CPoint& pos, const double pick_radius)
    {
        CPoint objpos=pos;
        BOX2D sourceBox,desBox;
        GetBox(&sourceBox);
        desBox.min[0]=sourceBox.min[0]-pick_radius;
        desBox.min[1]=sourceBox.min[1]-pick_radius;
        desBox.max[0]=sourceBox.max[0]+pick_radius;
        desBox.max[1]=sourceBox.max[1]+pick_radius;
        if(!(objpos.x>desBox.min[0] && objpos.x<desBox.max[0] && objpos.y>desBox.
min[1] && objpos.y<desBox.max[1]))
        {
        return FALSE;
        }
        double A,B,C,D,E,F;
        A=double(m_begin.y-m_end.y);
        B=double(-m_begin.x+m_end.x);
        C=double(-B*m_begin.y-A*m_begin.x);
        D=fabs(A*pos.x+B*pos.y+C);
        E=fabs(A*pick_radius-B*pick_radius);
        F=fabs(A*pick_radius+B*pick_radius);
        if(D<=F||D<=E)
            return TRUE;
        return FALSE;
    }
```

该函数由文档类中 OnMouseMove()函数调用，pick_radius 是拾取盒的边长的一半，其值等于 PICK_RADIUS/g_pView->scale。PICK_RADIUS 在 Entity.h 中定义为 5.0，scale 在视类中定义为 1.0，是显示器坐标对世界坐标的比例因子。

```
    void CLine::Move(const CPoint& basePos,const CPoint& desPos)
    {
    m_begin=m_begin+(desPos-basePos);
    m_end=m_end+(desPos-basePos);
    }
    void CLine::GetBox(BOX2D* pBox)
    {
        pBox->min[0]=min(m_begin.x,m_end.x);
        pBox->min[1]=min(m_begin.y,m_end.y);
```

```
        pBox->max[0]=max(m_begin.x,m_end.x);
        pBox->max[1]=max(m_begin.y,m_end.y);
    }
```

在圆类 CCircle 中增加成员函数 Move()、Rotate()、Mirror()。增加 Pick()、GetBox()函数用于圆的拾取。

```
    void CCircle::Move(const CPoint& basePos,const CPoint& desPos)
    {
        m_center+=(desPos-basePos);  //平移圆心
        m_arcpt+=(desPos-basePos);   //平移圆周上的点
    }
    void CCircle::GetBox(BOX2D* pBox)
    {
        CPoint p1,p2;
        CPoint objpos( m_radius, m_radius);
        p1=m_center+objpos;
        p2=m_center-objpos;
        pBox->min[0]=min(p1.x,p2.x);
        pBox->min[1]=min(p1.y,p2.y);
        pBox->max[0]=max(p1.x,p2.x);
        pBox->max[1]=max(p1.y,p2.y);
    }
    BOOL CCircle::Pick(const CPoint& pos, const double pick_radius)
    {
        BOX2D sourceBox,desBox;
        GetBox(&sourceBox);
        desBox.min[0]=sourceBox.min[0]-pick_radius;
        desBox.min[1]=sourceBox.min[1]-pick_radius;
        desBox.max[0]=sourceBox.max[0]+pick_radius;
        desBox.max[1]=sourceBox.max[1]+pick_radius;
        if(!(pos.x>desBox.min[0] && pos.x<desBox.max[0] && pos.y>desBox.min[1] &&
pos.y<desBox.max[1]))
        {
        return FALSE;
        }
        CPoint objpos( pick_radius, pick_radius);
        CPoint obpos[4];  //以拾取点为中心构造拾取盒的四个角点
        obpos[0]=pos-objpos;
        obpos[2]=pos+objpos;
```

```
obpos[1].x=pos.x+objpos.x;

obpos[1].y=pos.y-objpos.y;

obpos[3].x=pos.x-objpos.x;

obpos[3].y=pos.y+objpos.y;

double dist[4];

for(int i=0;i<4;i++)  //计算四个角点到圆心的距离

{

    dist[i]=sqrt((obpos[i].x-m_center.x)*(obpos[i].x-m_center.x)+(obpos
    [i].y-m_center.y)*(obpos[i].y-m_center.y));

}

if(dist[0]<m_radius && dist[1]<m_radius && dist[2]<m_radius && dist[3]<m_
radius)

    return FALSE; //拾取盒四个角点都在圆周内，拾取失败

if(dist[0]>m_radius && dist[1]>m_radius && dist[2]>m_radius && dist[3]>
m_radius)

    return FALSE; //拾取盒四个角点都在圆周外，拾取失败

return TRUE;

}
```

编译运行工程，演示直线与圆的平移，结果如图 9-10 所示。

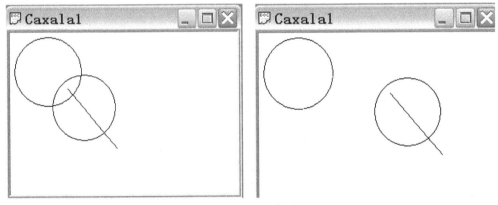

图 9-10 直线与圆的平移

参照平移类的实现，可以继续实现旋转和镜像类，从而实现图元的旋转和镜像，完成编辑主菜单的功能。

9.4 CAXA 界面"文件"主菜单的开发

目前，CAXA 模拟系统 caxalayer 系统能以不同的颜色和线型进行直线和圆的绘制，也能进行平移；能实现层的关闭和打开后图形的变化；也能保存和打开文件。但是对比 CAXA 系

统，发现 CAXA 系统打开不同的文件，层对话框里的层设置情况也不同，也就是说，CAXA
系统保存文件时也保存了层对话框里所有层的参数，尽管有些层上并没有实体。而 caxalayer
系统总是显示最新的层设置，与文件无关。因为该系统的层设置由文件 layerend.dat 保存，而
该文件由最新创建的图形文件创建，但是，在保存图形文件时，该文件的内容没有保存到图
形文件里。本节主要解决该问题。基本思路是保存图形文件时将文件 layerend.dat 的内容写进
图形文件里，打开图形文件时则将 layerend.dat 的内容读出来，生成新的 layerend.dat。因为
交互式绘图，不断存盘，如果每次存盘都保存层的设置，则比较麻烦；为简单起见，只有在
退出时才保存层的设置；如果是打开老的图形文件，此时图形文件中已有实体数据和层设置
数据，因此应该先将图形文件清空，再全部保存老的图形文件中层的数据。

9.4.1　OnFileSave()的重载

利用类向导在 CCaxalayerDoc 中添加 ID_FILE_SAVE 消息的响应 OnFileSave()。该函数
定义如下：

```
void CCaxalayerDoc::OnFileSave()
{
    CFileDialog filedlg(FALSE );
    CString str1;
    CString filename;
    if(GetTitle()=="Caxa.tem")  //新建文件，第一次保存
    {
        if(filedlg.DoModal( )==IDOK)
        {
            filename=filedlg.GetFileName(); //得到输入的文件名
            SetTitle(filedlg.GetFileTitle()); //更改文档名称
        }
    }
    CFile fp1;
    fp1.Open(GetTitle() , CFile::modeCreate |CFile::modeWrite );//为写而创建文件,
老文件被覆盖
    CArchive ar1(&fp1,CArchive::store);
    m_EntityList.Serialize(ar1);
    ar1.Close();
    fp1.Close();
}
```

9.4.2　OnFileOpen()的重载

在打开一个文件以前，应该先将目前的工作保存。然后清空文档视，再将要打开的图形
文件的实体数据读出来，最后将图形文件中层设置的数据写进 layerend.dat 文件，以便层设置

对话框里显示当前图形文件所包含的层，并重绘文档的视。

```
void CCaxalayerDoc::OnFileOpen()
{
    if(IsModified( ))
    {
        if(IDYES==::MessageBox(NULL,"是否将改动保存到当前文件?","文件保存",MB_YESNO))
            OnFileSave() ;
    }
    DeleteContents();
    CFileDialog filedlg(true );
    CFile fp2;
    CString str1;
    if(!fp2.Open("layerend.dat",CFile::modeCreate |CFile::modeWrite ))
    {
        AfxMessageBox("can not open file—-!");
    }
    CArchive ar2(&fp2,CArchive::store);
    if(filedlg.DoModal( )==IDOK)
    {
        CFile fp1(filedlg.GetFileName() , CFile::modeRead );
        SetTitle(filedlg.GetFileTitle());
        CArchive ar1(&fp1,CArchive::load);
        m_EntityList.Serialize(ar1);
        str1="1";
        while(str1!="")
        {
            ar1.ReadString(str1);
            ar2.WriteString(str1);
            ar2.WriteString(_T("\r\n"));
        }
        ar1.ReadString(str1);
        ar2.WriteString(str1);

        ar2.Close();
        fp2.Close();
        ar1.Close();
        fp1.Close();
    }
    UpdateAllViews(NULL);
}
```

9.4.3　OnAppExit()的重载

在退出程序时，不仅要保存修改后的图形数据，还要保存层设置数据。从文件 layerend.dat 把层设置的数据写进图形文件。下面的代码没有考虑新建文件后没有一次存盘而直接退出的情况，读者参考 OnFileSave()的代码可以修改。

```
void CCaxalayerDoc::OnAppExit()
{
    if(IsModified( )) //如果文件修改了，则进行保存工作
    {
        if(IDYES==::MessageBox(NULL,"是否将改动保存到当前文件?","文件保存",MB_YESNO))
            OnFileSave() ;
    else
        exit(0);
    CFile fp1,fp2;
    CString str1;
    if(!fp2.Open("layerend.dat",CFile::modeRead ))
    {
        AfxMessageBox("can not open file——-!");
    }
    CArchive ar2(&fp2,CArchive::load);
    fp1.Open(GetTitle() , CFile::modeWrite );
    fp1.SeekToEnd();
    CArchive ar1(&fp1,CArchive::store);
    str1="1";
while(str1!="")
    {
      ar2.ReadString(str1);
      ar1.WriteString(str1);
      ar1.WriteString(_T("\r\n"));
    }
      ar2.ReadString(str1);
      ar1.WriteString(str1);
      ar2.Close();
      fp2.Close();
      ar1.Close();
      fp1.Close();
    }
        exit(0); }  //没有修改直接退出，或保存文件后退出
```

运行工程 caxalayer，演示保存文件的功能。先生成两个图形文件，名称为"11"和"22"，一个设置 4 个图层，另一个设置 6 个图层。文件建好后保存。然后打开，调出图层对话框，看图层是否与绘图时的层设置情况一致。如图 9-11 和图 9-12 所示，可见该模拟系统能保存层对话框的数据。

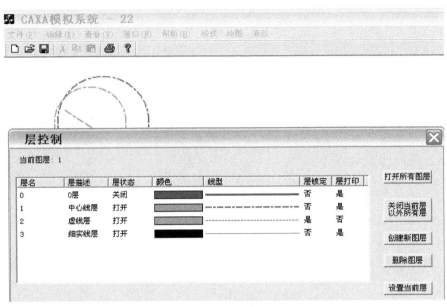

图 9-11　具有 4 个图层的图形文件

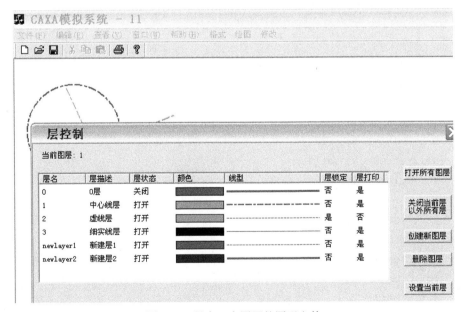

图 9-12　具有 6 个图层的图形文件

第10章
CAXA 二次开发环境及编程基础

CAXA 电子图板的二次开发使用 C/C++作为开发语言，编译、连接和调试均在 Visual C++ 6.0 环境下进行，添加菜单、对话框、快捷键等资源均使用其资源编辑器。用户在二次开发过程中，可使用的库函数包括：Windows API 函数、OPENGL 库函数、MFC 类、运行库函数以及电子图板提供的 API 函数。

10.1 二次开发平台的安装与设置

用户必须在电脑上安装 Visual C++ 6.0 和电子图板。假定用户将电子图板安装在 C:\EB 路径下，VC++安装在 C:\ Microsoft Visual Studio\VC98 路径下，则应将 C:\EB\EBADS\Wizard 目录下的文件 ebadw.awx 拷贝到 C:\ Microsoft Visual Studio\Common\MSDev98\Template 目录下。启动 VC++，在 Tools 菜单中单击 Options 菜单，在弹出对话框中选取 Directories 标签，在 Include files 中加入在二次开发编译过程中所需要包含的头文件所在的路径 C:\EB\EBADS\INCLUDE，在 Library files 中加入在连接过程中需要连接的库所在的路径 C:\EB\EBADS\LIB 。 ebadw.awx 是电子图板为用户二次开发设计的向导。 在 C:\EB\EBADS\INCLUDE 的部分文件定义了开发接口 API 函数原型,如 Geom_api.h 定义了图形编辑类函数的原型；Ui_api.h 定义了界面操作类函数的原型；Ent_api.h 定义了实体生成类函数的原型；关于系统常量的定义则在 Eb_const.h。用户开发时可以参看。

10.2 创建第一个二次开发程序

10.2.1 创建二次开发工程

首先进入 VC 6.0 开发环境，在"文件"下拉菜单中选取"新建"菜单，弹出如图 10-1 所示的对话框，单击"工程"标签，创建一个新的工程，选中"CAXA 电子图板应用程序开发向导"选项，单击之，并输入工程的名称和路径，输入完成后，单击"确定"按钮可弹出如图 10-2 所示的对话框。

图 10-1 VC 新建对话框的变化

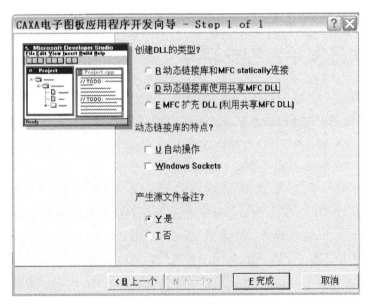

图 10-2 CAXA 二次开发向导

　　这个对话框与 VC++6.0 中创建动态链接库的对话框基本一样，这里二次开发应选择第二种动态库类型。如果用户在二次开发中需要用到自动化或网络编程，可选中自动操作（即自动化"Automation"）或 Windows Sockets 属性，如果需要修改工程名称或路径可单击 "<B 上一个" 按钮返回图 10-1 所示的对话框进行修改，单击 "F 完成" 按钮可弹出如图 10-3 所示的对话框。

　　在图 10-3 的对话框中列出了工程中的主要文件。由 VC++创建的其他文件（如资源文件等）在这里没有列出。如果用户确认生成该工程文件，可单击 "确定" 按钮，这时 VC++将会自动生成该工程的程序框架。

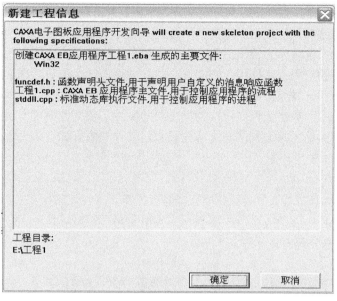

图 10-3　二次开发应用程序项目信息

　　单击 VC6.0 工作区窗口（workspace）的 "FileView" 标签，可以看到刚才生成的工程中所包含的所有文件，如图 10-4 中左图所示。工程中包含源文件、头文件、资源文件和记事本文件等四类文件，与 VC 向导产生的文件类型、结构相同。StdAfx.h、StdAfx.cpp 和 stddll.cpp 文件均为标准扩展型动态链接库相关文件，其中 StdAfx.h、StdAfx.cpp 的作用是生成动态链接库的预编译头，stddll.cpp 中包含了标准动态链接库的初始化和终止操作代码，对于这三个文件用户一般可不作修改；工程 1.rc 为动态链接库的资源文件，该文件中列出了所有在应用程序

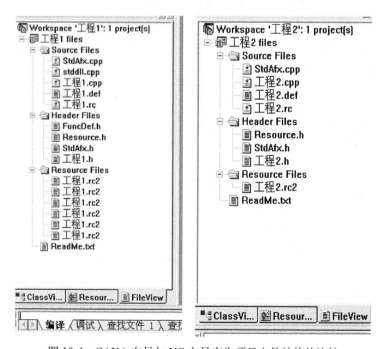

图 10-4　CAXA 向导与 VC 向导产生项目文件结构的比较

中用到的 Windows 资源，如图标、位图、菜单、字串、对话框、快捷键等，用户可通过 VC++ 提供的资源编辑器添加、修改和删除自己的资源；工程 1.def 为动态链接库的模块定义文件，在文件中定义了动态链接库的输出信息，如果用户在二次开发的应用程序中提供了一些函数以供其他二次开发的应用程序使用，则应在此文件中输出这些函数；在 ReadMe.txt 文件中，简要介绍了应用程序开发模板所生成的每个文件；FuncDef.h 为函数声明头文件，用于声明用户自定义的消息响应函数；工程 1.cpp 为最主要的文件，在文件中可实现应用程序的初始化和终止处理，以及其他用户编制的消息响应函数，文件的内容如下：

```cpp
#include "StdAfx.h"
#include "eb_api.h"      //  CAXA EB API 函数
#include "funcdef.h"     //  包含用户消息响应函数声明的头文件
#include "resource.h"
FUNTABLE  ft[] = {
//  TODO:   添加消息响应函数与对应 ID 值的对应组并删除下面的 NULL
    NULL
};
CMDDTABLE  pCmd[] = {
//  TODO:   添加执行消息响应函数的命令名与对应 ID 值的对应组并删除下面的 NULL
    NULL
};
void STARTUP()
{
    AFX_MANAGE_STATE(AfxGetStaticModuleState())
    AfxGetApp()->m_pMainWnd=new CFrameWnd;
    AfxGetApp()->m_pMainWnd->m_hWnd=ebGetMainFrame()->m_hWnd;
    for(int i=0; i<ELEMENTS(ft); i++)
        ebRegistFunc(&ft[i]);
    for(i=0; i<ELEMENTS(pCmd); i++)
        ebRegistCmd(&pCmd[i]);
}
void FINISH()
{
    AFX_MANAGE_STATE(AfxGetStaticModuleState())
    for(int i=0; i<ELEMENTS(ft); i++)
        ebDelFunc(&ft[i]);
    for(i=0; i<ELEMENTS(pCmd); i++)
        ebDelCmd(&pCmd[i]);
    ASSERT(AfxGetMainWnd()!=NULL);
    AfxGetMainWnd()->m_hWnd=NULL;
    delete AfxGetMainWnd();}
```

```
//  注册构件库
struct CONITEM  //  构件描述结构
{
    int m_iCmdID;    //  命令 ID
    int m_iNameID;   //  名字字符串资源 ID
    int m_iBmpID;    //  位图资源 ID
    int m_iFuncID;   //  功能说明字符串资源 ID
};
CONITEM pCon[]= {
//  TODO:   添加构件库描述数组并删除下面的 NULL

    NULL
};
LPCTSTR WINAPI REGCON(CONITEM** pConArray,int* iConNum)
{
    AFX_MANAGE_STATE(AfxGetStaticModuleState())
    *pConArray=pCon;
    *iConNum=ELEMENTS(pCon);
    //  TODO:   设置构件库的描述
    return _T("First");
}
```

几点说明。

① eb_api.h 为包含所有电子图板二次开发所用到的常量、公共变量、结构、类的定义以所有 API 函数的声明，因此凡是用到这些定义和声明的文件中均要包含该头文件。

② ft 为 FUNTABLE 结构定义的数组，在数组中定义了执行每个消息响应函数所对应发出消息的 ID 值，这里的 ID 值可以自己设定（范围在 34001~37000），但最好采用在 Resource.h 中声明的 ID 值。初始时数组中只有一个元素 NULL，如果用户要添加自定义的对应组，则应将 NULL 删除掉。同理，pCmd 为 CMDDTABLE 结构定义的数组，在数组中定义了执行每个消息响应函数所对应发出消息的 ID 值和执行该函数的命令名（字符串，比如画线的命令为 line），初始时数组中只有一个元素 NULL，如果用户要添加自定义的对应组，则应将 NULL 删除掉。

③ 在应用程序被装载时，应用程序管理器首先调用 STARTUP（）函数，因此在 STARTUP（）函数中放置初始化代码，比如声明消息响应、注册执行消息响应函数的命令名、加载用户自定义菜单及按钮等，用户还可以将一些需要在应用程序一旦加载就执行的代码放在 STARTUP（）函数体内。

④ 在应用程序被卸载前，应用程序管理器调用 FINISH（）函数，因此 FINISH（）函数中放置终止操作代码，比如撤销消息响应函数所占用的 ID 号、注销执行消息响应函数的命令名、删除用户自定义菜单及按钮等，用户还可以将一些需要在应用程序卸载前执行的代码

放在 FINISH（）函数体内。卸载工作的作用非常重要，如果卸载工作做得不彻底，不仅有可能与后来加载的应用程序产生冲突，还可能影响电子图板其他功能的正常使用，因此用户在编程时一定注意要与加载相对应，在卸载时将属于本应用程序的东西清理干净。

文件最后的 CONITEM 结构和 REGCON 函数是为构件库设计的，在一般的二次开发应用程序中可以不做任何处理。

此外在该工程中，还有一个非常重要的文件 resource.h，如果用户使用 VC++提供的资源编辑器添加自定义的菜单和按钮，resource.h 中将会记录下这些资源所对应的 ID 值，而用户编写的消息响应函数正是与这些 ID 指向对应的。在工程新建时该文件的内容为：

```
#ifdef APSTUDIO_INVOKED
#ifndef APSTUDIO_READONLY_SYMBOLS
#define _APS_NEXT_RESOURCE_VALUE        16000
#define _APS_NEXT_CONTROL_VALUE         16000
#define _APS_NEXT_SYMED_VALUE           16000
#define _APS_NEXT_COMMAND_VALUE         34001
#endif
#endif
```

该程序中资源 ID 号的默认的起始值为 16000，命令 ID 号的默认的起始值为 34001。由于电子图板可以加载和同时运行多个应用程序，各应用程序之间，如果资源 ID 号或命令 ID 号相同，则会起冲突。为避免冲突，每个应用程序的编制者之间应做好规划和协调。比如需要在 CAXA 电子图板中同时运行轴设计、齿轮设计、凸轮设计三个应用程序，则可按表 10-1 分配。

表 10-1　资源 ID 与命令 ID 的分配

项目名称	资源 ID 起始值	命令 ID 起始值
轴设计	31001	34001
齿轮设计	31101	34301
凸轮设计	31201	34601

这里的资源 ID 号主要是指对话框、菜单等所对应的 ID 值，而菜单中的菜单项所对应的 ID 值均属于命令 ID 号，一般通过单击菜单项或工具条中的按钮向 Windows 发送消息来调用消息响应函数，因此在定义 FUNTABLE 和 CMDDTABLE 结构的数组时，应尽量采用 resource.h 中定义的 ID 值。修改 ID 的起始值，只需将对应的 ID 值手工改为所需的值即可。

需要特别说明的是：命令 ID 的范围是 34001~37000，但是 36801~37000 为电子图板自己的预留区域，电子图板的二次开发实例（如建筑、电子、齿轮等）就占用这一区域，因此用户在分配命令 ID 时，尽量不要使用这一区域。

10.2.2　添加实现代码

在我们创建的第一个应用程序中，要实现的目标是添加一个菜单，该菜单的功能是单击菜单项"固定直线"或通过键盘输入命令"firstline"后，可从点（0，0）到点（100，200）绘制一条直线，并将这条直线插入系统图形数据库中。具体操作如下：

首先添加菜单，在项目工作空间窗口中单击"ResourceView"标签，显示应用程序的资源。在"Insert"下拉菜单中选择"Resouse"菜单项，弹出"Insert　Resource"对话框，在列表框中选择"Menu"选项，然后单击"New"按钮，可在工程中插入一个菜单资源。利用菜单编辑器可对菜单资源进行编辑。在菜单中添加一个名为"固定直线"的菜单，其 ID 为"ID_APPEND_DRAWLINE"。此外，为了增加程序的可读性，还应将菜单的标识符改为"IDR_MENU_APPEND"。

接下来在工程 1.cpp 文件中添加实现代码，修改后的程序代码如下：

```
FUNTABLE  ft[] = {
//   TODO:    添加消息响应函数与对应ID值的对应组并删除下面的NULL
    {ID_APPEND_DRAWLINE,usrDrawLine}
    //  定义当发出 ID_APPEND_DRAWLINE 消息时执行 usrDrawLine 函数
};
CMDDTABLE  pCmd[] = {
//   TODO:    添加执行消息响应函数的命令名与对应ID值的对应组并删除NULL
    {"usrline",ID_APPEND_DRAWLINE}
};

void STARTUP()
{
    AFX_MANAGE_STATE(AfxGetStaticModuleState())

    AfxGetApp()->m_pMainWnd=ebGetMainFrame();

for(int i=0; i<ELEMENTS(ft); i++)
        ebRegistFunc(&ft[i]);
    for(i=0; i<ELEMENTS(pCmd); i++)
        ebRegistCmd(&pCmd[i]);
    //   TODO:    定制用户界面,例如加载用户自定义的菜单等
    CMenu menu;
    menu.LoadMenu(IDR_MENU_APPEND);
    ebAppendMenu(&menu);       //   在主菜单尾部添加自定义菜单
    //   TODO:    添加其他初始化信息
}

void FINISH()
{
    AFX_MANAGE_STATE(AfxGetStaticModuleState())
```

```
    for(int i=0; i<ELEMENTS(ft); i++)
            ebDelFunc(&ft[i]);
      for(i=0; i<ELEMENTS(pCmd); i++)
            ebDelCmd(&pCmd[i]);
//   TODO:    添加应用程序终止时的处理,如删除掉在 STARTUP()
//            函数中加载的用户自定义菜单
            CMenu menu;
      menu.LoadMenu(IDR_MENU_APPEND);
      ebDeleteMenu(&menu);  // 将添加的菜单删除掉

      AfxGetApp()->m_pMainWnd=NULL;
}


int usrDrawLine(int& step,int& flag)
{
      EB_POINT p1,p2;      // 定义直线的两端点
      p1.x=p1.y=0.0;       // 给起点坐标赋值
      p2.x=100.0;
      p2.y=200.0;          // 给终点坐标赋值
      EB_NODE line=ebBuildLine(p1,p2);      // 根据两点坐标定义直线
      if(line!=NULL)       // 如果 line 不为空,则说明创建成功
      {
          ebInsNodeToSys(line);      //将新建直线结点插入系统图形数据库中并在屏幕绘图区显示
          return RT_NORMAL;             // 返回成功信息
      }
      else
          return RT_FAILED;    // 返回失败信息
}
```

在 funcdef.h 文件中添加 usrDrawLine 函数的声明,修改后的代码如下:

```
//   包含用户消息响应函数声明的头文件
#ifndef _FUNCDEF
#define _FUNCDEF
//   TODO:   声明用户自定义的消息响应函数
int usrDrawLine(int& step,int& flag);
#endif   //   包含用户消息响应函数声明的头文件
```

这里用户定义的消息响应函数的类型一律为 int 型,函数参数为两个 int 型的引用,这里 step 标识消息循环过程中执行的步骤,flag 为用于绘制过程中特定的标志。

10.2.3　应用程序的编译、连接

在编译连接以前,应先对工程(项目)进行设置,在"工程"下拉菜单中选择"Setting"菜单项,弹出如图 10-5 的对话框。

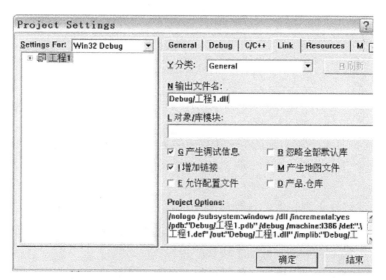

图 10-5　项目设置

在对话框中单击"Link"标签,在输出文件名(Output file name)编辑框中,默认值为"Debug/工程 1.dll",前面的"Debug"是指最终的*.eba 文件在该目录中生成,可以将其改为自己制定的目录,如 d:\caxaeb\app;"工程 1.dll"为默认的文件名,后缀为标准动态链接库的后缀"dll",因此应将其后缀改为"eba"。

10.2.4　应用程序的运行、调试

应用程序经过编译连接生成后,便可通过电子图板应用程序管理器调用的方式来运行。启动电子图板,在"文件"菜单中选择"应用程序管理器"命令,弹出如图 10-6 所示的对话框。在"应用程序路径"列表框中列出了用户所选择的二次开发应用程序所在的路径,在"应用程序列表"中列出了所有选中路径中所包含的二次开发应用程序,通过应用程序管理器,用户可以添加应用程序路径、删除应用程序路径、修改应用程序路径、加载和卸载二次开发程序及设置自动加载应用程序。

在如图 10-6 所示的对话框中单击 □ 按钮或按"Insert"键,会弹出"浏览文件夹"对话框。在对话框中选择所需要的路径,单击"确定"按钮后,会在"应用程序路径"列表框中添加上所选的路径,而且在下面的"应用程序列表"中会列出该路径中的所有电子图板二次开发应用程序,以便勾选加载。

图 10-6　CAXA 应用程序管理器

在"应用程序路径"列表框中选择要删除的路径，然后单击 ✕ 按钮或按"Delete"键，如果该路径中没有二次开发应用程序被加载，则所选的路径就可以被删除掉；如果在该路径中有应用程序被加载，请卸载后再删除路径。

在"应用程序路径"列表框中，使用鼠标左键双击需要修改的路径，则会在相同位置上出现一个编辑框，在编辑框中可以输入新的路径，输入完成以后按回车键确认，如果修改前的路径中有应用程序被加载，则修改操作会失败，请卸载后再修改路径。

在"应用程序列表"中列出了所有的可供加载的二次开发应用程序，每一个应用程序对应着一个核选框，选中以后表示加载，否则为不加载，单击"确定"按钮以后，应用程序管理器会根据选择对应用程序进行相应的加载和卸载处理。

如果选中"在下次启动 CAXA-EB 时自动加载列表框中选中的应用程序"选项，则当前加载的所有列表框在下次电子图板启动时会自动加载，如果不选择这个选项，则下次电子图板启动时不会加载任何二次开发应用程序。

CAXA 电子图板二次开发的应用程序实质是一种动态链接库，而动态链接库不是可独立运行的文件，因此在调试时应使用电子图板的主执行文件 EB.EXE 调用该程序，这需要在工程 1 的工程设置中添加执行调试任务的可执行文件的信息，方法是在"工程"下拉菜单中选择"Setting"菜单项，弹出如图 10-7 的对话框。

在执行调试任务的可执行文件（Executable for debug session）文本编辑框中输入 eb.exe 文件的全文件名（即包括文件名和完整路径）；也可以单击文本编辑框右侧的按钮，在弹出菜单中选择"Browse"选项，在弹出的对话框中找到并选取 eb.exe 文件。设置完成后，就可以像普通的可执行文件一样设置断点进行调试。按 F5 进入调试，首先运行电子图板，使用应用程序管理器加载应用程序后，根据选取菜单、按钮或输入命令可进入相应的消息响应函数，如果将断点设在函数入口处，便可进入函数体进行调试。

图 10-7　调试信息设置

10.3　数据类型及常量、公共变量的定义

10.3.1　数据类型

（1）基本数据类型

在进行二次开发过程中可使用所有 C/C++支持的数据类型，如 int、UINT、double、char、BOOL 等，也可使用 MFC 提供的类（如 CString、Cdialog 等）来声明对象及指针、引用。但这里应注意的是，在 EB 中，实数是指双精度（double）型，而不是浮点（float）型。另外，所有用到的角度均指弧度，用双精度（double）型数表示。

（2）点

EB 中使用 EB_POINT 来定义点，例如：

```
EB_POINT p1,p2,*p3;      // p1、p2 为点, p3 为一个指向点的指针
```

点的数据结构如下：

```
typedef struct xyz
{
  double x;
  double y;
  double z;
} EB_POINT;
```

（3）矩形边界

EB 中使用 EB_BOX 来定义矩形边界，例如：

```
EB_BOX  b1,b2,*b3;// 这里 b1、b2 为矩形边界，p3 为一个指向矩形边界的指针
```

矩形边界的数据结构如下：

```
typedef struct box
{
    double xmin,ymin;
    double xmax,ymax;
} EB_BOX;
```

（4）结点

在 EB 中所有图形元素均为一个"结点"，比如一条直线、一个圆、一个块都是一个结点，整个图形数据库和各个选择集都是由若干结点组成的。在 EB 中用 EB_NODE 来定义一个结点。这里应注意的是，结点本身属于指针类型，因此具有指针的性质。结点的类型有：

点	POT	直线	LINE
圆	CIRCLE	圆弧	ARC
尺寸	DIMENSION	文字	TEXTS
折线	POLYLINE	块	BLOCK
剖面线	HATCH	箭头	ARROW
样条	SPLINE	椭圆	ELLIPSE
填充	SOLIDS		

（5）选择集

在 EB 中选择集是若干结点的集合，用 EB_SELECT 定义，在 EB 中可以定义多个选择集。EB 的系统图形数据库可以认为是一个包含所有绘制结点的大选择集，用 SysEntBase 表示。另外，选择集的数据结构是使用 MFC 的链表样板 CPtrList 来实现的，用户可以参照 dm.h 中的声明，如果用户对 MFC 比较熟悉，则可以使用 MFC 提供的函数对选择集进行操作。

10.3.2 常量定义

（1）函数返回值

函数返回值常量见表 10-2。

（2）线型定义

线型常量见表 10-3。

（3）颜色定义

颜色常量见表 10-4。

表 10-2　函数返回值常量

定义	数值	含义
RT_NORMAL	1000	函数调用成功
RT_FINISH	1001	用户单击鼠标右键结束函数运行
RT_USERBRK	1002	用户用 Esc 键中断交互
RT_FAILED	1004	函数调用失败
RT_NOTOVER	1007	用户交互未结束
RT_ISOVER	1008	用户交互结束
RT_KEYB_INPUT	2010	用户通过键盘输入
RT_MOUSE_INPUT	2011	用户通过鼠标输入

表 10-3　线型常量

定义	数值	线型
L_BYLAYER	251	当前层线型
L_BYBLOCK	252	当前块线型
L_TSOLID	0	粗实线
L_SOLID	1	细实线
L_DASH	2	虚线
L_DASHDOT	3	点画线
L_DASHDOTDOT	4	双点画线
L_TDASH	5	粗虚线
L_MDASH	6	中虚线
L_TDASHDOT	7	粗点画线
L_MDASHDOT	8	中点画线
L_TDASHDOTDOT	9	粗双点画线
L_MDASHDOTDOT	10	中双点画线
L_DTSOLID	11	两倍粗实线笔宽
L_TEXT14	12	A 型字笔线宽
L_TEXT10	13	B 型字笔线宽
L_TEXT07	14	两倍 A 型字笔线宽
L_TEXT05	15	两倍 B 型字笔线宽
L_SOLID018	16	0.18mm 线宽
L_SOLID025	17	0.25mm 线宽
L_SOLID035	18	0.35mm 线宽
L_SOLID050	19	0.50mm 线宽
L_SOLID070	20	0.70mm 线宽
L_SOLID100	21	1.00mm 线宽
L_SOLID140	22	1.40mm 线宽
L_SOLID200	23	2.00mm 线宽
	24~250	用户自定义线型

表 10-4 颜色常量

定义	数值	RGB 值	颜色
NORMAL	−3		用自身颜色画
PICKED	−4		用拾取颜色画
DRAGING	−5		用拖动颜色画
ERASED	−6		用擦除颜色画
C_BYLAYER	251		当前层颜色
C_BYBLOCK	252		当前块颜色
	0	(255,128,128)	
	1	(255,255,128)	
	2	(128,255,128)	
	3	(0,255,128)	
	4	(128,255,255)	
	5	(0,128,255)	
	6	(255,128,192)	
	7	(255,128,255)	
C_LIGHTRED	8	(255,0,0)	亮红色
C_LIGHTYELLOW	9	(255,255,0)	亮黄色
	10	(128,255,0)	
	11	(0,255,64)	
C_LIGHTGRNBLUE	12	(0,255,255)	亮青色
	13	(0,128,192)	
	14	(128,128,192)	
C_LIGHTVIOLET	15	(255,0,255)	亮紫色
	16	(128,64,64)	
	17	(255,128,64)	
C_LIGHTGREEN	18	(0,255,0)	亮绿色
C_GREENBLUE	19	(0,128,128)	暗青色
	20	(0,64,128)	
	21	(128,128,255)	
	22	(128,0,64)	
	23	(255,0,128)	
C_RED	24	(128,0,0)	暗红色
	25	(255,128,0)	
C_GREEN	26	(0,128,0)	暗绿色
	27	(0,128,64)	
C_LIGHTBLUE	28	(0,0,255)	亮蓝色
	29	(0,0,160)	
C_VIOLET	30	(128,0,128)	暗紫色
	31	(128,0,255)	
	32	(64,0,0)	
	33	(128,64,0)	
	34	(0,64,0)	
	35	(0,64,64)	

续表

定义	数值	RGB 值	颜色
C_BLUE	36	(0,0,128)	暗蓝色
	37	(0,0,64)	
	38	(64,0,64)	
	39	(64,0,128)	
C_BLACK	40	(0,0,0)	黑色
C_YELLOW	41	(128,128,0)	暗黄色
	42	(128,128,64)	
C_GRAY	43	(128,128,128)	暗灰色
	44	(64,128,128)	
C_LIGHTGRAY	45	(192,192,192)	亮灰色
	46	(64,0,64)	
C_WHITE	47	(255,255,255)	白色
	48~63		用户自定义颜色

（4）层定义

层定义常量见表 10-5。

表 10-5　层定义常量

定义	数值	层
A_0	0	0 层
A_CENTERLINE	1	中心线层
A_DASH	2	虚线层
A_SOLID	3	细实线层
A_DIMENSION	4	尺寸线层
A_HATCH	5	剖面线层
A_HIDE	6	隐藏层
	7~250	用户自定义层

（5）尺寸类型定义

尺寸类型常量见表 10-6。

表 10-6　尺寸类型常量

定义	数值	尺寸类型
DIMLINEAR	0	线性尺寸
DIMANGLE	2	角度尺寸
DIMDIA	3	直径尺寸
DIMRAD	4	半径尺寸
DIM3PANG	5	三点角度尺寸
DIMCHAMFER	7	倒角尺寸

（6）其他定义

```
PI    圆周率 π
#define ELEMENTS(array) (sizeof(array)/sizeof((array)[0]))//计算一维数组的维数
typedef int (* CMDFUNC)(int &step, int &flag);    //消息响应函数的指针
typedef struct f_item
{
    int      nID;
    CMDFUNC  f_ptr;
} FUNTABLE; // 定义消息响应函数与对应 ID 值的结构
typedef struct cmdd_item 函数对应 ID 值的结构
{
    char     *cmd;
    int      nID;
} CMDDTABLE; // 定义执行消息响应函数的命令名与消息响应
```

10.3.3　公共变量

① SysEntBase。　　　　系统图形数据库。
② ebFirstFlag。　　　　图形首次绘制标志。

第 11 章
CAXA 应用程序接口（API）函数详解

11.1 交互实现函数

交互实现函数用于在 CAXA 电子图板界面中通过界面与应用程序进行会话式的交流。用户响应程序的提示，输入菜单选项、参数的取值等。一般用于程序的开始部分。也可以用于程序中间，提示出错信息，方便程序调试。交互实现函数分立即菜单、提示信息和交互取值等三类。

11.1.1 立即菜单

函数定义：int ebClearMenu( )。

功能：清除当前立即菜单。

参数：无。

返回值：RT_NORMAL。

说明：使用立即菜单后，必须用此函数清除立即菜单，使状态栏回到空白命令状态，等待执行下一个命令。

函数定义：int ebGetMenuChoice(char* menu_list, int *choice)。

功能：创建一项相容的立即菜单并获得选项。

参数：menu_list 菜单选项列表，菜单项之间用@分隔，*choice 菜单选项值，即在菜单里中的相对位置。

返回值：RT_NORMAL。

函数定义：int ebGetMenuChoiceBrk(char* menu_list, int *choice)。

功能：创建一项相斥的立即菜单并获得选项。

参数：menu_list 菜单选项列表，菜单项之间用@分隔，*choice 菜单选项值，即在菜单里表中的相对位置。

返回值：RT_NORMAL。

例：

```
static int  choice;          //使用立即菜单时，应将选项变量（如 choice）声明为静态类型
if(ebGetMenuChoiceBrk("两点线@角度线@平行线", &choice)==RT_NORMAL);
{
    swicth(choice)
    {
        case 0:
            ……              // 绘制两点线
                break;
        case 1:
            ……              // 绘制角度线
                break;
        case 2:
            ……              // 绘制平行线
                break;
    }
}
```

函数定义：int　ebGetMenuInt(char* vname,int *value, int min, int max)。

功能：在立即菜单中提示用户输入整数并得到该值。

参数：*vname，字符串类型，立即菜单中变量名的提示；*value，整形变量，存入用户输入的值；min，用户可输入的最小值；max，用户可输入的最大值。

返回值：RT_NORMAL。

例：通过立即菜单提示用户输入阵列的份数并得到该值，取值范围是 1~200：

int　value;

ebGetMenuChoice ("阵列份数", &value, 1, 200);

函数定义：int　ebGetMenuReal(char* vname,double *value,double min, double max)。

功能：在立即菜单中提示用户输入实数并得到该值。

参数：*vname，字符串类型，立即菜单中变量名的提示；*value，实数型变量，存入用户输入的值；min，用户可输入的最小值；max，用户可输入的最大值。

返回值：RT_NORMAL。

函数定义：int　ebGetMenuString(char* vname,char *value, int length)。

功能：在立即菜单中提示输入字符串并获得该串。

参数：*vname，立即菜单中变量名的提示；*value，用户输入的字符串；length，可输入的字符串的最大字符数。

返回值：RT_NORMAL。

函数定义：int ebGetMenuChoiceCondition(char* menu_list,　int *choice,int* menu_choice, int condition)。

功能：当满足设定的条件时，创建相容的选项菜单并获得选项的值。

参数：menu_list，菜单选项列表，菜单项之间用@分隔；*choice，菜单选项值，即在菜单里表中的相对位置；*menu_choice，指定某个菜单项的选项变量的值；condition，指定菜单项的选项变量应等于的值，即当*menu_choice=condition 时条件满足，可创建相容的选项菜单。

返回值：RT_NORMAL。

例：

```
static int choice, serial;    //使用立即菜单时，应将选项变量（如choice 和 serial）声明为
静态类型
if(ebGetMenuChoice("两点线@角度线@平行线", &choice)==RT_NORMAL);
{
    //  当choice=0 时创建以下菜单
    ebGetMenuChoiceCondition("连续@单个", &serial, &choice, 0);
    if(serial==0)
        ……        //  绘制连续直线
    else if (serial==1)
        ……        //  绘制单个直线
}
```

函数定义：int ebGetMenuIntCondition(char* vname, int *value, int min, int max, int *menu_choice, int condition)。

功能：当满足设定的条件时，在立即菜单中提示用户输入整数并得到该值。

参数：*vname，立即菜单中变量名的提示；*value，用户输入的值；min，用户可输入的最小值

max，用户可输入的最大值；*menu_choice，指定某个菜单项的选项变量的值；Condition，指定菜单项的选项变量应等于的值，即当*menu_choice=condition 时条件满足，可创建相容的选项菜单。

返回值：RT_NORMAL。

函数定义：int ebGetMenuRealCondition(char* vname, double *value, double min,　double max, int *menu_choice, int condition)。

功能：当满足设定的条件时，在立即菜单中提示用户输入实数并得到该值。

参数：*vname，立即菜单中变量名的提示；*value，用户输入的值；min，用户可输入的最小值 max，用户可输入的最大值；*menu_choice，指定某个菜单项的选项变量的值；condition，指定菜单项的选项变量应等于的值，即当*menu_choice=condition 时条件满足，可创建相容的选项菜单。

返回值：RT_NORMAL。

函数定义：int ebGetMenuStringCondition(char* vname, char *value, int length, int *menu_choice, int condition); ebGetMenuStringCondition。

功能：当满足设定的条件时，在立即菜单中提示输入字符串并获得该串。

参数：*vname，立即菜单中变量名的提示；*value，用户输入的值；length，可输入的字符串的最大字符数；*menu_choice，指定某个菜单项的选项变量的值；condition，指定菜单项的选项变量应等于的值，即当*menu_choice=condition 时条件满足，可创建相容的选项菜单。

返回值：RT_NORMAL。

11.1.2 提示信息

函数定义：int ebPrompt(char* text)。
功能：在提示区内输出一条提示。
参数：*text，要输出的提示内容。
返回值：RT_NORMAL。
说明：可用标准 C 语言中的 sprintf( )函数控制结果信息的输出格式。

函数定义：int ebClearPrompt( )。
功能：清除提示区内的提示。
参数：无。
返回值：RT_NORMAL。

函数定义：int ebAlertDialog(char* text)。
功能：弹出一个警告提示对话框。
参数：*text，用输出的警告提示内容。
返回值：RT_NORMAL。

11.1.3 交互取值

函数定义：int ebGetPoint(EB_POINT *point)。
功能：取得鼠标在屏幕上的当前点或在提示区内输入的点坐标。
参数：*point，屏幕点的值，包括 x、y 两坐标。
返回值：RT_NORMAL 表示正确取得点坐标；RT_USERBRK 表示用户中断操作；RT_FINISH 表示用户单击鼠标右键结束操作。
说明：点的数据结构如下：

```
typedef struct xyz
{
  double x;
  double y;
```

```
    double  z;
} EB_POINT;
```

例：

```
EB_POINT  point;
if(ebGetPoint(&point)==RT_FINISH)
{
    ……  //  结束处理
}
```

函数定义：int ebGetPointXY(double *point_x,double *point_y)。

功能：取得鼠标在屏幕上的当前点或在提示区内输入的点坐标。

参数：point_x，屏幕点的 x 坐标值；point_y，屏幕点的 y 坐标值。

返回值：2 表示正确读入两个数据；1 表示正确读入一个数据；0 表示未正确读入数据。

例：

```
double x, y;
ebGetPointXY(&x, &y);
```

函数定义：int ebGetLength(EB_POINT start,double* length,EB_POINT* mouse=NULL)。

功能：通过键盘或鼠标输入长度。

参数：start，即起点；length，如果用键盘输入，则获得输入的长度，如果用鼠标输入，则自动计算出鼠标单击点到起点之间的长度；mouse，返回鼠标的当前位置以供参考。

返回值：RT_USERBRK 表示用户中断操作；RT_FINISH 表示用户单击鼠标右键结束操作；RT_NORMAL 表示长度值是由鼠标输入点来确定的；RT_KEYB_INPUT 表示长度值是由键盘输入值来确定的。

函数定义：int ebGetAngle(EB_POINT cen,EB_POINT start,double* angle, EB_POINT* mouse=NULL)。

功能：通过键盘或鼠标输入角度。

参数：cen，角的顶点；start，角的起点；angle，如果用键盘输入，则获得输入的角度（弧度），如果用鼠标输入，则自动计算出鼠标单击点与顶点、起点所成的角度（弧度）；mouse，返回鼠标的当前位置以供参考。

返回值：RT_USERBRK 表示用户中断操作；RT_FINISH 表示用户单击鼠标右键结束操作；RT_NORMAL 表示角度值是由鼠标输入点来确定的；RT_KEYB_INPUT 表示角度值是由键盘输入值来确定的。

函数定义：int ebGetInt(int *value, int min, int max)。

功能：取得一个用户输入的整数。

参数：*value，返回用户输入的整数值；min，可输入整数的最小值；max，可输入整数的最大值。

返回值：RT_NORMAL。

说明：value, min, max 变量都必须有初始值。

例：

```
int v=10,min=1,max=100;
ebGetInt(&v, min, max);
```

函数定义：int ebGetReal(double *value, double min, double max)。

功能：取得一个用户输入的实数。

参数：*value，返回用户输入的实数值；min，可输入实数的最小值；max，可输入实数的最大值。

返回值：RT_NORMAL。

说明：value, min, max 变量都必须有初始值。

函数定义：int ebGetString(char *value, int length)。

功能：取得一个用户输入的字符串。

参数：*value，返回用户输入的字符串；length，可输入字符串的最大长度。

返回值：RT_NORMAL。

说明：value, length 变量都必须有初始值。

11.2 系统操作函数

系统操作函数涉及文件的读写操作、绘图状态的设置及界面定制和消息响应等。其中界面定制函数及消息响应函数用在"工程名.cpp"文件中，添加菜单的函数在该文件的STARTUP()函数中，删去菜单函数用在该文件的 FINISH()函数中。向系统注册消息响应函数及从系统中删除消息响应函数也应在这两个函数中，一般由向导自动生成，用户默认即可。

11.2.1 文件存取

函数定义：int ebFileOpen（CString　name）。

功能：打开文件。

参数：name，全文件名（包括路径）。

返回值：RT_NORMAL，打开文件成功；RT_FAILED，打开文件失败。

函数定义：int ebFileSave（CString　name）。

功能：存储文件。

参数：name，全文件名（包括路径）。

返回值：RT_NORMAL，存储文件成功；RT_FAILED，存储文件失败。

函数定义：int ebFilePartOpen（EB_SELECT&　select,　CString　name）。

功能：打开文件，将文件内容送入选择集。

参数：select，选择集；name，全文件名（包括路径）。

返回值：RT_NORMAL，打开文件成功；RT_FAILED，打开文件失败。

函数定义：int ebFilePartSave（EB_SELECT&　select,　CString　name）。

功能：部分存储文件，将选择集中的内容存入文件。

参数：select，选择集；name，全文件名（包括路径）。

返回值：RT_NORMAL，部分存储文件成功；RT_FAILED，部分存储文件失败。

函数定义：CString ebGetCurrentFileName()。

功能：得到目前文名件。

参数：无。

返回值：文件名。

11.2.2　绘图状态设置

函数定义：int ebCursorOn( );

功能：系统打开光标。

参数：无。

返回值：RT_NORMAL。

函数定义：int ebCursorOff( )。

功能：系统关闭光标。

参数：无。

返回值：RT_NORMAL。

函数定义：int ebRedraw( )。

功能：系统重画绘图区。

参数：无。

返回值：RT_NORMAL。

函数定义：int ebDrawXOR(BOOL enable)。

功能：打开或关闭异或绘图方式。

参数：enable 表示打开或关闭标志；enable=TRUE 打开；enable=FALSE 关闭。

返回值：RT_NORMAL。

说明：异或绘图方式，如果同一结点在同一位置绘制一遍，就相当于擦除该结点，此函数多应用于拖动技术。

函数定义：int ebChgRGBToIndex(COLORREF colorRGB)。

功能：将 RGB 颜色值转换为最接近的索引值。

参数：colorRGB，颜色。

返回值：颜色索引值，值为-1 表示失败。

函数定义：int ebSetSnapMode(int　mode)。

功能：设置捕捉点的方式。

参数：mode 表示捕捉点的方式：mode=0——不捕捉；mode=1——智能点捕捉；mode=2——栅格捕捉；mode=3——动态导航捕捉(元素吸附)。

返回值：RT_NORMAL，设置成功；RT_FAILED，由于 mode 参数不是 0~3 的整数而失败。

函数定义：int ebSetGridDistance(int　distance)。

功能：设置栅格点间距。

参数：distance，栅格点间距。

返回值：RT_NORMAL，设置成功；RT_FAILED，由于 distance<=0 而失败。

函数定义：int ebSetGridShow(BOOL　IsShow=TRUE)。

功能：设置栅格点显示状态。

参数：IsShow 表示是否显示栅格点：IsShow=TRUE——显示（默认值）；IsShow=FALSE——隐藏。

返回值：RT_NORMAL。

函数定义：intebSetPaperScale(double scale)。

功能：设置图纸绘制比例。

参数：scale，图纸绘制比例。

返回值：RT_NORMAL，设置成功；RT_FAILED，由于 scale<=0 而失败。

函数定义：int ebSetPaperScale(short　direct)。

功能：设置图纸方向。

参数：direct 表示图纸方向：direct=0——横放；direct=1——竖放。

返回值：RT_NORMAL，设置成功；RT_FAILED，由于 direct 参数不是 0 或 1 而失败。

函数定义：int ebSetPaperSize(int size)。

功能：设置图纸幅面大小。

参数：size 表示图纸幅面大小：　0——A0；1——A1；2——A2；3——A3；4——A4。

返回值：RT_NORMAL，设置成功；RT_FAILED，由于 size 参数不是 0~4 的整数而失败。

函数定义：int ebSetPaperSizeByUser(double　width, double　height)。

功能：用户自定义图纸幅面大小。

参数：width，幅面宽度；height，幅面高度。

返回值：RT_NORMAL，设置成功；RT_FAILED，由于 width<=0 或 height<=0 而失败。

函数定义：int ebGetSnapMode( )。

功能：得到捕捉点的方式。

参数：无。

返回值：捕捉点的方式：0——不捕捉；1——智能点捕捉；2——栅格捕捉；3——动态导航捕捉（元素吸附）。

函数定义：double ebGetGridDistance( )。

功能：得到栅格点间距。

参数：无。

返回值：栅格点间距。

函数定义：BOOL ebGetGridShow( )。

功能：得到栅格点显示状态。

参数：无。

返回值：TRUE，显示（默认值）；FALSE，隐藏。

函数定义：double ebGetPaperScale( )。

功能：得到图纸绘制比例。

参数：无。

返回值：图纸绘制比例。

函数定义：short ebGetPaperDirect( )。

功能：得到图纸方向。

参数：无。

返回值：direct=0 横放；direct=1 竖放。

函数定义：intebGetPaperSize（int　size）。

功能：得到图纸幅面大小。

参数：无。

返回值：图纸幅面大小：0——A0；1——A1；2——A2；3——A3；4——A4。

函数定义：void ebGetPaperSizeByUser(double&　width, double&　height)。

功能：得到用户图纸幅面大小。

参数：width，幅面宽度；height，幅面高度。

返回值：无。

11.2.3　界面定制及消息响应

函数定义：CWnd* ebGetMainFrame()。

功能：得到主窗口指针。

参数：无。

返回值：主窗口指针。

函数定义：int ebAppendMenu(CMenu* pMenu)。

功能：在主菜单的末尾添加一组菜单，该菜单是由用户通过资源编辑器编辑生成的。

参数：pMenu，用资源编辑器编辑的菜单资源。

返回值：RT_NORMAL，添加菜单正常；RT_FAILED，添加菜单失败。

说明：利用该函数及 VC++所提供的资源编辑器可实现菜单的可视化编辑。

函数定义：int ebDeleteMenu(CMenu* pMenu)。

功能：将用户在主菜单的末尾添加的一组菜单删除掉，该菜单是由用户通过资源编辑器编辑生成并通过 ebAppendMenu 函数添加的。

参数：pMenu，用资源编辑器编辑的菜单资源。

返回值：RT_NORMAL，删除菜单正常；RT_FAILED，删除菜单失败。

说明：该函数是与 ebAppendMenu 配合使用的，利用该函数及 VC++所提供的资源编辑器可实现菜单的可视化编辑。

函数定义：int ebInsMenuItem(MENUTYPE MenuType, CString MenuName, CString SubMenu, CString NeighborMenu, WHEREINS WhereIns=AFTER, UINT MenuID=0,Cstring FirstSubMenu="")。

功能：向主菜单中插入一项菜单，这项菜单即可以是弹出菜单，也可以是一个菜单项。

参数：MenuType，菜单类型，可以为 POPUPMENU、SEPARATOR、MENUITEM 中的一种。

MenuName，菜单名称（标识），若 MenuType 为 SEPARATOR 型，则赋为空字串" "。

SubMenu，若添加的 MenuName 是菜单项时，则为 MenuName 的上一级菜单名；若添加的 MenuName 是主菜单项（如"文件""帮助"等），则该项设为空字串（即" "）。

NeighborMenu，指要在哪一个菜单旁插入 MenuName，若插入的是主菜单项（如"文件""帮助"等），则为其前或其后的主菜单项；若要向一个没有任何菜单项的 POPUPMENU 中插入，则 NeighborMenu 设为 POPUPMENU 的菜单名。

WHEREINS，实际是 UINT 类型,只有 BEFORE、AFTER 和 AFTERSEP 三个值，是指在 NeighborMenu 的前、后或紧靠 NeighborMenu 的分隔条后插入菜单，默认值为 AFTER。

MenuID，菜单对应的命令 ID 号，若为 POPUPMENU 和 SEPARATOR 类型，则不用设定此项或设为 0。

FirstSubMenu，一般情况下设为空字串（即" "），只有当添加的 MenuName 是第二级菜单项时，该项设定为 SubMenu 的上一级菜单名（即主菜单名）。

返回值：RT_NORMAL，添加菜单正常；RT_FAILED，添加菜单失败。

例：在"帮助"菜单后加一个弹出菜单"测试"：

```
ebInsMenuItem(POPUPMENU, "测试", "", "帮助");
```

在"测试"菜单中增加一个菜单项"测试 1"，该菜单对应的 ID 值为 34001：

```
ebInsMenuItem(MENUITEM,"测试 1","测试","测试",AFTER,34001);
```

在"测试 1"菜单项后加一个分隔条：

```
ebInsMenuItem(SEPARATOR,"","测试","测试 1");
```

在分隔条（测试 1 后面的）后面增加一个拥有下一级菜单的菜单项"测试 2"：

```
ebInsMenuItem(POPUPMENU,"测试 2","测试","测试 1",AFTERSEP);
```

构造"测试 2"的下一级菜单：

```
ebInsMenuItem(MENUITEM,"成功","测试 2","测试 2",AFTER,34002,"测试");
ebInsMenuItem(MENUITEM,"失败","测试 2","成功",AFTER,34003,"测试");
```

运行结果如图 11-1 所示。

图 11-1　ebInsMenuItem() 的用法

函数定义：int ebDelMenuItem(MENUTYPE MenuType, CString MenuName, Cstring SubMenu="", CString　FirstSubMenu="")。

功能：删除主菜单中的一项指定菜单。

参数：MenuType，菜单类型，可以为 POPUPMENU、SEPARATOR、MENUITEM 中的一种。

MenuName，菜单名称(标识),若 MenuType 为 SEPARATOR 类型,则赋为空。

SubMenu，若删除的 MenuName 是菜单项，则为 MenuName 的上一级菜单名；若删除的 MenuName 是主菜单项（如"文件"、"帮助"等），则该项设为空字串（即""）。

FirstSubMenu，一般情况下设为空字串（即""），只有当删除的 MenuName 是第二级菜单项时，该项设定为 SubMenu 的上一级菜单名（即主菜单名）。

说明：注意引号内不应有空格。

返回值：RT_NORMAL，删除菜单正常；RT_FAILED，删除菜单失败。

例：

删除整个"帮助"菜单（包括其下的各菜单项）：

```
ebDelMenuItem(POPUPMENU, "帮助");
```

删除"幅面"菜单中的"明细表"项：

```
ebDelMenuItem(MENUITEM, "明细表", "幅面");
```

删除"幅面"菜单中的"明细表"菜单项下的"填写表项"：

```
ebDelMenuItem(MENUITEM, "明细表", "幅面", "填写表项");
```

函数定义：int ebRegistFunc(FUNTABLE* ft)。

功能：向系统注册消息响应函数。

参数：*ft 用户定义的消息响应函数与对应 ID 值的对应组。

返回值：RT_NORMAL，注册成功；RT_FAILED，由于 ID 值不在 34000~37000 范围内而导致注册失败。

说明：FUNTABLE 为用户定义的消息响应函数与对应 ID 值的对应组结构，该结构的第一个成员为用户定义的消息响应函数与对应 ID 值，第二个成员为响应函数的函数名；在定义对应组之前，应首先对函数进行说明。

消息响应函数的统一类型为：int funcname(int&step, int&flag)。

例：

```
int  test1(int &step,int &flag);
int  test2(int &step,int &flag);
FUNTABLE  ft[] = { {34001, test1}, {34002, test2} };
n=ELEMENTS(ft);
for(I=0; i<n; i++)
ebRegistFunc(&ft[I]);
```

函数定义：int ebDelFunc(FUNTABLE* ft)。

功能：清除掉用户向系统注册的消息响应函数。

参数：*ft 用户定义的消息响应函数与对应 ID 值的对应组。

返回值：RT_NORMAL，删除成功；RT_FAILED，删除失败。

说明：该函数与 ebRegistFunc 相对应，在应用程序卸载时，应将用户向系统注册的消息响应函数清除掉。

函数定义：int ebRegistCmd(CMDDTABLE *pCmd)。

功能：注册执行用户定义消息函数的命令名（用键盘输入的）。

参数：*pCmd 用户定义的执行消息响应函数的命令名与对应 ID 值的对应组。

返回值：RT_NORMAL，注册成功；RT_FAILED，由于 ID 值不在 34000~37000 范围内而导致注册失败。

说明：CMDDTABLE 为用户定义的执行消息响应函数的命令名与对应 ID 值的对应组，该结构的第一个成员执行消息响应函数的命令名，第二个成员为响应函数所对应 ID 值。

例：

```
CMDDTABLE  pCmd[] = { {"test1" , 34001}, {"test2" , 34002 } };
n=ELEMENTS(ft);
for(i=0; i<n; i++)
ebRegistCmd(&ft[I]);
```

函数定义：int ebDelCmd(CMDDTABLE *pCmd)。

功能：清除用户向系统注册的执行用户定义消息函数的命令名。

参数：*pCmd 用户定义的执行消息响应函数的命令名与对应 ID 值的对应组。

返回值：RT_NORMAL，删除成功；RT_FAILED，删除失败。

说明：该函数与 ebRegistCmd 相对应，在应用程序卸载时，应将用户向系统注册消息响应函数清除掉。

函数定义：int ebEndCommand( )。

功能：结束当前消息响应函数的执行。

参数：无。

返回值：RT_NORMAL。

说明：在消息响应函数结束前，必须调用该函数提示系统结束该消息响应。

函数定义：int ebRegisterPopMenu ( )。

功能：登记工具点菜单。

参数：无。

返回值：RT_NORMAL。

说明：使用该函数后，在屏幕上输入点时，按空格键可弹出工具点菜单，提示拾取端点、中点、切点等工具点。一般在登记完立即菜单以后使用该函数。

例：

```
int usrAppendDraw(int& step,int& flag)
{
    static int choice=0;
    if(step==0)            // 第一步
    {
        ebClearMenu();    // 清理立即菜单区
        ebGetMenuChoiceBrk("两点线@等距线",&choice);
```

```
        ebRegisterPopMenu();  //   登记工具点菜单
    }
    //   根据选择要绘制线的类型来执行相应的函数
    switch(choice)
    {
        case 0:
            dymGenTwoPtLine1(step,flag);
            break;
        case 1:
            dymGenTwoPtLine2(step,flag);
            break;
        default:
            break;
    }
    return RT_NORMAL;
}
```

11.2.4　Undo/Redo 操作

函数定义：int ebInitUndo( )。

功能：为将其下面的操作送进系统 UNDO 缓冲区做准备。

参数：无。

返回值：RT_NORMAL。

说明：一般将其放在结点插入系统图形数据库或从系统图形数据库中删除的函数前，这样对于这个插入或删除操作可以进行 Undo 和 Redo 操作。

例：

```
EB_NODE  line=ebBuildLine(p1, p2);
ebInitUndo( );
ebInsNodeToSys(line);
```

函数定义：int ebUndo( )。

功能：取消上一次操作，作用与 Undo 命令相同。

参数：无。

返回值：RT_NORMAL。

函数定义：int ebRedo( )。

功能：恢复上一次取消的操作，作用与 Redo 命令相同。

参数：无。

返回值：RT_NORMAL。

函数定义：int ebEmptyUndoBuffer ( )。

功能：清除 UNDO 缓冲区存储的内容。

参数：无。

返回值：RT_NORMAL。

说明：执行完该函数后，在此之前的操作均不可进行 Undo 和 Redo 操作，因此，当用户打开文件或者创建新文件时可调用该函数。

11.2.5　用户窗口中预显图形

函数定义：int ebInitDlgPrev(HWND hWnd)。

功能：初始化用户窗口预显图形。

参数：pWnd 指向此 CpaintDC 对象所属的 CWnd 对象，通常用 this 表示。

返回值：RT_NORMAL，初始化成功；RT_FAILED，初始化失败。

说明：该函数一般用于用户所作的对话框的初始化函数 OnInitDialog()中，为在对话框的预显区域中显示图形做准备。

函数定义：int ebDestroyDlgPrev(HWND hWnd)。

功能：结束用户窗口预显图形。

参数：pWnd 指向此 CpaintDC 对象所属的 CWnd 对象，通常用 this 表示。

返回值：RT_NORMAL，成功结束。

说明：该函数一般用于用户所作的对话框的销毁函数 OnDestroy()中，结束在对话框的预显区域中显示图形。

函数定义：intebSetDlgPrevWin(EB_BOX　box, CRect&　prevrect, CPaintDC　*dc, CWnd *pWnd)。

功能：设置用户预显窗口和视口。

参数：box 用于绘制图形的逻辑窗口；prevrect 用于用户预显窗口的客户区大小；dc 为设备文本；pWnd 指向此 CPaintDC 对象所属的 CWnd 对象，通常用 this 表示。

返回值：RT_NORMAL，成功设置。

说明：该函数一般用于用户所做的对话框的绘制函数 OnPaint()中，将逻辑窗口映射到预显窗口。

11.3　实体部分

实体函数仅限于最基本的实体的生成，即点、直线、圆、圆弧、折线、样条线及文字等，并不与 CAXA 的交互绘图命令一一对应，比如无正多边形的生成函数，也无中心线的生成函数。如果在程序中定义了选择集，则在程序的末尾应当用 ebDeleteSelect()释放选择集占用的内存空间，否则运行时导致 CAXA 出现错误提示，有可能导致 CAXA 异常退出。在生成实体后，应该用函数 ebInsNodeToSys()将实体数据插入系统数据库中，并保留默认的"绘制"设置，否则，该实体不会显示出来。

11.3.1 实体操作

函数定义：EB_NODE ebGetNode(EB_POINT p, UINT flag=0, EB_SELECT& from=SysEntBase)。

功能：拾取结点。

参数：p 为拾取点（即位置参考点）；flag 为拾取筛选标志；from 为从哪一个选择集中拾取，默认值为 SysEntBase（即从整个系统图形数据库中拾取）。

返回值：拾取的结点，如果拾取失败，则返回 NULL。

说明：筛选类型 flag 的值为：

全部	ALL	0
点	POINT	1
直线	LINE	2
圆	CIRCLE	4
圆弧	ARC	8
尺寸	DIMENTION	16
文字	TEXTS	32
折线	POLYLINE	64
块	BLOCK	128
剖面线	HATCH	256
箭头	ARROWS	512
样条	SPLINE	1024
椭圆	ELLIPSE	2048
填充	SOLIDS	8192

默认值为拾取全部，也可以用"|"符号对标志进行组合，实现筛选拾取。比如拾取直线和圆弧，可设 flag=LINE|ARC。

如果第一点在第二点的右侧，则所有与两点构成的拾取窗口相交的结点都被选中；如果第一点在第二点的左侧，则只有在两点构成的拾取窗口内的结点才被选中。

例：拾取靠近(-10,-10)的直线：

```
EB_POINT p;
p.x=p.y=-11.0;
EB_NODE line=ebGetSNote( p, LINE);
```

函数定义：int ebDelNodeFromSys (EB_NODE node, BOOL del=FALSE)。

功能：将结点 node 从系统图形数据库中删除（结点本身被释放）。

参数：node，结点；del，是否在从图形数据库中去掉结点后删除掉该结点，默认为不删除。

返回值：RT_NORMAL，正常；RT_FAILED，失败。

说明：如果 node=NULL，则返回 RT_FAILED。

函数定义：int ebInsNodeToSys (EB_NODE node, BOOL draw=TRUE)。

功能：将结点 node 插入系统图形数据库中去。

参数：node，结点；draw，是否在插入后绘制该结点，默认值为 TRUE(绘制)。

返回值：RT_NORMAL，正常；RT_FAILED，失败。

说明：如果 node=NULL，则返回 RT_FAILED。

函数定义：int ebFreeNode(EB_NODE　node)。

功能：删除一个结点并释放所占用的内存空间。

参数：node，要删除的结点。

返回值：RT_NORMAL，正常；RT_FAILED，失败。

说明：如果 node=NULL，则返回 RT_FAILED。

函数定义：EB_BOX ebGetNodeBox(EB_NODE　node)。

功能：得到结点的包容区域。

参数：node，结点。

返回值：结点的包容区域。

函数定义：int ebDrawNode(EB_NODE　node,　char color= DRAGING)。

功能：画结点 node。

参数：node，结点；color，颜色类型。

返回值：RT_NORMAL，正常；RT_FAILED，失败。

说明：如果 node=NULL——返回 RT_FAILED; color = NORMAL——用对象自身颜色画；color = PICKED——用对象拾取颜色画；color = DRAGING——用对象拖动颜色画；color = ERASED——用对象擦除颜色画；color = 指定颜色——用对象指定颜色画。

函数定义：int ebDrawLine(EB_POINT　p1, EB_POINT　p2, char color= DRAGING)。

功能：绘制直线。

参数：p1，直线起点；p2，直线终点；color，颜色类型。

返回值：RT_NORMAL 正常；RT_FAILED 失败。

说明：用这个函数绘制直线不必生成和释放结点，一般用于临时绘制的场合，比如实现拖动效果、在对话框的预显框中显示图形等。color 的取值同函数 ebDrawNode()。

函数定义：int ebDrawCircle(EB_POINT　pC,　double　r,　char　color= DRAGING)。

功能：绘制圆。

参数：pC，圆心；r，半径；color，颜色类型。

返回值：RT_NORMAL 正常；RT_FAILED 失败。

说明：用这个函数绘制圆不必生成和释放结点，一般用于临时绘制的场合，比如实现拖动效果、在对话框的预显框中显示图形等。color 的取值同函数 ebDrawNode()。

函数定义：int ebDrawArc(EB_POINT　pC, EB_POINT　pS, EB_POINT　pE, char color= DRAGING)。

功能：绘制圆弧。

参数：pC，圆心；pS，圆弧起点；pE，圆弧终点；color，颜色类型。

返回值：RT_NORMAL 正常；RT_FAILED 失败。

说明：用这个函数绘制圆弧不必生成和释放结点，一般用于临时绘制的场合，比如实现拖动效果、在对话框的预显框中显示图形等。color 的取值同函数 ebDrawNode()。

函数定义：intebDrawPoint(EB_POINT pL, char color= DRAGING)。

功能：绘制点。

参数：pL，点位置；color，颜色类型。

返回值：RT_NORMAL 正常 RT_FAILED 失败。

说明：用这个函数绘制点不必生成和释放结点，一般用于临时绘制的场合，比如实现拖动效果、在对话框的预显框中显示图形等。color 的取值同函数 ebDrawNode()。

11.3.2 基本实体生成

函数定义：EB_NODE ebBuildPoint(double x, double y)。

功能：建立一个点结点。

参数：x，点的 x 坐标；y，点的 y 坐标。

返回值：新生成的结点，若为空则说明生成结点失败。

说明：系统按当前层、当前颜色、当前线型生成一个点结点。"点结点"和"点"的概念是有区别的，点结点与直线、圆弧一样，是一种实体元素，而点只是用以标识屏幕上一个点的坐标的数据结构。

函数定义：EB_NODE ebBuildLine(EB_POINT p1, EB_POINT p2)。

功能：建立一个直线结点。

参数：p1，直线的第一点；p2，直线的第二点。

返回值：新生成的结点，若为空则说明生成结点失败。

说明：系统按当前层、当前颜色、当前线型生成一个直线结点。

函数定义：EB_NODE ebBuildPcRCircle(EB_POINT p_center, double r)。

功能：以圆心、半径方式建立一个圆结点。

参数：p_center，圆心；r，半径。

返回值：新生成的结点，若为空则说明生成结点失败。

说明：系统按当前层、当前颜色、当前线型生成一个圆结点。

函数定义：EB_NODE ebBuildPsP2PeCircle(EB_POINT ps,EB_POINT p2,EB_POINT pe)。

功能：以三点方式建立一个圆结点。

参数：ps，第一点（起点）；p2，第二点；pe，第三点（终点）。

返回值：新生成的结点，若为空则说明生成结点失败。

说明：系统按当前层、当前颜色、当前线型生成一个圆结点。

函数定义：EB_NODE ebBuildPcRAsAeArc(EB_POINT pc,double r,double as, double ae)。

功能：以圆心、半径、起始角、终止角方式建立一个圆弧结点。

参数：pc，圆弧圆心；r，圆弧半径；as，圆弧起始角；ae，圆弧终止角。

返回值：新生成的结点，若为空则说明生成结点失败。

说明：系统按当前层、当前颜色、当前线型生成一个圆弧结点。

函数定义：EB_NODE ebBuildPsP2PeArc(EB_POINT ps,EB_POINT p2,EB_POINT pe)。

功能：以三点圆弧方式建立一个圆弧结点。

参数：ps，圆弧起始点；p2，第二点；pe，圆弧终止点。

返回值：新生成的结点，若为空则说明生成结点失败。

说明：系统按当前层、当前颜色、当前线型生成一个圆弧结点。

函数定义：EB_NODE ebBuildPcPsPeArc(EB_POINT pc, EB_POINT ps, EB_POINT pe)。

功能：以圆心、起始点、终止点方式建立一个圆弧结点。

参数：pc，圆弧圆心；ps，圆弧起始点；pe，圆弧终止点。

返回值：新生成的结点，若为空则说明生成结点失败。

说明：系统按当前层、当前颜色、当前线型生成一个圆弧结点。以逆时针方向画弧。

函数定义：EB_NODE ebBuildPsPeRArc(EB_POINT ps, EB_POINT pe, double r, BOOL IsLarge=FALSE)。

功能：以起始点、终止点、半径方式建立一个圆弧结点。

参数：ps，圆弧起始点；pe，圆弧终止点；r，圆弧半径；IsLarge，是否为优弧（即大于 180 度的圆弧），默认值为否。

返回值：新生成的结点，若为空则说明生成结点失败。

说明：系统按当前层、当前颜色、当前线型生成一个圆弧结点。如图 11-2 所示，以点 p1 为起点，p2 为终点，以相同半径画弧，得到优弧与劣弧。

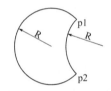

图 11-2　优弧与劣弧

函数定义：EB_NODE ebBuildPsPeAArc(EB_POINT ps, EB_POINT pe, double angle)。

功能：以起始点、终止点、圆弧角度方式建立一个圆弧结点。

参数：ps，圆弧起始点；pe，圆弧终止点；angle，圆弧角度。

返回值：新生成的结点，若为空则说明生成结点失败。

说明：系统按当前层、当前颜色、当前线型生成一个圆弧结点。

函数定义：EB_NODE ebBuildPolyline(EB_POINT*　array,　int　num)。

功能：建立一个折线结点。

参数：array，折线的顶点数组；num，顶点个数。

返回值：新生成的结点，若为空则说明生成结点失败。

说明：系统按当前层、当前颜色、当前线型生成一个折线结点。

例：

```
EB_POINT  p[3];
p[0].x=p[0].y=1.0;
p[1].x=p[1].y=12.0;
p[2].x=-20.0;  p[2].y=-30.0;
for(int i=0;i<3;i++) p[i].z=0.0;//注意应将 z 坐标赋值为 0
EB_NODE m_Polyline=ebBuildPolyLine( p, 3);
```

函数定义：EB_NODE ebBuildSpline(EB_POINT*　array,int num ,BOOL flag=TRUE)。

功能：建立一个样条结点。

参数：array，样条的控制点数组；num，样条的控制点个数；flag，是否为非周期样条。

返回值：新生成的结点，若为空则说明生成结点失败。

说明：系统按当前层、当前颜色、当前线型生成一个样条结点。flag=TURE——非周期样条，flag=FALSE——周期样条。

例：生成封闭样条：

```
EB_POINT  p[4];
p[0].x=p[0].y=p[3].x=p[3].y=1.0;
p[1].x=p[1].y=12.0;
p[2].x=-20.0;  p[2].y=-30.0;
for(int i=0;i<4;i++) p[i].z=0.0;//          注意应将 z 坐标赋值为 0
EB_NODE m_Spline=ebBuildSpline( p, 4);
```

函数定义：EB_NODE ebBuildEllipse(EB_POINT p_center, double length, double width, double angle_r=0, double angle_s=0, double angle_e=2PI)。

功能：建立一个椭圆或椭圆弧结点。

参数：p_center，中心点；length，长半轴长度；width，短半轴长度；angle_r，旋转角角度，默认值为 0；angle_s，椭圆弧的起始角，默认值为 0；angle_e，椭圆弧的终止角，默认值为 2PI。

返回值：新生成的结点，若为空则说明生成结点失败。

说明：系统按当前层、当前颜色、当前线型生成一个椭圆或椭圆弧结点。

函数定义：EB_NODE ebBuildText(EB_POINT locate, char* text,double high=3.5,double rotateang=0.0)。

功能：创建文字结点。

参数：locate，定位点；text，文字；high，字高，默认值为 3.5 号字；rotateang，文字旋转角，默认值为 0°，即不旋转。

返回值：新生成的结点，若为空则说明生成结点失败。

说明：系统按当前层、当前颜色、左对齐、基线对齐、默认字体生成文字结点。

例：

```
EB_POINT loc;
loc.x=loc.y=0.0;
ebBuildText( loc, "泵体", 7.0);
```

函数定义：EB_NODE ebBuildArrow(EB_NODE　node, double　length, int　locate=0, double　angle=0.0)。

功能：在指定直线、圆弧的端点或指定点处创建箭头结点。

参数：node，直线、圆弧或点结点；length，箭头长度；locate，定位点的位置：locate=-1——在指定的点结点处，locate=0——在直线或圆弧的起始点处，locate=1——在直线或圆弧的终止点处；angle，当 node 为指定的点结点时，为箭头相对 x 轴的旋转角度，默认值为 0°。

返回值：新生成的结点，若为空则说明生成结点失败。

说明：系统按当前层、当前颜色生成箭头结点。

函数定义：EB_NODE ebBuildHatch(EB_SELECT&　select, EB_POINT *pickpt, int pt_num, double　dist，double　angle, char*　pattern=NULL)。

功能：生成剖面线结点。

参数：select，构成封闭区域的实体选择集；pickpt，参考点数组；pt_num，参考点个数；dist，如果不带图案，dist 为剖面线的间距，带图案，dist 为剖面图案的比例；angle，如果不带图案，angle 为剖面线的角度（单位：弧度），带图案，angle 为图案的旋转角(单位：弧度)；patten，剖面图案名称，缺省为 NULL,按"无图案"处理，如果所输入的图案名称不正确，也按"无图案"处理。

返回值：新生成的结点，若为空则说明生成结点失败；如果环不封闭，返回 NULL。

说明：系统按当前层、当前颜色、当前线型生成一个剖面线结点。

函数定义：EB_NODE ebBuildSolid(EB_SELECT&　select, EB_POINT pickpt)。

功能：生成填充结点。

参数：select，构成封闭区域的实体选择集；pickpt，参考点。

返回值：新生成的结点，若为空则说明生成结点失败；如果环不封闭，返回 NULL。

说明：系统按当前层、当前颜色、当前线型生成一个填充结点。

例：在两个圆相交的公共区域内填充：

```
EB_POINT pc;
pc.x=pc.y=pc.z=0.0;
EB_NODE cir1,cir2,solid;
EB_SELECT select;
cir1=ebBuildPcRCircle(pc,30.0);
pc.x=30.;
```

```
cir2=ebBuildPcRCircle(pc,30.);
ebAddObjectToSelect(select,cir1);
ebAddObjectToSelect(select,cir2);
pc.x=15.;
solid=ebBuildSolid(select,pc);
ebInsNodeToSys(solid);
```

函数定义：EB_NODE ebBuildBlock(EB_POINT　locate, char*　name="")。

功能：创建一个空的没有任何元素的块结点。

参数：locate，块定位点；name，块的名称，可以不指定。

返回值：新生成的结点，若为空则说明生成结点失败。

说明：系统按当前层、当前颜色、当前线型生成一个块结点。

11.3.3　块操作

函数定义：BOOL ebIfBlockEmpty(EB_NODE　block)。

功能：判别块是否为空(块中的元素个数为零)。

参数：block，块结点。

返回值：TRUE，块为空；FALSE 块非空。

函数定义：BOOL ebIfObjectInBlk (EB_NODE　block ,EB_NODE　node)。

功能：判别对象 node 是否在块 block 中。

参数：node，结点；block，块结点。

返回值：TRUE，在；FALSE 不在。

函数定义：int ebGetBlockLength(EB_NODE　block)。

功能：获得块的长度(块中的元素个数)。

参数：block，块结点。

返回值：块中的元素个数，如果 block=NULL 则返回-1。

函数定义：int ebAddNodeToBlock (EB_NODE　block ,EB_NODE　node)。

功能：将结点 node 插入块 block 中。

参数：node，结点；block，块结点。

返回值：RT_NORMAL，正常；RT_FAILED，失败。

说明：如果 node=NULL 或 block=NULL，则返回 RT_FAILED。

函数定义：int ebDelNodeFromBlock (EB_NODE　block ,EB_NODE　node)。

功能：将结点 node 从块 block 中删除。

参数：node，结点；block，块结点。

返回值：RT_NORMAL，正常；RT_FAILED，失败。

说明：如果 node=NULL 或 block=NUL，则返回 RT_FAILED。

函数定义：int ebAddSelectToBlock (EB_NODE　block ,EB_SELECT&　select, BOOL remove)。

功能：将选择集插入块 block 中。

参数：select，选择集；block，块结点；remove，是否删除掉选择集标志。

返回值：RT_NORMAL，正常；RT_FAILED，失败。

说明：如果 node=NULL 或 block=NULL，则返回 RT_FAILED；remove=TRUE，将选择集 select 插入块后删除选择集，remove=FALSE，将选择集 select 插入块后不删除选择集。

函数定义：EB_NODE ebGetNodeFromBlock (EB_NODE　block ,int　index)。

功能：从块中取得第 index 个元素,由 0 开始计数。

参数：index，要提取结点在块中的位置索引值；block，块结点。

返回值：结点，如果 block=NULL，则返回 NULL。

11.3.4　尺寸标注

函数定义：EB_NODE ebBuildLinearDim(int　dim_type，EB_POINT　p1，EB_POINT p2，EB_POINT　dim_loc，int　txtdir=0，char*　text=NULL)。

功能：生成线性尺寸结点。

参数：dim_type，尺寸类型；p1，第一引出点；p2，第二引出点；dim_loc，尺寸定位点；txtdir，标注文本的书写方向；text，尺寸标注文本。

返回值：新生成的结点，若为空则说明生成结点失败。

说明：系统按当前层、当前颜色、当前线型生成一个尺寸结点。

dim_type = 1 为两点水平尺寸，dim_type = 2 为两点铅垂尺寸，dim_type = 3 为两点平行尺寸。txtdir 为标注文本的书写方向，txtdir=0 表示标注文本与尺寸线平行，txtdir=1 表示标注文本总保持水平方向，默认值为 0；如果自变量 text 为 NULL，那么系统将根据尺寸类型自动生成尺寸文本。

函数定义：EB_NODE ebBuildRadiusDim(EB_NODE node，EB_POINT　dim_loc，int txtdir=0，char*　text=NULL)。

功能：生成半径尺寸结点。

参数：node，圆或圆弧结点；dim_loc，尺寸定位点；txtdir，标注文本的书写方向；text，尺寸标注文本。

返回值：新生成的结点，若为空则说明生成结点失败。

说明：系统按当前层、当前颜色、当前线型生成一个尺寸结点。txtdir 为标注文本的书写方向，txtdir=0 表示标注文本与尺寸线平行，txtdir=1 表示标注文本总保持水平方向，默认值为 0。如果自变量 text 为 NULL，那么系统将根据尺寸类型自动生成尺寸文本。

函数定义：EB_NODE ebBuildDiameterDim(EB_NODE node，EB_POINT　dim_loc，int txtdir=0，char*　text=NULL)。

功能：生成直径尺寸结点。

参数：同函数 ebBuildRadiusDim()。

返回值：新生成的结点，若为空则说明生成结点失败。

说明：同函数 ebBuildRadiusDim()。

函数定义：EB_NODE ebBuildTwoLAngDim(EB_NODE node1, EB_NODE node2, EB_POINT dim_loc, char* text=NULL)。

功能：生成两直线交角尺寸结点。

参数：node1，直线结点；node2，直线结点；dim_loc，尺寸定位点；text，尺寸标注文本。

返回值：新生成的结点，若为空则说明生成结点失败。

说明：系统按当前层、当前颜色、当前线型生成一个尺寸结点。如果自变量 text 为 NULL，那么系统将根据尺寸类型自动生成尺寸文本。两直线结点应不平行。

函数定义：EB_NODE ebBuildThreePAngDim(EB_POINT top, EB_POINT start, EB_POINT end, EB_POINT dim_loc, char* text=NULL)。

功能：生成三点角度尺寸结点。

参数：top，角顶点；start，角起点；end，角终点；dim_loc，尺寸定位点；text，尺寸标注文本。

返回值：新生成的结点，若为空则说明生成结点失败。

说明：系统按当前层、当前颜色、当前线型生成一个尺寸结点。如果自变量 text 为 NULL，那么系统将根据尺寸类型自动生成尺寸文本。

函数定义：EB_NODE ebBuildChamferAngDim(EB_NODE line, EB_POINT dim_loc, char* text=NULL)。

功能：生成倒角尺寸结点。

参数：line，直线结点(指倒角线)；dim_loc，尺寸定位点；text，尺寸标注文本。

返回值：新生成的结点，若为空则说明生成结点失败。

说明：同函数 ebBuildThreePAngDim()。

11.3.5　选择集操作

函数定义：int ebGetSelectByBox(EB_SELECT& select, EB_POINT p1, EB_POINT p2, UINT mask=0, EB_SELECT& from=SysEntBase)。

功能：通过给定两角点拾取选择集。

参数：select，选择集；mask，拾取筛选标志；p1，拾取窗口第一角点；p2，拾取窗口第二角点；from 从哪一个选择集中拾取，默认值为 SysEntBase（即从整个系统图形数据库中拾取）。

返回值：RT_NORMAL。

说明：筛选类型 mask 的值为：

全部	ALL	0
点	POINT	1
直线	LINE	2

圆	CIRCLE	4
圆弧	ARC	8
尺寸	DIMENTION	16
文字	TEXTS	32
折线	POLYLINE	64
块	BLOCK	128
剖面线	HATCH	256
箭头	ARROWS	512
样条	SPLINE	1024
椭圆	ELLIPSE	2048
填充	SOLIDS	8192

默认值为拾取全部，也可以用"|"符号对标志进行组合，实现筛选拾取。比如拾取直线和圆弧，可设 flag=LINE|ARC。如果第一点在第二点的右侧，则所有与两点构成的拾取窗口相交的结点都被选中；如果第一点在第二点的左侧，则只有在两点构成的拾取窗口内的结点才被选中。

例：拾取(-10,-10)到(20,20)所包含的所有圆和文字：

```
EB_POINT  p1, p2;
p1.x=p1.y=20.0;
p2.x=p2.y=-11.0;
EB_SELECT  result;
ebGetSelectByBox ( result, p1, p2, CIRCLE|TEXTS);
```

函数定义：int ebGetSelectByPick(EB_SELECT& select, int &step, int &flag, UINT mask=0, EB_SELECT& from=SysEntBase)。

功能：通过交互拾取选择集。

参数：select，选择集；step，用户交互的当前步骤；flag，用户交互的当前标；mask 拾取筛选标志；from 从哪一个选择集中拾取，默认值为 SysEntBase（即从整个系统图形数据库中拾取）。

返回值：RT_USERBRK，用户用 Esc 键中断交互；RT_ISOVER，用户交互结束；RT_NOTOVER，用户交互未结束。

说明：筛选类型 mask 的值与 ebGetSelectByPick 函数中的定义相同。

例：实现电子图板中的部分存储功能：

```
int AppFilePartSave(int &step,int &flag)
{
    int      ret;
    static   EB_SELECT select;
    char     lpszFilter[] ="图形文件(*.exb)|*.exb|";
        ret = ebGetSelectByPick(select , step , flag);  // 得到选择集
```

```
        if(ret!=RT_ISOVER) return ret;  //   如果交互没有结束则返回
    //    如果交互结束，判断选择集是否为空
if(ebIfSelectEmpty(select)==TRUE)
{
    //   结束交互
        ebEndCommand();
        return ret;
    }
    ebDrawSelect(select,NORMAL);  // 恢复正常显示选择集

… …//    存储选择集到文件
    ebFreeSelect(select);  //   释放不再使用的选择集
    ebEndCommand();  //交互结束
    return RT_ISOVER;
}
```

函数定义：BOOL ebIfSelectEmpty(EB_SELECT& select)。

功能：判别选择集是否为空。

参数：select 选择集。

返回值：TRUE，选择集为空；FALSE，选择集非空。

说明：如果 select=SysEntBase，则判断整个系统图形数据库是否为空。

函数定义：int ebGetSelectLength(EB_SELECT& select)。

功能：获得选择集的长度（即选择集中结点的个数）。

参数：select，选择集。

返回值：选择集中图形元素的个数。

说明：如果 select=SysEntBase，则获得整个系统图形数据库中结点的个数。

函数定义：EB_NODE ebGetObjectFromSelect(EB_SELECT& select, int index)。

功能：从选择集中取得第 index 个元素，index 由 0 开始计数。

参数：select，选择集；index，元素在选择集中的位置索引值，第一个元素索引值为 0。

返回值：元素结点。

说明：如果 select=SysEntBase，则从整个系统图形数据库中取得第 index 个元素，index 由 0 开始计数。

函数定义：BOOL ebIfObjectInSelect(EB_SELECT& select, EB_NODE pNode)。

功能：判别结点 pNode 是否在选择集 select 中。

参数：select，选择集；pNode，任意结点。

返回值：TRUE，存在；FALSE，不存在。

说明：如果 select=SysEntBase，则判别结点 pNode 是否在系统图形数据库中。

函数定义：int ebAddObjectToSelect(EB_SELECT&　select, EB_NODE　pNode)。

功能：将对象 pNode 加到选择集 select 中。

参数：select，选择集；pNode，任意结点。

返回值：RT_NORMAL。

函数定义：int ebDelObjectFromSelect(EB_SELECT &select, EB_NODE pNode)。

功能：将对象 pNode 从选择集 select 中删除掉。

参数：同 ebAddObjectToSelect( )。

返回值：RT_NORMAL。

函数定义：int ebDrawSelect(EB_SELECT &select,　char　color= DRAGING)。

功能：画选择集 select。

参数：select，选择集；color，颜色类型。

返回值：RT_NORMAL。

说明：color = NORMAL——用对象自身颜色画；color = PICKED——用对象拾取颜色画；color = DRAGING——用对象拖动颜色画；color = ERASED——用对象擦除颜色画；color = 指定颜色——用对象指定颜色画。

函数定义：int ebFreeSelect(EB_SELECT　&select)。

功能：清空选择集中的所有元素，但不释放选择集元素所占内存空间。

参数：select，选择集。

返回值：RT_NORMAL。

函数定义：int ebDeleteSelect(EB_SELECT　&select)。

功能：清空选择集中的所有元素，并释放选择集元素所占内存空间。

参数：select，选择集。

返回值：RT_NORMAL。

函数定义：int ebInsSelectToSys (EB_SELECT &select, BOOL　remove=TRUE)。

功能：将选择集 select 插入系统图形数据库中去。

参数：select，选择集；remove，是否删除掉选择集标志。

返回值：RT_NORMAL。

说明：remove=TRUE——将选择集 select 插入系统图形数据库后删除选择集；remove=FALSE ——将选择集 select 插入系统图形数据库后不删除选择集。

函数定义：int ebMergeSelect (EB_SELECT &select1,EB_SELECT &select2, BOOL remove= TRUE)。

功能：合并两个选择集，即将 select2 合并到 select1 中。

参数：select1，选择集；select2，选择集；remove，是否删除掉选择集 select2 的标志。

返回值：RT_NORMAL。

说明：remove=TRUE——将选择集 select1 合并到 select2 后删除选择集；remove=FALSE——将选择集 select1 合并到 select2 后不删除选择集。

函数定义：EB_BOX ebGetSelectBox(EB_SELECT &select)。

功能：得到选择集的包容区域。

参数：select，选择集。

返回值：选择集的包容区域。

函数定义：int ebGetNodeChildList (EB_NODE node, EB_SELECT &childlist)。

功能：得到结点的所有子实体。

参数：node，拥有子实体的结点；childllist，记录所有子实体的选择集。

返回值：结点中的子实体个数，如果 node=NULL 则返回-1。

说明：在电子图板的所有图形实体元素中，有些实体是独立的实体，如直线、圆弧、圆、样条、折线等；而有些实体包含一些子实体，如尺寸、剖面线、填充、块、箭头、文字等，通过此函数可以获得这些实体的子实体。在这里要注意的是，剖面线的子实体为组成剖面线的每一条线，而填充的子实体是构成填充边界的实体。

函数定义：int ebGetNodeChain(EB_SELECT& chain, EB_NODE node, EB_POINT& pStart)。

功能：获得与给定结点首尾相连的一条链，并可以得到这条链的起点坐标。

参数：chain，与给定结点首尾相连的一条链；node，给定的结点；pStart，链的起点。

返回值：RT_NORMAL，正常；RT_FINISH，由于 node=NULL 而导致失败。

11.4 数据管理

11.4.1 得到属性数据

函数定义：int ebGetCurrentLayer (char* layer=NULL)。

功能：得到系统当前层。

参数：*layer，当前层名称。

返回值：当前层的代号。

函数定义：int ebGetCurrentLType (char* ltype=NULL)。

功能：得到系统当前线型。

参数：*ltype，当前线型名称。

返回值：当前线型代号。

函数定义：intebGetCurrentColor (char* color=NULL)。

功能：得到系统当前颜色。

参数：*color 当前颜色。

返回值：当前颜色代号。

函数定义：int ebGetEBPath (char*　path)。

功能：得到 EB 安装路径。

参数：*pathEB 安装路径。

返回值：RT_NORMAL。

函数定义：int ebGetNodeType (EB_NODE　node, char*　type=NULL)。

功能：得到结点类型。

参数：node，结点；*type，结点类型。

返回值：结点的类型代码，若返回-1，则为未知类型。

说明：结点类型均用汉字表示。

函数定义：int ebGetNodeAttrib(EB_NODE　node, int*　layer, int*　ltype,　int*　color)。

功能：得到结点属性。

参数：node，结点；*layer，结点所在层的代码，若 layer=NULL，则不取该值；*ltype，结点线型代码，若 ltype=NULL，则不取该值；*color，结点颜色代码，若 color=NULL，则不取该值。

返回值：RT_NORMAL。

11.4.2　设置、修改属性数据

函数定义：int ebSetCurrentLayer (int　layer)。

功能：设置系统当前层。

参数：layer，当前层代码。

返回值：RT_NORMAL，设置成功；RT_FAILED，由于 layer>255 而导致设置失败。

说明：图层设置后，系统以图层默认的颜色、线型绘制图形元素。如图 11-3 所示。一般不需要改动。

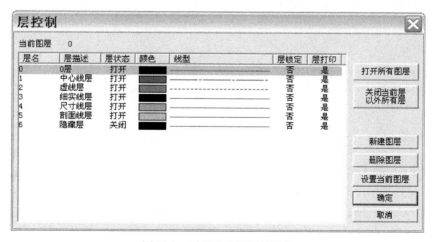

图 11-3　系统默认图层的特性

函数定义：intebSetCurrentLType (int　ltype)。

功能：设置系统当前线型。

参数：ltype，当前线型代码。

返回值：RT_NORMAL，设置成功；RT_FAILED，由于 ltype>255 而导致设置失败。

函数定义：int ebSetCurrentColor (int　color)。

功能：设置系统当前颜色。

参数：color，当前颜色代码。

返回值：RT_NORMAL，设置成功；RT_FAILED，由于 color>255 而导致设置失败。

函数定义：int ebSetNodeAttrib(EB_NODE　node, int　layer, int　ltype,int color)。

功能：设置结点属性。

参数：node，结点；layer，结点所在层的代码，若 layer=NULL，则不取该值；ltype，结点线型代码，若 ltype=NULL，则不取该值；color，结点颜色代码，若 color=NULL，则不取该值。

返回值：RT_NORMAL，设置成功；RT_FAILED，由于 layer、ltype 或 color 大于 255 而导致设置失败。

函数定义：int ebCreateLineType(CString　name，int　factor，double　width，unsigned short pattern)。

功能：用户自定义线型。

参数：name，线型名称；factor，线型比例，即 pattern 参数中的每一位数（0 或 1）在实际绘制中所显示的长度；width，线宽（单位：mm）；pattern 线型描述，用 16 位二进制数表示。

返回值：线型的索引值，这个索引值可以作为 ebSetCurrentLType 等函数的参数。

说明：使用该函数创建用户自定义线型和在电子图板中通过对话框交互创建线型的方法一样，可参考电子图板用户手册中的相关内容。这里请用户注意的是，可自定义的线型数量有限，最大为 200，若超过则返回 0。

例：

```
int ltype=ebCreateLineType("粗双线", 5, 2.5, 0110110110110110);
ebSetCurrentLType(ltype)
```

11.4.3　得到结点几何数据

函数定义：intebGetPointData(EB_NODE　node, EB_POINT*　point)。

功能：得到点结点的数据。

参数：node，点结点；*point，点的数据，存入 node 点的坐标。

返回值：RT_NORMAL，取值成功；RT_FAILED，由于 node 不是点结点或结点为空而导致失败。

说明：若结点的类型不是点(POINT)，则返回错误信息。

函数定义：intebGetLineData(EB_NODE　node, EB_POINT*　p_start, EB_POINT*　p_end)。
功能：得到直线的数据。
参数：node，直线结点；*p_start，直线起点；*p_end，直线终点。
返回值：RT_NORMAL，取值成功；RT_FAILED，由于 node 不是直线结点或结点为空而导致失败。
说明：若结点的类型不是直线(LINE)，则返回错误信息。

函数定义：int ebGetCircleData(EB_NODE node, EB_POINT* p_cen, double* r)。
功能：得到圆的数据。
参数：node，圆结点；*p_cen，圆心；*r，半径。
返回值：RT_NORMAL，取值成功；RT_FAILED，由于 node 不是圆结点或结点为空而导致失败。
说明：若结点的类型不是圆(CIRCLE)，则返回错误信息。

函数定义：int ebGetArcData(EB_NODE　node, EB_POINT*　p_cen, EB_POINT*　p_start, EB_POINT*　p_end,　double* r, double* a)。
功能：得到圆弧的数据。
参数：node，圆弧结点；*p_cen，圆心；*p_start，圆弧起点；*p_end，圆弧终点；*r，半径；*a，圆心角。
返回值：RT_NORMAL，取值成功；RT_FAILED，由于 node 不是圆弧结点或结点为空而导致失败。
说明：若结点的类型不是圆弧（ARC），则返回错误信息。

函数定义：int ebGetEllipseData(EB_NODE　node, EB_POINT*　p_cen, double*　length, double*　width, double* ang, double* ang_s, double*　ang_e)。
功能：得到椭圆的数据。
参数：node，椭圆结点；*p_cen，椭圆中心；*length，长半轴长度；*width，短半轴长度；*ang，椭圆的旋转角；*ang_s，椭圆弧起始角，若为椭圆，则为 0；*ang_e，椭圆弧终止角，若为椭圆，则为 2PI。
返回值：RT_NORMAL，取值成功；RT_FAILED，由于 node 不是椭圆（或椭圆弧）结点或结点为空而导致失败。
说明：若结点的类型不是椭圆（ELLIPSE），则返回错误信息。

函数定义：int ebGetPolylineData(EB_NODE node, EB_POINT **pArray, int* num)。
功能：得到折线或样条的数据。
参数：node，折线结点；*pArray，点数组；*num，点数。
返回值：RT_NORMAL，取值成功；RT_FAILED，由于 node 不是折线、样条结点或结点为空而导致失败。

说明：由于生成样条时实际上已经将它打散为折线，因此亦可以使用此函数来获得打散后的样条数据。若结点的类型不是折线(POLYLINE)、样条（SPLINE），则返回错误信息。

例：

```
EB_POINT p[3],*pa;
p[0].x=p[1].x=p[1].y=p[2].y=p[0].z=p[1].z=p[2].z=0.0;
p[0].y=p[2].x=11.0;
EB_NODE pl=ebBuildPolyline(p,3);
int num;
ebGetPolylineData(pl,&pa,&num);
EB_NODE line=ebBuildLine(pa[0],pa[2]);
ebInsNodeToSys(pl);
ebInsNodeToSys(line);
```

函数定义：int ebGetBlockData(EB_NODE node, EB_POINT* p_cen, double* ang, char* name)。

功能：得到块的数据。

参数：node，块结点；*p_cen，块定位点；*ang，旋转角；*name，块名。

返回值：RT_NORMAL，取值成功；RT_FAILED，由于 node 不是块结点或结点为空而导致失败。

说明：若结点的类型不是块(BLOCK)，则返回错误信息。

例：

```
EB_POINT p;
double angle;
char name[50]="";
ebGetBlockData(block,&p,&angle,name);
```

函数定义：int ebGetHatchData(EB_NODE node, EB_POINT* p_cen, double* ang, double* scale, char* pattern)。

功能：得到剖面线的数据。

参数：node，剖面线结点；*p_cen，剖面线定位点；*ang，旋转角；*scale，剖面线间距；*pattern，剖面线图案类型。

返回值：RT_NORMAL，取值成功；RT_FAILED，由于 node 不是剖面线结点或结点为空而导致失败。

说明：若结点的类型不是剖面线(HATCH)，则返回错误信息。

函数定义：int ebGetTextData(EB_NODE node, EB_POINT* p_cen, char* text, double* height, double* ang)。

功能：得到文字结点的数据。

参数：node，文字结点；*p_cen，文字定位点；*text，文字内容；*height，字高；*ang，旋转角。

返回值：RT_NORMAL，取值成功；RT_FAILED，由于 node 不是文字结点或结点为空而导致失败。

说明：若结点的类型不是文字(TEXT)，则返回错误信息。

函数定义：int ebGetDimData(EB_NODE　node，　int*　type，　char*　text，　double* value)。

功能：得到尺寸数据。

参数：node，尺寸结点；type，尺寸类型；text，尺寸标注文本；value，实际尺寸数值。

返回值：RT_NORMAL，取值成功；RT_FAILED，由于 node 不是尺寸结点或结点为空而导致失败。

说明：若结点的类型不是尺寸（DIMENSION），则返回错误信息。

11.4.4　设置、修改结点的几何数据

函数定义：int ebSetPointData(EB_NODE　node, EB_POINT　point)。

功能：设置、修改点的数据。

参数：node，点结点；point，点的数据。

返回值：RT_NORMAL，设置、修改成功；RT_FAILED，由于 node 不是点结点或结点为空而导致失败。

说明：若结点的类型不是点（POINT），则返回错误信息。

函数定义：int ebSetLineData(EB_NODE　node,EB_POINT　ps, EB_POINT　pe)。

功能：设置、修改直线的数据。

参数：node，直线结点；ps，直线起点；pe，直线终点。

返回值：RT_NORMAL，设置、修改成功；RT_FAILED，由于 node 不是直线结点或结点为空而导致失败。

说明：若结点的类型不是直线（LINE），则返回错误信息。

函数定义：int ebSetPcRCircleData (EB_NODE node,EB_POINT　p_center, double　r)。

功能：以圆心、半径方式修改一个圆的数据。

参数：node，圆结点；p_center，圆心；r，半径。

返回值：RT_NORMAL，设置、修改成功；RT_FAILED，由于 node 不是圆结点或结点为空而导致失败。

说明：若结点的类型不是圆（CIRCLE），则返回错误信息。

函数定义：int ebSetPsP2PeCircleData(EB_NODE node, EB_POINT ps, EB_POINT　p2, EB_POINT　pe)。

功能：以三点方式修改一个圆的数据。

参数：node，圆结点；ps，第一点（起点）；p2，第二点；pe，第三点（终点）。

返回值：RT_NORMAL，设置、修改成功；RT_FAILED，由于 node 不是圆结点或结点为空而导致失败。

说明：若结点的类型不是圆（CIRCLE），则返回错误信息。

函数定义：int ebSetPcRAsAeArcData (EB_NODE node, EB_POINT　pc, double　r, double as, double　ae)。

功能：以圆心、半径、起始角、终止角方式修改一个圆弧的数据。

参数：node，圆弧结点；pc，圆弧圆心；r，圆弧半径；as，圆弧起始角；ae，圆弧终止角。

返回值：RT_NORMAL，设置、修改成功；RT_FAILED，由于 node 不是圆弧结点或结点为空而导致失败。

说明：若结点的类型不是圆弧（ARC），则返回错误信息。

函数定义：int ebSetPsP2PeArcData (EB_NODE node ,EB_POINT ps, EB_POINT　p2, EB_POINT　pe)。

功能：以三点圆弧方式修改一个圆弧的数据。

参数：node，圆弧结点；ps，圆弧起始点；p2，第二点；pe，圆弧终止点。

返回值：RT_NORMAL，设置、修改成功；RT_FAILED，由于 node 不是直线结点或结点为空而导致失败。

说明：若结点的类型不是圆弧（ARC），则返回错误信息。

函数定义：int ebSetPcPsPeArcData (EB_NODE　node, EB_POINT pc, EB_POINT　ps, EB_POINT　pe)。

功能：以圆心、起始点、终止点方式修改一个圆弧的数据。

参数：node，圆弧结点；pc，圆弧圆心；ps，圆弧起始点；pe，圆弧终止点。

返回值：RT_NORMAL，设置、修改成功；RT_FAILED，由于 node 不是直线结点或结点为空而导致失败。

说明：若结点的类型不是圆弧（ARC），则返回错误信息。

函数定义：int ebSetPsPeRArcData (EB_POINT　ps, EB_POINT　pe,double r)。

功能：以起始点、终止点、半径方式修改一个圆弧的数据。

参数：node，圆弧结点；ps，圆弧起始点；pe，圆弧终止点；r，圆弧半径。

返回值：RT_NORMAL，设置、修改成功；RT_FAILED，由于 node 不是直线结点或结点为空而导致失败。

说明：若结点的类型不是圆弧（ARC），则返回错误信息。

函数定义：int ebSetPsPeAArcData (EB_POINT ps, EB_POINT pe, double angle)。

功能：以起始点、终止点、圆弧角度方式修改一个圆弧的数据。

参数：node，圆弧结点；ps，圆弧起始点；pe，圆弧终止点；angle，圆弧角度。

返回值：RT_NORMAL，设置、修改成功；RT_FAILED，由于 node 不是直线结点或结点为空而导致失败。

说明：若结点的类型不是圆弧（ARC），则返回错误信息。

函数定义：int ebSetEllipseData(EB_NODE　node, EB_POINT*　p_cen, double　length, double　width, double ang, double　ang_s=0.0, double　ang_e=2PI)。

功能：设置、修改椭圆的数据。

参数：node，椭圆结点；*p_cen，椭圆中心；length，长半轴长度；width，短半轴长度；ang，椭圆旋转角；ang_s，椭圆弧起始角，若为椭圆，则为 0；ang_e，椭圆弧终止角，若为椭圆，则为 2PI。

返回值：RT_NORMAL 设置、修改成功；RT_FAILED，由于 node 不是圆弧结点或结点为空而导致失败。

说明：若结点的类型不是椭圆（ELLIPSE），则返回错误信息。

函数定义：int ebSetBlockData(EB_NODE　node, EB_POINT　p_cen, double　ang，char* name)。

功能：设置、修改块的数据。

参数：node，块结点；p_cen，块定位点；ang，旋转角；*name，块名。

返回值：RT_NORMAL，设置、修改成功；RT_FAILED，由于 node 不是块结点或结点为空而导致失败。

说明：若结点的类型不是块（BLOCK），则返回错误信息。

11.4.5　扩充数据管理

函数定义：int ebSetExtendData(EB_NODE node, unsigned char type, void* value)。

功能：设置结点的扩充数据。

参数：node，实体结点；type，扩充数据类型；value，扩充数据值。

返回值：RT_NORMAL，设置成功；RT_FAILED，设置失败。

说明：扩充数据类型 type 的取值为：

0~9	字符串	char *
10~39	点	EB_POINT
40~59	实数	double
60~79	整数	int
80~99	无符号整数	unsigned char
100~159	Cstring	对象
160~179	短整数	short

函数定义：int ebGetExtendData(EB_NODE node, unsigned char type, void* value)。

功能：得到结点的扩充数据。

参数：node，实体结点；type，扩充数据类型；value，扩充数据值。

返回值：RT_NORMAL，取值成功；RT_FAILED，取值失败。

说明：同函数 ebSetExtendData()。

11.5 几何运算

函数定义：double ebCalTwoPtDis(EB_POINT p1, EB_POINT p2)。

功能：求两点距离。

参数：p1，第一点；p2，第二点。

返回值：两点距离。

函数定义：double ebCalXAxisAngle(EB_POINT p1, EB_POINT p2)。

功能：求两点连线与 x 轴的夹角。

参数：p1，第一点；p2，第二点。

返回值：两点连线与 x 轴的夹角。

函数定义：int ebCalPolarPoint(EB_POINT p, double angle, double dist, EB_POINT* result)。

功能：计算极坐标中的一个点。

参数：p，极坐标原点；dist，与原点的距离；angle，角度；result，所求点坐标。

返回值：RT_NORMAL。

函数定义：int ebCalPtToCurveDis(EB_POINT p, EB_NODE curve, EB_POINT* p_res, double* distance)。

功能：计算点到一条曲线的距离。

参数：p，点；curve，曲线；p_res，曲线 curve 上到点 p 距离最短的点；distance，距离。

返回值：RT_NORMAL，在曲线上得到与点 p 距离最近的点；RT_FAILED，在曲线上未得到与点 p 距离最近的点。

说明：计算点到一条曲线的距离时只是求点到曲线的投影，如果在曲线上得不到投影点（即投影点在曲线的延长线上），则 p_res 为曲线上与点 p 较近的端点，distance 为该端点到点 p 的距离，并返回 RT_FAILED。

函数定义：int ebTransPtToWc(EB_POINT origin, double angle, EB_POINT pLc, EB_POINT* pWc)。

功能：将一个点从局部坐标系转换到世界坐标系。

参数：origin，局部坐标系原点在世界坐标系中的位置；angle，局部坐标系的旋转角度；Plc，要转换点在局部坐标系中的位置；*pWc，返回转换后的点（即该点在世界坐标系中的位置）。

返回值：RT_NORMAL。

函数定义：int ebTransPtToLc(EB_POINT origin, double angle, EB_POINT Pwc, EB_POINT* pLc)。

功能：将一个点从世界坐标系转换到局部坐标系。

参数：origin，局部坐标系原点在世界坐标系中的位置；angle，局部坐标系的旋转角度；pWc，要转换点在世界坐标系中的位置；*pLc，返回转换后的点（即该点在局部坐标系中的位置）。

返回值：RT_NORMAL。

函数定义：EB_POINT* ebInterSection(EB_NODE　node1，EB_NODE　node2，int* count)。

功能：求两结点的交点。

参数：node1，第一结点；node2，第二结点；*count，交点个数。

返回值：交点数组。

函数定义：void ebGetLoopArea (EB_SELECT& slLoop, double& dArea)。

功能：计算封闭环的面积。

参数：slLoop，欲求面积的封闭环；dArea，面积计算结果。

返回值：无。

11.6　图形编辑

图形编辑即对已有的图形元素进行平移、镜像和旋转等操作。应当注意图形编辑函数执行后原来的实体还存在，即对应于 CAXA 中交互绘图的复制加编辑命令。如果原来的实体不需要，则应当用 ebDelNodeFromSys() 将原来实体删除。

函数定义：int ebTrimNode(EB_NODE　curve, EB_SELECT&　select, EB_POINT　loc, EB_NODE&　res1, EB_NODE&　res2)。

功能：用一组剪刀线对一条曲线进行裁剪。

参数：curve，需要剪裁的曲线，函数执行完后存放剪裁结果；select，构成剪刀线的选择集；loc，裁剪位置参考点；res1，存储剪裁结果，如果曲线被剪裁后剩余两端，则存储第一段；res2，如果曲线被剪裁后剩余两端，则存储第二段，如果剩余一段，则 res2=NULL。

返回值：RT_NORMAL，剪裁成功；RT_FAILED，剪裁失败。

说明：有第一段、第二段之分，参看 ebBreakNode() 的例子。

函数定义：int ebBreakNode(EB_NODE　curve, EB_POINT　loc, EB_NODE&　res1, EB_NODE&　res2)。

功能：对一条曲线进行打断。

参数：curve，需要打断的曲线，函数执行完后存放剪裁结果；loc，打断位置参考点；res1，存储打断后的第一段曲线；res2，存储打断后的第二段曲线。

返回值：RT_NORMAL，打断成功；RT_FAILED，打断失败。

说明：这里只能对一条曲线进行打断，而不能对一个曲线组（如块）进行打断。第一段、第二段之分与曲线的起点有关，顺着起点到终点的方向。

例：将一根线段打断，保留其中一段。将代码中的注释语句代替前面的语句，则结果从图 11-4（a）变成图 11-4（b）。

```
point[3].x=50;
point[3].y=0;
point[0].x=0;
point[0].y=0;
point[1].x=0+200;
point[1].y=0;
line1=ebBuildLine(point[0],point[1]); // line1=ebBuildLine(point[1],point[0]);
ebBreakNode(line1,point[3],res1,res2);
ebInsNodeToSys(res1);
```

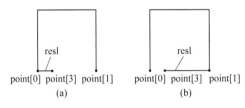

图 11-4　曲线打断后的两段

函数定义：int ebMoveNode(EB_NODE　node, EB_NODE& result, EB_POINT　pBas, EB_POINT　pAim)。

功能：对一个结点进行平移变换。

参数：node，要进行平移变换的结点；result，变换结果；pBas，平移变换的基点；pAim，平移变换的目标点。

返回值：RT_NORMAL，平移成功；RT_FAILED，平移失败。

说明：平移后原来的结点还在。

函数定义：int ebMoveSelect(EB_SELECT&　select, EB_SELECT& result, EB_POINT pBas, EB_POINT　pAim)。

功能：对一个选择集进行平移变换。

参数：select，要进行平移变换的选择集；result，变换结果；pBas，平移变换的基点；pAim平移变换的目标点。

返回值：RT_NORMAL，平移成功；RT_FAILED，平移失败。

说明：平移原来的选择集还在。

函数定义：int ebRotateNode(EB_NODE　node, EB_NODE& result, EB_POINT　pBas, double　angle)。

功能：对一个结点进行旋转变换。

参数：node，要进行旋转变换的结点；result，变换结果；pBas，旋转变换的基点；angle，旋转变换的角度。

返回值：RT_NORMAL，旋转成功；RT_FAILED，旋转失败。

说明：旋转后原来的选择集还在。

函数定义：int ebRotateSelect(EB_SELECT&　select, EB_SELECT&　result, EB_POINT　pBas, double　angle)。

功能：对一个选择集进行旋转变换。

参数：node，要进行旋转变换的选择集；result，变换结果；pBas，旋转变换的基点；angle，旋转变换的角度。

返回值：RT_NORMAL，旋转成功；RT_FAILED，旋转失败。

说明：旋转后原来的选择集还在。

函数定义：int ebMirrorNode(EB_NODE　node, EB_NODE& result, EB_POINT　p1, EB_POINT　p2)。

功能：对一个结点进行镜像变换。

参数：node，要进行镜像变换的结点；result，变换结果；p1，镜像变换对称轴的第一端点；p2，镜像变换对称轴的第二端点。

返回值：RT_NORMAL，镜像成功；RT_FAILED，镜像失败。

函数定义：int ebMirrorSelect(EB_SELECT&　select, EB_SELECT&　result, EB_POINT　p1, EB_POINT　p2)。

功能：对一个选择集进行镜像变换。

参数：select，要进行镜像变换的选择集；result，变换结果；p1，镜像变换对称轴的第一端点；p2，镜像变换对称轴的第二端点。

返回值：RT_NORMAL，镜像成功；RT_FAILED，镜像失败。

函数定义：int ebScaleNode(EB_NODE　node, EB_NODE&　result, EB_POINT　pBas, double scale)。

功能：对一个结点进行比例变换。

参数：node，要进行比例变换的结点；result，变换结果；pBas，比例变换的基点；scale，比例变换的系数。

返回值：RT_NORMAL，比例变换成功；RT_FAILED，比例变换失败。

函数定义：int ebScaleSelect(EB_SELECT& select, EB_SELECT &result, EB_POINT　pBas, double *scale=NULL)。

功能：对一个选择集进行比例变换。

参数：select，要进行比例变换的选择集；result，变换结果；pBas，比例变换的基点；scale，比例变换系数。

返回值：RT_NORMAL，比例变换成功；RT_FAILED，比例变换失败。

函数定义：int ebOffsetChain(EB_SELECT& select, double dist, EB_POINT start_p, EB_POINT

*pStart,EB_POINT *pEnd,EB_SELECT& chain)。

功能：作一条首尾相连的链的等距线，并返回等距线的起点、终点坐标。

参数：select，要进行等距的链；dist，等距线与原来链的距离；start_p，原来链的起点坐标； pStart，等距线的起点坐标；pEnd，等距线的终点坐标；chain，等距后的链。

返回值：RT_NORMAL，等距成功；RT_FAILED，等距失败。

说明：距离参数可正可负，如果为正，则等距线在原来链的左侧；如果为负，则等距线在原来链的右侧。这里的"左"和"右"是根据链的方向（即从链的起点到终点的方向）来划分的。另外，只有直线、圆、圆弧等简单实体构成的链才能作等距线。

例：

```
EB_POINT  p[4],pStart,pEnd;
p[0].x=p[0].y=p[3].x=p[3].y=1.0;
p[1].x=p[1].y=12.0;
p[2].x=-20.0;  p[2].y=-30.0;
for(int i=0;i<4;i++)
p[i].z=0.0;
EB_SELECT sel1,sel2;
EB_NODE line1,line2,node;
line1=ebBuildLine(p[0],p[1]);
line2=ebBuildLine(p[1],p[2]);
ebInsNodeToSys(line1);
ebInsNodeToSys(line2);
node=ebGetNode(p[0]);     //  取链中的一个结点
if(node!=NULL)            //  根据结点获得链并获得链的起点坐标
ebGetNodeChain(sel1,node,p[3]);
ebOffsetChain(sel1,11.0,p[3],&pStart,&pEnd,sel2); //  做等距线
ebInsSelectToSys(sel2);
ebFreeSelect(sel1);
```

第12章
压力容器支座参数化绘图软件的开发

国产软件 CAXA 系统提供了基于 VC++的二次开发平台。本章利用此平台开发了 JB/T 4712—2007《容器支座》中四种支座及裙式支座的参数化绘图软件 vesselsupport.eba。将此软件加载到 CAXA 系统中，能在 CAXA 的主菜单后生成"容器支座"主菜单，此菜单下有对应于四种支座及裙式支座的子菜单，分别单击，则得到各支座的几个视图。

要安装 Microsoft Visual C++ 6.0 和 CAXA 系统。程序的编译、连接及调试均在 VC++6.0 中进行。CAXA 的二次开发平台 EBADS（Electronic Board Application Develop System）提供了对应于 CAXA 交互式绘图命令的 API 函数。这些函数包括：交互实现、系统操作、实体部分、数据管理、几何运算和图形编辑等，可以实现所有的图形操作。

12.1 构建程序框架

在 VC++6.0 下利用"CAXA 电子图板应用程序开发向导"创建一个新的工程，命名为"vesselsupport"。此工程生成的文件有"Source Files""Header Files"和"Resource Files"。主要文件是 funcdef.h, vesselsupport.cpp 和 stddll.cpp。

在资源编辑中添加菜单资源及子菜单资源。方法是单击主菜单"插入\资源"，在弹出的对话框中选择"menu"。将菜单 ID 改为 IDR_VESUPPORT。完成后的界面如图 12-1 所示。

图 12-1　添加菜单资源

在 vesselsupport.cpp 文件中添加实现菜单单击并得到响应的代码。代码为：

```
FUNTABLE  ft[] = {
//  TODO:     添加消息响应函数与对应 ID 值的对应组并删除下面的 NULL
    {ID_ANZUO,anzuo},
    {ID_ERZUO,erzuo},
    {ID_TUIZUO,tuizuo},
    {ID_ZHICHENG,zhicheng},
    {ID_QUNZUO,qunzuo}
};
```

其中，"ID_ANZUO"等是各种支座子菜单的标识符，"anzuo"等是消息响应函数的名称。消息响应函数名称应与 fundef.h 文件中申明的函数名称一致。本例的此文件全部内容如下：

```
//  包含用户消息响应函数声明的头文件
#ifndef _FUNCDEF
#define _FUNCDEF
//  TODO:     声明用户自定义的消息响应函数
extern int anzuo(int& step,int& flag);
extern int erzuo(int &step,int &flag);
extern int tuizuo(int& step,int& flag);
extern int zhicheng(int& step,int& flag);
extern int qunzuo(int& step,int& flag);
#endif
```

在 vesselsupport.cpp 文件的 start()函数和 finsh()函数中添加定制用户界面的代码，例如加载和卸载用户自定义的菜单等。

```
void STARTUP()
{
    ……
//  TODO:     定制用户界面,例如加载用户自定义的菜单等
#ifdef _DEBUG
    ebInitDebugRes("vesselsupport.eba");
#endif
    ebAppendMenu(IDR_VESUPPORT);
#ifdef _DEBUG
    ebTermDebugRes();
#endif
    //  TODO:     添加其他初始化信息
```

```
}
void FINISH()
{
    ……
    //  TODO:    添加应用程序终止时的处理
    #ifdef _DEBUG
    ebInitDebugRes("vesselsupport.eba");
    #endif
    //            函数中卸载的用户自定义菜单
    ebDeleteMenu(IDR_VESUPPORT);
    #ifdef _DEBUG
    ebTermDebugRes();
    #endif
……
    }
```

12.2　数据处理及程序框图

到目前为止，上述消息响应函数是空的，单击其菜单，无反应。为此应该编写代码，完成对应支座视图的绘制。EBADS 提供的 API 函数相当于交互式的绘图命令，实体的特征点坐标用变量表示，作为函数的参数。程序中图形绘制的代码的编制与实际绘图的过程相同。那么剩下的问题就是数据处理了。本章以耳式支座为例加以说明。

《容器支座》中给出了 A 型、B 型和 C 型三种结构的耳式支座，根据其适应的筒体直径的不同，每种支座又有八种结构尺寸，每一种结构有 16 个尺寸，形成一个二维表格。二维表格习惯上用二维数组表示。先将表格编写为一个数据文件，然后将数据读入二维数组。三种支座的数据表格用三个数据文件。不过，因为二维数组的数据的二维下标没有意义，编程时容易出错，本文再将数据从数组读入一个结构体中，以结构体成员变量作为参数参与图形实体特征点坐标的计算。结构体定义为：

```
struct erzuo_type
{ int NO; // 支座号
int HEIGHT; //支座高度
int L1,B1,D1,S1,C; //支座底板尺寸及螺栓孔间距
int L2,B2,D2; //支座筋板尺寸
int L3,B3,D3,E; //支座垫板尺寸
int B4,D4; //支座盖板尺寸
int D; //地脚螺栓孔直径
int B5; //筋板的一个尺寸，A、B 型支座为 30，C 型支座等于 B4
}erzuolei;
```

　　三种支座结构基本相同，只是局部结构有所变化，因此三种支座共用一种绘图的代码，得到基本的结构视图后，再作修改。程序框图如图 12-2 所示。

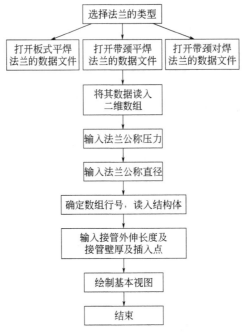

图 12-2　耳式支座的程序框图

12.3　程序调试及运行

　　根据上述框图编制的程序代码即是消息响应函数 erzuo(int &step,int &flag)的主要内容。将此代码保存为一个单独的.cpp 文件，加载到工程 vesselsupport 中。具体方法是单击主菜单"工程/添加/file"。编译、连接，无错误后，生成 vesselsupport.eba 文件。将此文件拷贝到 CAXA\Ebads\目录下，运行 CAXA 系统，单击主菜单文件下的"应用程序管理器"，加载此文件，则得到如图 12-3 所示界面。

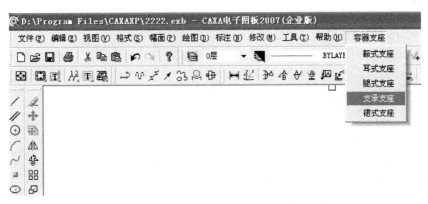

图 12-3　加载应用程序后 CAXA 系统的界面

可见在 CAXA 系统的主菜单后面生成了"容器支座"主菜单。此时"耳式支座"就相当于一个绘圆、绘直线的命令了。试绘制支座，如果三种支座都能正确绘制，则证明程序正确；否则修改绘图部分代码，再编译连接生成.eba 文件，再运行，直到结果正确。图 12-4 是容器直径为 3000mm、厚度为 20mm、三种类型的 6 号耳式支座的绘制结果。

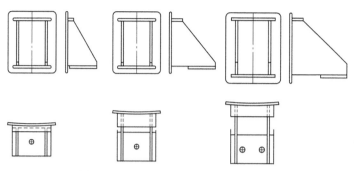

图 12-4　三种 6 号耳式支座的绘制结果

12.4　耳座程序代码

为了使读者更好地掌握 CAXA 电子图板 API 的用法，本节给出了耳式支座的开发代码。代码中涉及一些中间变量，可以结合图 12-5～图 12-7 了解编程。

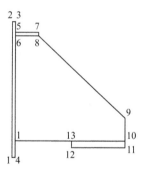

图 12-5　点的标号

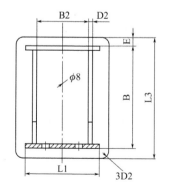

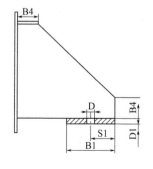

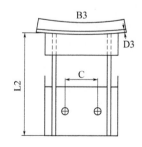

图 12-6　耳式支座尺寸代号

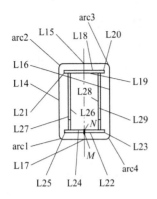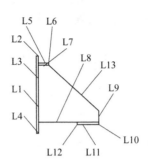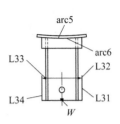

图 12-7 图形元素代码

```
#include "StdAfx.h"
#include "eb_api.h"        //  CAXA EB API 函数
#include "funcdef.h"       //  包含用户消息响应函数声明的头文件
#include "resource.h"
#include "math.h"
#include "stdio.h"
#include "string.h"
#include "ctype.h"
FILE *fp;
struct erzuo_type
{
    int NO;
    int HEIGHT;
    int L1,B1,D1,S1,C;
    int L2,B2,D2;
    int L3,B3,D3,E;
    int B4,D4;
    int D;
    int B5;
}erzuolei;
  int value;
  int choice=5;
AorBorC();  // 函数原型声明
readindata(); //函数原型声明

int erzuo(int& step,int& flag) // 消息循环函数
{
```

```
ebClearMenu();
ebGetMenuChoiceBrk("耳座A@耳座B@耳座C",&choice);//创建单选的立即菜单
switch(choice)
{
    case 0:
    if((fp=fopen("d:\\erzuoshujuA.txt","r"))==NULL) //数据文件放在D盘根目录
    ebPrompt("can not open file \n");
    else
    {
    readindata();
    AorBorC();
    }
    choice=5;
    break;
    case 1:
    if((fp=fopen("d:\\erzuoshujuB.txt","r"))==NULL) //数据文件放在D盘根目录
    ebPrompt("can not open file \n");
    else
    {
    readindata();
    AorBorC();
    }
    choice=5;
    break;
    case 2:
    if((fp=fopen("d:\\erzuoshujuC.txt","r"))==NULL) //数据文件放在D盘根目录
    ebPrompt("can not open file \n");
    else
    {
    readindata();
    AorBorC();
    }
    choice=5;
    break;
    }
return RT_NORMAL;
}
readindata()
{
int er[8][18];
```

```
int i=0;
int j=0;
int num;
for(i=0;i<8;i++)
{ for(j=0;j<18;j++)
 {fscanf(fp,"%3d",&num);
//if(!isspace(num))
er[i][j]=num;}
}
ebClearMenu();
ebPrompt("300/600:1;500/1000:2;700/1400:3;1000/2000:4;1300/2600:5;1500/3000:6;
1700/3400:7;2000/4000:8"); //提示公称直径与支座号的关系
ebGetInt(&value,1,8); //输入支座号
i=value-1;
erzuolei.NO=er[i][0];
erzuolei.HEIGHT=er[i][1];
erzuolei.L1=er[i][2];
erzuolei.B1=er[i][3];
erzuolei.D1=er[i][4];
erzuolei.S1=er[i][5];
erzuolei.C=er[i][6];
erzuolei.L2=er[i][7];
erzuolei.B2=er[i][8];
erzuolei.D2=er[i][9];
erzuolei.L3=er[i][10];
erzuolei.B3=er[i][11];
erzuolei.D3=er[i][12];
erzuolei.E=er[i][13];
erzuolei.B4=er[i][14];
erzuolei.D4=er[i][15];
erzuolei.D=er[i][16];
erzuolei.B5=er[i][17];
return RT_NORMAL;
}
AorBorC() // 三类支座公用一组代码
{
    int d,t,p1,p2,p3,p4,p5;
    double t1,t2;//支座视图插入点的坐标
    double ll2,r,r1,r2,mm,nn; //用于计算点19的横坐标
    double bb2;//用于计算点16,17的横坐标
```

```
double jiao1,jiao2;//用于垫板的俯视图的绘制
EB_POINT point[25],start_p,end_p,cen_p,*jiao1_p,*jiao2_p,*jiao3_p,*jiao4_p,*jiao5_p;
EB_NODE line[53],arc[8],circleo,circlep,circlel,circle2,res[8];
EB_SELECT select[3];
ebClearMenu();
ebPrompt("请输入筒体的直径: ");
ebGetInt(&d,300,4000);//d 是筒体的直径
ebClearMenu();
ebPrompt("请输入筒体的名义厚度: ");
ebGetInt(&t,5,34);
ebClearMenu();
ebCursorOff();
ebPrompt("请输入支座插入点的坐标: ");
ebGetReal(&t1,0,10000);
ebGetReal(&t2,0,10000);
ll2=0.5*sqrt((d+2*t+2*erzuolei.D3)*(d+2*t+2*erzuolei.D3)-erzuolei.B2*erzuo
lei.B2)+erzuolei.L2-0.5*d-t;
bb2=d*sin(erzuolei.B2/d );
r=3*erzuolei.D3;
r1=0.5*d+t;
r2=0.5*d+t+erzuolei.D3;
jiao1=1.5*3.14-erzuolei.B3/(2*r1);
jiao2=1.5*3.14+erzuolei.B3/(2*r1);
point[1].x=t1;
point[1].y=t2;
point[2].x=point[1].x;
point[2].y=t2+erzuolei.L3;
point[3].x=point[2].x+erzuolei.D3;
point[3].y=t2+erzuolei.L3;
point[4].x=point[3].x;
point[4].y=t2;
point[5].x=point[3].x;
point[5].y=point[3].y-erzuolei.E;
point[6].x=point[5].x;
point[6].y=point[5].y-erzuolei.D4;
point[7].x=point[5].x+erzuolei.B4;
point[7].y=point[5].y;
point[8].x=point[7].x;
point[8].y=point[6].y;
point[14].x=point[6].x;
```

```
point[14].y=point[5].y-erzuolei.HEIGHT+erzuolei.D1;

point[10].x=point[1].x+ll2;

point[10].y=point[14].y;

point[9].x=point[10].x;

point[9].y=point[10].y+erzuolei.B5;

point[11].x=point[10].x;

point[11].y=point[10].y-erzuolei.D1;

point[12].x=point[11].x-erzuolei.B1;

point[12].y=point[11].y;

point[13].x=point[12].x;

point[13].y=point[12].y+erzuolei.D1;

ebSetCurrentLayer(0);//将0层设置为当前层，线型、颜色为该层默认的线型、颜色

line[1]=ebBuildLine(point[1],point[2]);

ebInsNodeToSys(line[1]);

line[2]=ebBuildLine(point[2],point[3]);

ebInsNodeToSys(line[2]);

line[3]=ebBuildLine(point[3],point[4]);

ebInsNodeToSys(line[3]);

line[4]=ebBuildLine(point[4],point[1]);

ebInsNodeToSys(line[4]);

line[5]=ebBuildLine(point[5],point[7]);

ebInsNodeToSys(line[5]);

line[6]=ebBuildLine(point[7],point[8]);

ebInsNodeToSys(line[6]);

line[7]=ebBuildLine(point[8],point[6]);

ebInsNodeToSys(line[7]);

line[8]=ebBuildLine(point[14],point[10]);

ebInsNodeToSys(line[8]);

line[9]=ebBuildLine(point[10],point[9]);

ebInsNodeToSys(line[9]);

line[10]=ebBuildLine(point[10],point[11]);

ebInsNodeToSys(line[10]);

line[11]=ebBuildLine(point[11],point[12]);

ebInsNodeToSys(line[11]);

line[12]=ebBuildLine(point[12],point[13]);

ebInsNodeToSys(line[12]);

line[13]=ebBuildLine(point[8],point[9]);

ebInsNodeToSys(line[13]);


point[14].x=point[1].x-1000-0.5*erzuolei.B3;  //主视图绘制 line 14 绘制
```

```
point[14].y=point[1].y;
point[15].x=point[2].x-1000-0.5*erzuolei.B3;
point[15].y=point[2].y;
start_p.x=point[14].x;
start_p.y=point[14].y+r;
end_p.x=point[15].x;
end_p.y=point[15].y-r;
line[14]=ebBuildLine(start_p,end_p);
ebInsNodeToSys(line[14]);
point[16].x=point[15].x+erzuolei.B3;  //line15 绘制
point[16].y=point[15].y;
point[17].x=point[14].x+erzuolei.B3;
point[17].y=point[14].y;
start_p.x=point[17].x;
start_p.y=point[17].y+r;
end_p.x=point[16].x;
end_p.y=point[16].y-r;
line[15]=ebBuildLine(start_p,end_p);
ebInsNodeToSys(line[15]);


ebSetCurrentLayer(1);//将 1 层设置为当前层，线型、颜色为该层默认的线型、颜色；画中心线
start_p.x=(point[15].x+point[16].x)/2;
start_p.y=point[16].y+5;
end_p.x=start_p.x;
end_p.y=point[17].y-5;
line[52]=ebBuildLine(start_p,end_p);
ebInsNodeToSys(line[52]);//主视图中心线


ebSetCurrentLayer(0);//将实线层设置为当前层
start_p.x=point[15].x+r;   //line 16 绘制
start_p.y=point[15].y;
end_p.x=point[16].x-r;
end_p.y=point[16].y;
line[16]=ebBuildLine(start_p,end_p);
ebInsNodeToSys(line[16]);

start_p.x=point[14].x+r;  // line 17 绘制
start_p.y=point[14].y;
end_p.x=point[17].x-r;
```

```
end_p.y=point[17].y;
line[17]=ebBuildLine(start_p,end_p);
ebInsNodeToSys(line[17]);

start_p.x=point[14].x;  // arc1 绘制
start_p.y=point[14].y+r;
end_p.x=point[14].x+r;
end_p.y=point[14].y;
arc[1]=ebBuildPsPeRArc(start_p,end_p,r,FALSE);
ebInsNodeToSys(arc[1]);

start_p.x=point[15].x+r;  // arc2 绘制
start_p.y=point[15].y;
end_p.x=point[15].x;
end_p.y=point[15].y-r;
arc[2]=ebBuildPsPeRArc(start_p,end_p,r,TRUE);
ebInsNodeToSys(arc[2]);

start_p.x=point[16].x;  // arc3 绘制
start_p.y=point[16].y-r;
end_p.x=point[16].x-r;
end_p.y=point[16].y;
arc[3]=ebBuildPsPeRArc(start_p,end_p,r,FALSE);
ebInsNodeToSys(arc[3]);

start_p.x=point[17].x-r;  // arc4 绘制
start_p.y=point[17].y;
end_p.x=point[17].x;
end_p.y=point[17].y+r;
arc[4]=ebBuildPsPeRArc(start_p,end_p,r,FALSE);
ebInsNodeToSys(arc[4]);

start_p.x=0.5*(point[15].x+point[16].x);  // 盖板主视图绘制
start_p.y=point[15].y;
end_p.x=start_p.x;
end_p.y=start_p.y-erzuolei.E;
start_p.x=end_p.x-0.5*erzuolei.L1;
start_p.y=end_p.y;
end_p.x=start_p.x+erzuolei.L1;
end_p.y=start_p.y;
```

```
line[18]=ebBuildLine(start_p,end_p);  //line18
ebInsNodeToSys(line[18]);

start_p.x=start_p.x;
start_p.y=start_p.y-erzuolei.D4;
end_p.x=end_p.x;
end_p.y=end_p.y-erzuolei.D4;
line[19]=ebBuildLine(start_p,end_p);//line19
ebInsNodeToSys(line[19]);

end_p.x=start_p.x;
end_p.y=start_p.y+erzuolei.D4;
line[21]=ebBuildLine(start_p,end_p);//line21
ebInsNodeToSys(line[21]);

start_p.x=start_p.x+erzuolei.L1;
start_p.y=start_p.y;
end_p.x=end_p.x+erzuolei.L1;
end_p.y=end_p.y;
line[20]=ebBuildLine(start_p,end_p);//line20
ebInsNodeToSys(line[20]);

start_p.x=0.5*(point[15].x+point[16].x);  // 盖板主视图绘制
start_p.y=point[15].y;
end_p.x=start_p.x;
end_p.y=start_p.y-erzuolei.E-erzuolei.HEIGHT;//点M的坐标
start_p.x=end_p.x-0.5*erzuolei.L1;
start_p.y=end_p.y;
end_p.x=start_p.x+erzuolei.L1;
end_p.y=start_p.y;
line[22]=ebBuildLine(start_p,end_p);//line22
ebInsNodeToSys(line[22]);

start_p.x=end_p.x;
start_p.y=end_p.y+erzuolei.D1;
line[23]=ebBuildLine(start_p,end_p);//line23
ebInsNodeToSys(line[23]);
end_p.x=start_p.x-erzuolei.L1;
end_p.y=start_p.y;
line[24]=ebBuildLine(start_p,end_p);//line24
```

```
ebInsNodeToSys(line[24]);
start_p.x=end_p.x;
start_p.y=end_p.y-erzuolei.D1;
line[25]=ebBuildLine(start_p,end_p);//line25
ebInsNodeToSys(line[25]);


start_p.x=0.5*(point[15].x+point[16].x);
start_p.y=point[15].y;
end_p.x=start_p.x;
end_p.y=start_p.y-erzuolei.E-erzuolei.HEIGHT+erzuolei.D1;//点N的坐标
start_p.x=end_p.x-0.5*erzuolei.B2;
start_p.y=end_p.y;
end_p.x=start_p.x;
end_p.y=start_p.y+erzuolei.HEIGHT-erzuolei.D4-erzuolei.D1;
line[26]=ebBuildLine(start_p,end_p);//line26
ebInsNodeToSys(line[26]);

start_p.x=start_p.x-erzuolei.D2;
start_p.y=start_p.y;
end_p.x=start_p.x;
end_p.y=start_p.y+erzuolei.HEIGHT-erzuolei.D4-erzuolei.D1;
line[27]=ebBuildLine(start_p,end_p);//line27
ebInsNodeToSys(line[27]);

start_p.x=0.5*(point[15].x+point[16].x);
start_p.y=point[15].y;
end_p.x=start_p.x;
end_p.y=start_p.y-erzuolei.E-erzuolei.HEIGHT+erzuolei.D1;//点N的坐标
start_p.x=end_p.x+0.5*erzuolei.B2;
start_p.y=end_p.y;
end_p.x=start_p.x;
end_p.y=start_p.y+erzuolei.HEIGHT-erzuolei.D4-erzuolei.D1;
line[28]=ebBuildLine(start_p,end_p);//line28
ebInsNodeToSys(line[28]);

start_p.x=start_p.x+erzuolei.D2;
start_p.y=end_p.y;
end_p.x=start_p.x;
end_p.y=start_p.y-erzuolei.HEIGHT+erzuolei.D4+erzuolei.D1;
```

```
line[29]=ebBuildLine(start_p,end_p);//line29
ebInsNodeToSys(line[29]);


start_p.x=0.5*(point[15].x+point[16].x);
start_p.y=point[15].y;
end_p.x=start_p.x;
end_p.y=start_p.y-erzuolei.E-0.3*erzuolei.HEIGHT+erzuolei.D1;//垫板通气孔圆心
circle2=ebBuildPcRCircle(end_p,4);
ebInsNodeToSys(circle2);


ebSetCurrentLayer(1);
start_p.x=end_p.x-9;
start_p.y=end_p.y;
end_p.x=start_p.x+18;
line[29]=ebBuildLine(start_p,end_p);//通气孔的水平中心线
ebInsNodeToSys(line[29]);


start_p.x=end_p.x-9;
start_p.y=end_p.y+9;
end_p.x=start_p.x;
end_p.y=end_p.y-9;
line[29]=ebBuildLine(start_p,end_p);//通气孔的垂直中心线
ebInsNodeToSys(line[29]);


ebSetCurrentLayer(0);
start_p.x=0.5*(point[15].x+point[16].x);  //俯视图绘制
start_p.y=point[15].y;
start_p.x=start_p.x;
start_p.y=start_p.y-2000;
circleo=ebBuildPcRCircle(start_p,0.5*erzuolei.D);//螺栓孔的绘制
ebInsNodeToSys(circleo);


ebSetCurrentLayer(1);//绘制螺栓孔的中心线
start_p.x=start_p.x-0.5*erzuolei.D-5;
start_p.y=start_p.y;
end_p.x=start_p.x+erzuolei.D+10;
end_p.y=start_p.y;
line[50]=ebBuildLine(start_p,end_p);
ebInsNodeToSys(line[50]);
start_p.x=(start_p.x+end_p.x)/2;
```

```
ebRotateNode(line[50],line[51], start_p,0.5*PI); //旋转水平中心线得到垂直中心线
ebInsNodeToSys(line[51]);

ebSetCurrentLayer(0);
start_p.x=0.5*(point[15].x+point[16].x);
start_p.y=point[15].y;
start_p.x=start_p.x;
start_p.y=start_p.y-2000;
start_p.x=start_p.x;
start_p.y=start_p.y-erzuolei.S1;//点W的坐标
start_p.x=start_p.x-0.5*erzuolei.L1;
start_p.y=start_p.y;
end_p.x=start_p.x+erzuolei.L1;
end_p.y=start_p.y;
line[30]=ebBuildLine(start_p,end_p);//line30
ebInsNodeToSys(line[30]);
start_p.x=end_p.x;
start_p.y=end_p.y+erzuolei.B1;
line[31]=ebBuildLine(start_p,end_p);//line31
ebInsNodeToSys(line[31]);
end_p.x=start_p.x-0.5*(erzuolei.L1-erzuolei.B2-2*erzuolei.D2);
end_p.y=start_p.y;
line[32]=ebBuildLine(start_p,end_p);//line32
ebInsNodeToSys(line[32]);

start_p.x=start_p.x-erzuolei.L1;
start_p.y=start_p.y;
end_p.x=end_p.x-erzuolei.B2-2*erzuolei.D2;
end_p.y= end_p.y;
line[33]=ebBuildLine(start_p,end_p);//line33
ebInsNodeToSys(line[33]);
end_p.x=start_p.x;//gaile
end_p.y= start_p.y-erzuolei.B1;
line[34]=ebBuildLine(start_p,end_p);//line34
ebInsNodeToSys(line[34]);

ebGetCircleData(circleo, &cen_p, &r);
start_p.x=cen_p.x-0.5*erzuolei.B2;
start_p.y=cen_p.y-erzuolei.S1;
end_p.x=start_p.x;
```

```
end_p.y=start_p.y+erzuolei.L2;
line[35]=ebBuildLine(start_p,end_p);//line35
ebInsNodeToSys(line[35]);
end_p.x=start_p.x-erzuolei.D2;
end_p.y=start_p.y;//gaile
ebMoveNode(line[35],line[36],start_p,end_p);//line36
ebInsNodeToSys(line[36]);

start_p.x=cen_p.x+0.5*erzuolei.B2;
start_p.y=cen_p.y-erzuolei.S1;
end_p.x=start_p.x;
end_p.y=start_p.y+erzuolei.L2;
line[37]=ebBuildLine(start_p,end_p);//line37
ebInsNodeToSys(line[37]);

start_p.x=start_p.x+erzuolei.D2;
start_p.y=start_p.y;
end_p.x=start_p.x;
end_p.y=start_p.y+erzuolei.L2;
line[38]=ebBuildLine(start_p,end_p);//line38
ebInsNodeToSys(line[38]);

ebGetCircleData(circleo, &cen_p, &r);
start_p.x=cen_p.x-0.5*erzuolei.B2;
start_p.y=cen_p.y-erzuolei.S1+erzuolei.B1;
end_p.x=start_p.x+erzuolei.B2;
end_p.y=start_p.y;
line[0]=ebBuildLine(start_p,end_p);//line0
ebInsNodeToSys(line[0]);

start_p.x=cen_p.x;
start_p.y=cen_p.y-erzuolei.S1+ll2+0.5*d+t;
arc[5]=ebBuildPcRAsAeArc(start_p,r1,jiao1,jiao2);  //arc[5]
ebInsNodeToSys(arc[5]);
arc[6]=ebBuildPcRAsAeArc(start_p,r2,jiao1,jiao2);//arc[6]
ebInsNodeToSys(arc[6]);
ebGetArcData(arc[5],&start_p,&point[18],&point[19],&r1,&mm);
ebGetArcData(arc[6],&start_p,&point[21],&point[20],&r2,&nn);

line[39]=ebBuildLine(point[18],point[21]);//line39
```

```
ebInsNodeToSys(line[39]);
line[40]=ebBuildLine(point[19],point[20]);//line40
ebInsNodeToSys(line[40]);

start_p.x=cen_p.x;
start_p.y=cen_p.y-erzuolei.S1+(erzuolei.L2-erzuolei.B4);
end_p.x=start_p.x+0.5*erzuolei.L1;
end_p.y=start_p.y;
start_p.x=end_p.x-erzuolei.L1;
start_p.y=end_p.y;
line[41]=ebBuildLine(start_p,end_p);//line41
ebInsNodeToSys(line[41]);

jiao1_p=ebInterSection(line[34],arc[6],&p1);
line[42]=ebBuildLine(*jiao1_p,start_p);//line42
ebInsNodeToSys(line[42]);
start_p.x=end_p.x+erzuolei.L1;
start_p.y=end_p.y;
ebMoveNode(line[42],line[43],end_p,start_p);
ebInsNodeToSys(line[43]);

start_p.x=0.5*(point[14].x+point[17].x)+0.5*erzuolei.B2;//line44
start_p.y=point[13].y+erzuolei.B5;
end_p.x=start_p.x+erzuolei.D2;
end_p.y=start_p.y;
line[44]=ebBuildLine(start_p,end_p);
ebInsNodeToSys(line[44]);

start_p.x=0.5*(point[14].x+point[17].x)-0.5*erzuolei.B2;//line45
start_p.y=point[13].y+erzuolei.B5;
end_p.x=start_p.x-erzuolei.D2;
end_p.y=start_p.y;
line[45]=ebBuildLine(start_p,end_p);
ebInsNodeToSys(line[45]);

if(value>5||choice==2)//修改俯视图，将筋板被盖板遮住的部分改为虚线
{
jiao2_p=ebInterSection(line[41],line[35],&p2);
jiao3_p=ebInterSection(line[41],line[36],&p3);
```

```
jiao4_p=ebInterSection(line[41],line[37],&p4);
jiao5_p=ebInterSection(line[41],line[38],&p5);
ebBreakNode(line[35],*jiao2_p,res[0],res[1]);
ebBreakNode(line[36],*jiao3_p,res[2],res[3]);
ebBreakNode(line[37],*jiao4_p,res[4],res[5]);
ebBreakNode(line[38],*jiao5_p,res[6],res[7]);
ebSetNodeAttrib(res[1],2,2,26);
ebSetNodeAttrib(res[3],2,2,26);
ebSetNodeAttrib(res[5],2,2,26);
ebSetNodeAttrib(res[7],2,2,26);
ebInsNodeToSys(res[1]);
ebInsNodeToSys(res[3]);
ebInsNodeToSys(res[5]);
ebInsNodeToSys(res[7]);
ebInsNodeToSys(res[0]);
ebInsNodeToSys(res[2]);
ebInsNodeToSys(res[4]);
ebInsNodeToSys(res[6]);

ebDelNodeFromSys(line[35]);
ebDelNodeFromSys(line[36]);
ebDelNodeFromSys(line[37]);
ebDelNodeFromSys(line[38]);

}
if(value>5&&choice==0)//A型支座6号以后的盖板挡住了部分底板
{
ebSetNodeAttrib(line[0],2,2,26);
ebSetNodeAttrib(line[32],2,2,26);
ebSetNodeAttrib(line[33],2,2,26);

}

    if(erzuolei.D4==0)   // 区分有无盖板的支座
    {
    ebDelNodeFromSys(line[18]);//修改主视图，从有盖板改为无盖板
    ebDelNodeFromSys(line[19]);
    ebDelNodeFromSys(line[20]);
    ebDelNodeFromSys(line[21]);
    ebDelNodeFromSys(line[41]);
```

```
    ebDelNodeFromSys(line[42]);
    ebDelNodeFromSys(line[43]);

    start_p.x=0.5*(point[15].x+point[16].x)+0.5*erzuolei.B2;
    start_p.y=point[16].y-erzuolei.E;
    end_p.x=start_p.x+erzuolei.D2;
    end_p.y=start_p.y;
    line[46]=ebBuildLine(start_p,end_p);//line46
    ebInsNodeToSys(line[46]);

    start_p.x=0.5*(point[15].x+point[16].x)-0.5*erzuolei.B2;
    start_p.y=point[16].y-erzuolei.E;
    end_p.x=start_p.x-erzuolei.D2;
    end_p.y=start_p.y;
    line[47]=ebBuildLine(start_p,end_p);//line47
    ebInsNodeToSys(line[47]);

    start_p.x=cen_p.x-0.5*erzuolei.B2;
    start_p.y=cen_p.y-erzuolei.S1+erzuolei.L2-erzuolei.B4;
    end_p.x=start_p.x-erzuolei.D2;
    end_p.y=start_p.y;
    line[48]=ebBuildLine(start_p,end_p);//line48
    ebInsNodeToSys(line[48]);

    start_p.x=cen_p.x+0.5*erzuolei.B2;
    start_p.y=cen_p.y-erzuolei.S1+erzuolei.L2-erzuolei.B4;
    end_p.x=start_p.x+erzuolei.D2;
    end_p.y=start_p.y;
    line[49]=ebBuildLine(start_p,end_p);//line49
    ebInsNodeToSys(line[49]);

    }

if(erzuolei.C!=0)//俯视图修改，主要是由一个螺栓孔改为两个螺栓孔
{
    start_p.x=cen_p.x+0.5*erzuolei.C;
    start_p.y=cen_p.y;
    end_p.x=cen_p.x-0.5*erzuolei.C;
    end_p.y=start_p.y;
    ebMoveNode(circleo, circlep,cen_p,start_p);//向左移动A型支座的螺栓孔
```

```
        ebInsNodeToSys(circlep);
        ebMoveNode(circleo, circlel,cen_p,end_p);//向右移动 A 型支座的螺栓孔
        ebInsNodeToSys(circlel);
        ebAddObjectToSelect(select[0],line[50]);
        ebAddObjectToSelect(select[0],line[51]);
        ebMoveSelect(select[0], select[1],cen_p,start_p);//向左移动中心线
        ebInsSelectToSys(select[1]);
        ebMoveSelect(select[0], select[2],cen_p,end_p);//向右移动中心线
        ebInsSelectToSys(select[2]);
        ebDelNodeFromSys(circleo);
        ebDelNodeFromSys(line[51]);
        ebDelNodeFromSys(line[50]);
        ebDeleteSelect(select[0]);
        ebDeleteSelect(select[1]);
        ebDeleteSelect(select[2]);
        }
    ebEndCommand();
    ebClearMenu();
    return RT_NORMAL;
    }
```

本代码不是最精简的，用了过多的结点变量存储图形实体元素。如果某些实体的数据在后面的编程中用不着，则没有必要用一个专门的变量存储其数据，可以不断重新赋值，变成新的实体，以减少变量，从而减少程序占用的内存。注意：调试无错误后生成的文件名为"vesselsupport.eba"，在":\Program Files\CAXAXP\Ebads"路径，可直接启动 CAXA 按前述方法加载该程序绘制设备支座。

第13章
压力容器法兰的参数化绘图

目前市场上流行的计算机辅助绘图软件大都是交互式的，具有功能强大、应用面广的优点，但是也有针对性差，绘图效率低的缺点。利用基于约束的参数化设计绘图技术对这类软件进行二次开发，定制专业特点突出的个性软件可以很好地解决这个问题。该技术是指编制图形程序绘制基本结构相似的零部件，当给出图形各个部分的控制参数时，便能迅速生成零部件图形的绘图方法。国产软件 CAXA 电子图板 2007 不仅为用户提供了众多的参数化图库，还为用户提供了扩建图库的功能。本章利用 CAXA 电子图板的自定义图库功能建立了 JB/T 4701～4703《压力容器法兰》图库，实现了压力容器法兰的参数化绘制。

13.1　总体考虑

JB/T 4701～4703《压力容器法兰》中介绍了甲型法兰、乙型法兰和长颈法兰三类法兰的标准结构与尺寸。根据是否是带衬环法兰和密封面的形式不同，甲型法兰共有 6 种结构，乙型法兰共有 10 种结构，长颈法兰共有 10 种结构。每一种结构对应一个图符。因此压力容器法兰图库的图符大类分三类，名称分别为甲型法兰、乙型法兰和长颈法兰；图符小类名称根据密封面结构命名，如"突面甲型法兰""突面衬环甲型法兰"等，图符名就以法兰的公称压力命名。

13.2　图符的绘制

绘制上述 26 种法兰的视图。参照法兰标准中提供的视图，以一组标准尺寸精确绘制法兰的视图，但不要加剖面线。图形绘制时应注意不要随意打断或分段绘制图形元素，以减少需要定义的图形元素。并以变量的形式标注尺寸，如图 13-1 所示。固定的尺寸不标注，以减少尺寸数据输入的工作量。

13.3　数据文件的编制

将标准中的尺寸数据输入 EXCEL 中形成三个 EXCEL 类法兰数据表：JB/T 4701.xls、JB/T

4702.xls 和 JB/T 4703.xls。再根据图符的不同，从法兰数据表中拷贝不同的数据栏粘贴到记事本中得到各个法兰图符的数据，形成纯文本格式的数据文件。相同密封面的衬环法兰和无衬环的法兰共用一组数据，因此其数据文件是相同的。图 13-2 是用记事本编辑的突面甲型法兰 PN1.0 的法兰数据。文件第一行说明文件中数据的行数，从第二行起才是数据。第一列是法兰的公称直径（DN），第二列是法兰外径(D)，第三列是螺栓孔中心圆直径(D1)，第四列是突面密封面的外径（D3），第五列是法兰的厚度(X)，第六列是螺栓孔直径(Y)，第七列是筒体的厚度加 2（Z），如图 13-1（a）所示，第八列是螺柱规格，第九列是螺柱个数，第十列是法兰质量。后面三列数据在绘图用不到，这里给出来是为了在完成明细表的编制时得到数据直接填写，不需要再去翻阅法兰标准。

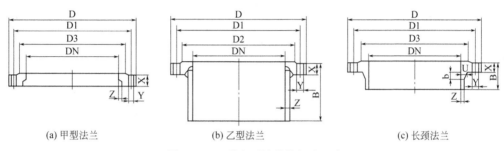

| | (a) 甲型法兰 | (b) 乙型法兰 | (c) 长颈法兰 |

图 13-1　三种突面法兰的标注尺寸

```
甲型法兰RF1.0.txt - 记事本
文件(F)  编辑(E)  格式(O)  查看(V)  帮助(H)
11
300      415      380      340      26      18      12      16      16      12.52
350      465      430      390      26      18      12      16      16      14.36
400      515      480      440      30      18      12      16      20      18.51
450      565      530      490      34      18      12      16      24      23.18
500      630      590      545      23      12      20      20      29.11
550      680      640      595      38      23      14      20      24      35.21
600      730      690      645      40      23      14      20      24      40.27
650      780      740      695      44      23      14      20      28      47.39
700      830      790      745      46      23      14      20      32      52.77
800      930      890      845      54      23      14      20      40      69.54
900      1030     990      945      60      23      14      20      48      84.28
```

图 13-2　突面甲型法兰 PN1.0 的数据文件

13.4　图符的定义

把参数化图符存入图库以备日后调用的操作叫图符的定义，由拾取图符元素、定义图符元素、参数控制、变量属性定义及图符入库 5 大部分完成。

13.4.1　拾取图符

在主菜单"绘图"下拉菜单中选择"库操作"，在弹出库操作子菜单中单击"定义图符"按钮，进入定义图符状态。根据提示输入需要定义的图符的视图个数，因为法兰的视图只有一个，输入"1"即可。接着系统提示"请选择第一视图"，用鼠标拾取图 13-1 中（a）、（b）或（c）的所有元素，包括尺寸标注。系统提示"请指定视图的基点"，这里选取法兰中心线与法兰底面交点为基点。图符中各图素特征点的坐标以基点为坐标原点而得到。基点指定后，系统提示"请为该视图的每个尺寸指定一个变量名"，用鼠标分别拾取图 13-1 中的各个尺寸，并分别定义为 D 、D1、D2 等（在弹出的输入框中输入），单击鼠标右键结束变量命名。

13.4.2 定义图符元素

定义图符元素就是对图符所有元素逐一进行参数化处理的操作过程。"元素定义"对话框的左半部分是预览框，框中图符上呈亮红色虚线的图形元素就是当前需要定义的元素；右半部分则列出了这个元素的特征点相对于基点的 X、Y 坐标值。图符的参数化就是要把这些坐标值逐个用以尺寸变量为自变量的函数表达式来表示。甲型法兰中各图素特征点坐标比较直观，容易得出；但是乙型法兰和长颈法兰部分结构的坐标求解比较麻烦。为了简便，长颈法兰锥颈与法兰盘及直颈的过渡圆角被省略。图 13-3 给出乙型法兰中部分图素特征点的坐标。

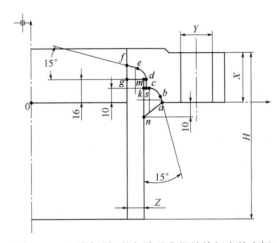

图 13-3 乙型法兰短节与法兰盘焊缝特征点的坐标

给定线段 $\overline{ds}$ 和 $\overline{mk}$ 的距离为 2mm。由于标准只规定了圆弧 $\overset{\frown}{bc}$ 和 $\overset{\frown}{de}$ 的半径为 8mm，未规定其圆心位置，因此给定 $\overset{\frown}{bc}$ 圆弧的圆心为（DN/2+Z+4，2），给定 $\overset{\frown}{de}$ 圆弧的起点为 d 点（DN/2+Z+2，16），圆心为（DN/2+Z−6，16）。两段圆弧的圆心角为 75°。切点 b 的坐标可由直线 $\overline{ab}$ 和圆弧 $\overset{\frown}{bc}$ 的方程求出。$\overset{\frown}{bc}$ 的方程是：

$$(x - \mathrm{DN}/2 - Z - 4)^2 + (y - 2)^2 = 64$$

$\overline{ab}$ 的方程是：

$$y = -\tan(75°)x + a$$

由两者相切的条件得到：

$$a = 8\sqrt{1 + k_2^2} - k_1 k_2 + 2$$

式中，$k_1 = \mathrm{DN}/2 + Z + 4, k_2 = -\tan 75°$。由直线 $\overline{ab}$ 方程得到 a 点的坐标为 $(-a/k_2,\ 0)$，

b 点坐标为 $\left(\dfrac{k_1 - k_2(a-2)}{k_2^2 + 1},\ \dfrac{k_1 - k_2(a-2)}{k_2^2 + 1}k_2 + a\right)$，$c$ 点的坐标为 $(k_1,\ 10)$。由 d 点坐标得到 e 点坐标为 DN/2+Z-6+8cos75°，16+8sin75°。f 点坐标为 (DN/2，+16+8sin75°+(Z-6+8sin75°)tan15°)。

　　为了简便，各中心线外伸长度设置为 10mm。其他各点的坐标可以直观得到，在此不一一列出。为了使各点坐标表达式简洁，可设置中间变量。上述 a，k_1，k_2 即为中间变量。

　　由于上述数据文件中的第八、第九及第十列数据与视图无关，应在图符元素定义完毕后，将其设置为中间变量，变量名分别为"螺栓规格""螺栓个数"和"法兰质量"，变量表达式不填。

　　这里要注意的是：因为元素定义对话框的左边图形预览框的窗口不能调节大小，因此，当视图比较复杂时，亮红色部分会指向不明，也就是系统要求定义的当前元素看不清楚，无法输入坐标。笔者试图搞清楚系统默认的元素定义顺序，但是好像无规律。不过可以不理睬系统的提示，即亮红色的提示，而按照自己的思路逐个定义图形元素也可以的。不要重复定义，重复定义的元素会画两次。没有定义的或者定义错误的元素在图符调用时能看出来。可以通过图库操作修改，不必从头再来。其方法是单击绘图(D)/库操作/图库管理/图符编辑/进入元素定义，又回到图符元素定义界面。图符元素定义窗口见图 13-4。

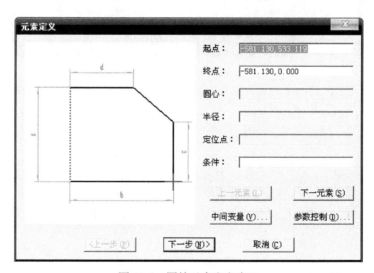

图 13-4　图符元素定义窗口

13.4.3　变量属性定义与变量数据录入

　　完成图符定义后，单击"元素定义"对话框中的"下一步"按钮，弹出"变量属性定义"对话框，其中的"序号"和"变量名"一一对应，序号从 0 开始，决定了输入标准数据和选择尺寸规格时各个变量的排列顺序。此序号可以调整，但应与图 13-2 文件的数据顺序一致。"系列变量"就是对应于一组尺寸规格可以有多个取值的尺寸变量，如同一公称直径的螺栓其全螺纹的长度。"动态变量"就是该尺寸的取值不受标准数据的限制。如果变量属性全为"否"，

称为普通变量。单击"下一步"按钮，进入"图符入库"对话框。上述所有变量全定义为普通变量。

在对图符的大类、小类和名称定义后，单击"数据录入"按钮，进入"标准数据录入与编辑"对话框。单击"读入外部数据文件"按钮，弹出"打开文件"对话框，找到上述文件，单击"打开"按钮，可以发现上述数据出现在"标准数据录入与编辑"对话框中，如图 13-5 所示。

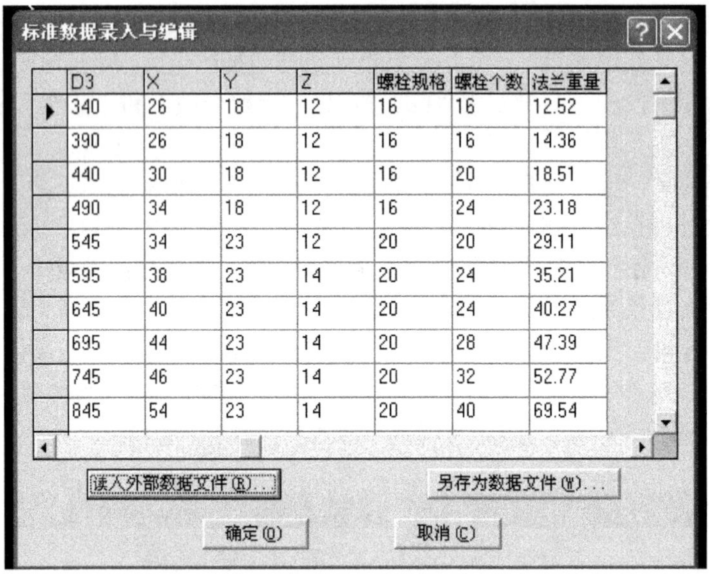

	D3	X	Y	Z	螺栓规格	螺栓个数	法兰重量
▶	340	26	18	12	16	16	12.52
	390	26	18	12	16	16	14.36
	440	30	18	12	16	20	18.51
	490	34	18	12	16	24	23.18
	545	34	23	12	20	20	29.11
	595	38	23	14	20	24	35.21
	645	40	23	14	20	24	40.27
	695	44	23	14	20	28	47.39
	745	46	23	14	20	32	52.77
	845	54	23	14	20	40	69.54

读入外部数据文件(R)   另存为数据文件(W)...

确定(O)   取消(C)

图 13-5   标准数据录入与编辑对话框

13.4.4   图符入库

数据录入完后，单击"确定"按钮返回"图符入库"对话框，再单击"属性定义"按钮弹出"属性定义与编辑"对话框。在这个对话框中可以输入所定义图符的一系列相关说明，如材料、质量、体积等。对图符入库对话框的每项内容都确认后，单击"确定"按钮，激活"图符管理"对话框，并进行图符排序，确认后单击"确定"按钮，图符定义入库的整个过程结束。

13.5   图库的应用

13.5.1   图符的提取

在主菜单"绘图"下拉菜单中的选择"库操作"，在弹出库操作子菜单中选择"提取图符"，选择相应的大类和小类及图符名。这里选"甲型法兰"大类，"突面甲型法兰"小类和"PN1.0"图符。弹出"图符预处理"对话框，根据实际设计的简体的厚度修改变量 Z。输入定位点及图符旋转角度后，符合设计要求的法兰视图插入指定位置，可以插入多个，直到单击鼠标右键为止。

13.5.2　图符的导出

为了在不同的计算机上利用上述定义的图符，将图符导出形成图库索引文件，将此文件复制到另一台计算机电子图板的安装目录下的 lib 目录下即可调用定义的图符。方法是在主菜单"绘图"下拉菜单中的选择"库操作"，在弹出库操作子菜单中选择"图符管理"，弹出"图符管理"对话框，单击"导出图符"按钮，弹出"导出图符"对话框，选择图符大类"甲型法兰"，图符小类"突面甲型法兰"，图符名栏中出现"PN0.6""PN1.0""PN1.6""PN2.5"等，单击"全选"按钮，这四个图符全被选中。 单击"导出"按钮，弹出"另存文件"对话框，输入文件名"突面甲型法兰"，得到两个文件，分别为"突面甲型法兰.idx" 与"突面甲型法兰.lib"。

13.5.3　并入图符

在"图库管理"对话框中单击"并入图符"按钮，弹出"打开图库索引文件"对话框。找到刚才粘贴的"突面甲型法兰.idx"文件，单击"打开"按钮，可弹出"并入图符"对话框。在图符列表框中列出了索引文件"突面甲型法兰.idx"中的所有图符，单击"全选"按钮，输入新的大类名"甲型法兰"和新的小类名"突面甲型法兰"以创建新的类，最后单击"并入"按钮。对话框底部的进程条将显示并入的进度。并入完成后，可返回"图库管理"对话框，单击"确定"按钮，结束图库管理操作。

建立压力容器法兰的图库，在设计绘制容器法兰时，根据设计的容器法兰的类型、公称压力、公称直径及密封面形式提取相应的图符，再经简单修改，即可完成法兰视图的绘制，并且能直接得到法兰的螺栓规格、个数及法兰质量等在明细表中要用到的数据，十分省事。接管法兰、支座等结构均可利用此技术绘制。可见参数化绘图技术能大大提高绘图效率和质量，缩短设计周期。

参 考 文 献

[1] 于奕峰，杨松林. 工程 CAD 技术及应用. 北京：化学工业出版社，2002.

[2] 童柄枢，李学志，吴志军，冯涓. 机械 CAD 技术基础：第 2 版. 北京：清华大学出版社，2003.

[3] 秦汝明. 计算机辅助机械设计. 西安：西安电子科技大学出版社，2005.

[4] 孙鑫，余安萍. VC++深入详解. 北京：电子工业出版社，2006.

[5] 尹立民，王兴东等. Visual C++6.0 应用编程 150 例. 北京：电子工业出版社，2004.

[6] 刘锐宁，宋坤，窦蒙. Visual C++范例完全自学手册机械. 北京：人民邮电出版社，2009.

[7] 孙皓等. Visual C++范例大全. 北京：机械工业出版社，2009.

[8] JON BATES, TIM TOMPKINS. 实用 Visual C++6.0 教程. 何健辉，董方鹏等译. 北京：清华大学出版社，2000.

[9] 郎锐. Visual C++数据库开发基础及实例解析. 北京：机械工业出版社，2005.

[10] 韩存兵. Visual C++数据库编程实战. 北京：科学出版社，2003.

[11] GB 150—2011. 压力容器.

[12] NB/T 47020～47027—2012. 压力容器法兰、垫片、紧固件.

[13] 李春雨. 计算机图形学理论与实践. 北京：北京航空航天大学出版社，2004.

[14] CAXA 二次开发手册. [DB/OL]. http://wenku.baidu.com/view/2607e46158fafab069dc022d.html.